高等院校规划教材·计算机科学与技术系列

数据库原理及应用

方 睿 韩桂华 编著

机械工业出版社

数据库技术是一门应用性很强的计算机应用学科，因此在讲授数据库原理及应用时应该从理论和应用两个方面介绍。本书以网上玩具商店（ToyUniverse）的例子为主线，让读者边学习理论边实践，做到理论和应用相结合。

　　本书侧重于数据系统的开发。全书分为 10 章。第 1、2 章介绍数据库理论基础、关系数据库设计过程和数据库建模工具 ER/Studio。第 3～9 章主要结合 Microsoft SQL Server 2008 来讲解数据库的应用，包括 SQL Server 2008、数据库管理、数据表管理、Transact-SQL 编程基础、数据查询、数据库高级编程、数据库系统的安全等内容。第 10 章给出了网上玩具商店案例具体实现的前台代码（Visual Studio .NET 2010 开发环境）。读者在学完本书后，可以依照第 10 章的提示开发出自己的数据库系统。

　　本书条理清晰，概念准确，讲解详细，可作为本专科院校相关专业的教材，也可作为数据库初学者、数据库开发技术人员的参考书。

　　本书配套电子教案和源代码，需要的教师可登录机工教材服务网（www.cmpedu.com）进行注册，待审核通过后即可免费下载，也可直接联系编辑获取（QQ：241151483，电话 010-88379753）。

图书在版编目（CIP）数据

数据库原理及应用/方睿，韩桂华编著. —北京：机械工业出版社，2010.10
（高等院校规划教材·计算机科学与技术系列）
ISBN 978-7-111-32215-3

Ⅰ．①数…　Ⅱ．①方…　②韩…　Ⅲ．①数据库系统－高等学校－教材
Ⅳ．①TP311.13

中国版本图书馆 CIP 数据核字（2010）第 200418 号

机械工业出版社（北京市百万庄大街 22 号　邮政编码 100037）
责任编辑：陈　皓　常建丽
责任印制：乔　宇

三河市国英印务有限公司印刷

2010 年 11 月·第 1 版第 1 次印刷
184mm×260mm·18.75 印张·463 千字
0001—3000 册
标准书号：ISBN 978-7-111-32215-3
定价：33.00 元

出 版 说 明

计算机技术的发展极大地促进了现代科学技术的发展，明显地加快了社会发展的进程。因此，各国都非常重视计算机教育。

近年来，随着我国信息化建设的全面推进和高等教育的蓬勃发展，高等院校的计算机教育模式也在不断改革，计算机学科的课程体系和教学内容趋于更加科学和合理，计算机教材建设逐渐成熟。在"十五"期间，机械工业出版社组织出版了大量计算机教材，包括"21世纪高等院校计算机教材系列"、"21世纪重点大学规划教材"、"高等院校计算机科学与技术'十五'规划教材"、"21世纪高等院校应用型规划教材"等，均取得了可喜成果，其中多个品种的教材被评为国家级、省部级的精品教材。

为了进一步满足计算机教育的需求，机械工业出版社策划开发了"高等院校规划教材"。这套教材是在总结我社以往计算机教材出版经验的基础上策划的，同时借鉴了其他出版社同类教材的优点，对我社已有的计算机教材资源进行整合，旨在大幅提高教材质量。我们邀请多所高校的计算机专家、教师及教务部门针对此次计算机教材建设进行了充分的研讨，达成了许多共识，并由此形成了"高等院校规划教材"的体系架构与编写原则，以保证本套教材与各高等院校的办学层次、学科设置和人才培养模式等相匹配，满足其计算机教学的需要。

本套教材包括计算机科学与技术、软件工程、网络工程、信息管理与信息系统、计算机应用技术以及计算机基础教育等系列。其中，计算机科学与技术系列、软件工程系列、网络工程系列和信息管理与信息系统系列是针对高校相应专业方向的课程设置而组织编写的，体系完整，讲解透彻；计算机应用技术系列是针对计算机应用类课程而组织编写的，着重培养学生利用计算机技术解决实际问题的能力；计算机基础教育系列是为大学公共基础课层面的计算机基础教学而设计的，采用通俗易懂的方法讲解计算机的基础理论、常用技术及应用。

本套教材的内容源自致力于教学与科研一线的骨干教师与资深专家的实践经验和研究成果，融合了先进的教学理念，涵盖了计算机领域的核心理论和最新的应用技术，真正在教材体系、内容和方法上做到了创新。同时，本套教材根据实际需要配有电子教案、实验指导或多媒体光盘等教学资源，实现了教材的"立体化"建设。本套教材将随着计算机技术的进步和计算机应用领域的扩展而及时改版，并及时吸纳新兴课程和特色课程的教材。我们将努力把这套教材打造成为国家级或省部级精品教材，为高等院校的计算机教育提供更好的服务。

对于本套教材的组织出版工作，希望计算机教育界的专家和老师能提出宝贵的意见和建议。衷心感谢计算机教育工作者和广大读者的支持与帮助！

机械工业出版社

前　言

随着计算机技术的不断发展，信息化管理程度的不断提高，数据库技术在信息管理中的作用日益重要。Microsoft SQL Server 2008 是目前使用最广泛的数据库之一，由于它和 Windows 网络操作系统的无缝集成、具有智能化的内容管理及强大的功能，得到了大量用户的喜爱。

本书结合目前工程教育模式和作者多年从事数据库开发与教学的经验，围绕一个实例展开，将网上玩具商店（ToyUniverse）的开发案例分解成多个知识点，结合 Microsoft SQL Server 2008 中的各项技术，通过具体的例子进行讲解。全书的例子以 ToyUniverse 为主线，让读者边学习理论边实践。

本书侧重于数据系统的开发。全书共分为 10 章。第 1、2 章介绍数据库理论基础、关系数据库设计过程和数据库建模工具（ER/Studio）；第 3～9 章主要结合 Microsoft SQL Server 2008 来讲解数据库的应用，包括 SQL Server 2008 的安装和实用工具、数据库管理、数据表管理、Transact-SQL 编程基础、数据查询、数据库高级编程、数据库系统的安全等内容。第 10 章给出了网上玩具商店案例具体实现的前台代码结构（Visual Studio .NET 2010 开发环境），重点介绍怎样用 SQL Server 2008 和.NET 的 C＃开发一个 B/S 结构的应用程序。其中贯穿相应的数据库理论知识，使读者很容易将理论和实践结合起来。书中的全部程序都已上机调试通过。读者在学完本书后，可以依照第 10 章的提示开发出自己的数据库系统。

结合过程化考试教改的成果，我们开发了一套和本书配套的考试平台。与以往以客观题为主的考试系统不同，本系统是以主观题为主，系统和 SQL Server 2008 紧密结合，考试过程中通过考试平台可以直接操作数据库，根据学生提交的结果，系统自动判分。该门课可分 5 次考试，时间不限，摈弃了以前期末纸质考试学生突击应对的弊病，让学生能力得到真正的提高。

本书第 1～7、10 章由方睿编写，第 8、9 章由韩桂华编写。

本书在编写过程中参考了大量的相关技术资料和程序开发文档、源码，在此向资料的作者深表谢意。同时还得到很多同事的关心和帮助，在此表示深深的感谢。

鉴于作者水平有限，书中难免有不妥之处，恳请读者和同行批评指正。

作　者

目　　录

第1章 数据库理论基础

本章学习目标:

- 了解数据库发展简史。
- 掌握数据库、数据库管理系统、数据库系统、数据库系统体系结构的概念。
- 掌握概念模型和数据模型的基本概念。
- 掌握数据库系统的模式结构及二级映像功能。
- 掌握关系数据库的规范化设计和非规范化设计。

1.1 数据库发展简史

数据库的诞生和发展给计算机信息管理带来了一场巨大的革命。数据管理经历了从手工管理阶段、文件管理阶段到数据库管理阶段的变迁。随着信息处理的日益发展,信息管理水平的不断提高,计算机管理数据的方式不断改进, 数据库技术正逐步渗透到人们日常生活的各个方面。从超市的货物管理,书店的图书管理,飞机、火车的售票系统,网上购物,到关系每个人身份的户籍管理,电信移动的通信管理,都离不开数据库技术。数据库技术正在不知不觉地影响人们的生活。

有了大量的数据,还需要对这些数据进行科学的管理,合理的分析,才能服务于人。一个网上购物网站,经过长时间的运行,记录了大量的顾客消费记录。不加分析,这些数据是毫无用处的,如果分析这些数据,便可得出顾客的消费习惯。例如,某段时间内什么商品最好卖,什么最不好卖,这些结果对商家是十分有用的。数据库技术就是研究对数据进行科学的管理,合理的分析,为人们提供安全、准确数据的技术。

1.1.1 数据管理的诞生

数据库的历史可以追溯到 50 年前,那时的数据管理非常简单,通过大量的分类、比较和表格绘制,机器运行数百万穿孔卡片来进行数据的处理,其运行结果在纸上打印出来或者制成新的穿孔卡片。而数据管理就是对所有这些穿孔卡片进行物理的储存和处理。

然而,1951 年雷明顿兰德公司(Remington Rand Inc)推出了一种叫做 Univac I 的计算机,其内置有 1s 内可以输入数百条记录的磁带驱动器,从而引发了数据管理的革命。1956 年,IBM生产出第一个磁盘驱动器——the Model 305 RAMAC。此驱动器有 50 个盘片,每个盘片直径是 0.6096m,可以储存 5MB 的数据。使用磁盘最大的好处是可以随机地存取数据,而穿孔卡片和磁带只能顺序存取数据。

数据库系统的萌芽出现于 60 年代。当时计算机开始广泛地应用于数据管理,对数据的共享提出了越来越高的要求。传统的文件系统已经不能满足人们的需求了,能够统一管理和共享数据的数据库管理系统(DBMS)应运而生。数据模型是数据库系统的核心和基础,各种DBMS 软件都是基于某种数据模型的。所以,通常也按照数据模型的特点将传统数据库系统分成网状数据库、层次数据库和关系数据库 3 类。

最早出现的是网状 DBMS。1961 年，通用电气（General Electric，GE）公司的 Charles Bachman 成功地开发出世界上第一个网状 DBMS，即第一个数据库管理系统——集成数据存储（Integrated DataStore，IDS），奠定了网状数据库的基础，并在当时得到了广泛的发行和应用。IDS 具有数据模式和日志的特征，但它只能在 GE 主机上运行，并且数据库只有一个文件，数据库所有的表必须通过手工编码来生成。

之后，通用电气公司的一个客户——BF Goodrich Chemical 公司最终不得不重写了整个系统，并将重写后的系统命名为集成数据管理系统（IDMS）。

网状数据库模型对于层次和非层次结构的事物都能比较自然地模拟。在关系数据库出现之前，网状 DBMS 要比层次 DBMS 用得普遍。在数据库发展史上，网状数据库占有重要的地位。

层次型 DBMS 是紧随网络型数据库出现的。最著名、最典型的层次数据库系统是 IBM 公司在 1968 年开发的 IMS（Information Management System），一种适合其主机的层次数据库。这是 IBM 公司研制的最早的大型数据库系统程序产品。从 20 世纪 60 年代末产生起，如今已经发展到 IMSV6，它提供群集、N 路数据共享、消息队列共享等先进特性的支持。这个具有 30 年历史的数据库产品在如今的 WWW 应用连接、商务智能应用中扮演着新的角色。

1973 年，Cullinane 公司（也就是后来的 Cullinet 软件公司）开始出售 Goodrich 公司的 IDMS 改进版本，并且逐渐成为当时世界上最大的软件公司。

1.1.2 关系数据库的由来

网状数据库和层次数据库已经很好地解决了数据的集中和共享问题，但是在数据的独立性和抽象级别上仍有很大缺陷。用户在对这两种数据库进行存取数据时，仍然需要明确数据的存储结构，指出存取路径。而关系数据库较好地解决了这些问题。

1969 年，E.F.Codd 发明了关系数据库。

关系模型有严格的数学基础，抽象级别较高，而且简单清晰，便于理解和使用。但是，当时也有人认为关系模型是理想化的数据模型，用来实现 DBMS 是不现实的，尤其担心关系数据库的性能令人难以接受，更有人视其为对当时正在进行中的网状数据库规范化工作的严重威胁。

1970 年，关系模型建立之后，IBM 公司在 San Jose 实验室增加了大量人员研究这个项目，这个项目就是著名的 System R。其目标是论证一个全功能关系 DBMS 的可行性。该项目结束于 1979 年，完成了第一个实现结构化查询语言（Structured Query Language，SQL）的 DBMS。然而，IBM 对 IMS 的承诺阻止了 System R 的投产，一直到 1980 年 System R 才作为一个产品正式推向市场。IBM 产品化步伐缓慢有 3 个原因：一是 IBM 重视信誉，重视质量，尽量减少故障；另外，IBM 是一个大公司，官僚体系庞大；再有，IBM 内部已经有层次数据库产品，相关人员不积极，甚至反对。

然而同时，1973 年加州大学伯克利分校的 Michael Stonebraker 和 Eugene Wong 利用 System R 已发布的信息开始开发自己的关系数据库系统 Ingres。他们开发的 Ingres 项目最后由 Oracle 公司、Ingres 公司以及硅谷的其他厂商进行了商品化。后来，System R 和 Ingres 系统双双获得 ACM（美国计算机协会）的 1988 年"软件系统奖"。

1976 年，霍尼韦尔公司（Honeywell）开发了第一个商用关系数据库系统——Multics Relational Data Store。关系型数据库系统以关系代数为坚实的理论基础，经过几十年的发展和实际应用，技术越来越成熟和完善。其代表产品有 Oracle、IBM 公司的 DB2，微软公司的 MS SQL Server 以及 Informix、ADABASD 等。

1.1.3　结构化查询语言

1974 年，IBM 的 Ray Boyce 和 Don Chamberlin 将 Codd 关系数据库的数学定义以简单的关键字语法表现出来，里程碑式地提出了 SQL。SQL 的功能包括查询、操纵、定义和控制，是一个综合的、通用的关系数据库语言，同时又是一种高度非过程化的语言，只要求用户指出做什么，而不需要指出怎么做。SQL 集成实现了数据库生命周期中的全部操作。SQL 提供了与关系数据库进行交互的方法，它可以与标准的编程语言一起工作。自产生之日起，SQL 便成了检验关系数据库的试金石，而 SQL 标准的每一次变更都指导关系数据库产品的发展方向。然而，直到 20 世纪 70 年代中期，关系理论才通过 SQL 在商业数据库 Oracle 和 DB2 中使用。

1986 年，ANSI 把 SQL 作为关系数据库语言的美国标准，同年公布了标准 SQL 文本。目前，SQL 标准有 3 个版本。基本 SQL 定义是 ANSIX3135-89，"Database Language - SQL with Integrity Enhancement" [ANS89]，一般叫做 SQL-89。SQL-89 定义了模式定义、数据操作和事务处理。SQL-89 和随后的 ANSIX3168-1989，"Database Language-Embedded SQL"构成了第一代 SQL 标准。ANSIX3135-1992[ANS92]描述了一种增强功能的 SQL，现在叫做 SQL-92 标准。SQL-92 包括模式操作，动态创建和 SQL 语句动态执行、网络环境支持等增强特性。在完成 SQL-92 标准后，ANSI 和 ISO 即开始合作开发 SQL3 标准。SQL3 的主要特点在于抽象数据类型的支持，为新一代对象关系数据库提供标准。

1.1.4　面向对象的数据库

随着信息技术和市场的发展，人们发现虽然关系型数据库系统技术很成熟，但其局限性也是显而易见的：它能很好地处理所谓的"表格型数据"，却对技术界出现的越来越多的复杂类型的数据无能为力。20 世纪 90 年代以后，技术界一直在研究和寻求新型数据库系统。但在什么是新型数据库系统的发展方向的问题上，产业界一度是相当困惑的。受当时技术热潮的影响，在相当一段时间内，人们把大量的精力花在研究"面向对象的数据库系统（Object Oriented Database）"或简称"OO 数据库系统"。值得一提的是，美国 Stonebraker 教授提出的面向对象的关系型数据库理论曾一度受到产业界的青睐，而 Stonebraker 本人在当时也被 Informix 高价聘为技术总负责人。

然而，数年的发展表明，面向对象的关系型数据库系统产品的市场发展情况并不理想。理论上的完美性并没有带来市场的热烈反应。其不成功的主要原因在于，这种数据库产品的主要设计思想是企图用新型数据库系统来取代现有的数据库系统。这对许多已经运用数据库系统多年并积累了大量工作数据的客户，尤其是大客户来说，是无法承受新旧数据间的转换而带来的巨大工作量及巨额开支的。另外，面向对象的关系型数据库系统使查询语言变得极其复杂，无论是数据库的开发商还是应用客户，都对此产生了畏惧感。

一般地，人们把数据库系统分为 3 代。

1）支持层次模型和网状模型的第 1 代数据库系统。

2）支持关系模型的第 2 代数据库系统。

3）支持面向对象的数据模型的第 3 代数据库系统。

1.2 数据库系统概述

1.2.1 数据库系统的基本概念

数据库管理的基本对象是数据。数据是信息的具体表现形式，可以采用任何能被人们认知的符号表示，可以是数字（如 76、2010，￥100 等），也可以是文本，图形，图像，视频等。由它们按照规律组成的一条记录也叫数据（如遥控玩具汽车，￥38，200，3~5 岁等），对于这组数据中的每个数据，需要规定一个解释（玩具名，价格，重量（克），适合对象），数据才有意义，它表示这是个遥控玩具汽车，价格是 38 元，适合 3~5 岁儿童玩耍，描述的是一个玩具汽车的基本信息。如果换种解释（玩具名，价格，体积，适合对象），上面的 200 意义完全不同。所以，数据不能离开语义，离开了语义，数据将毫无意义。

现实中，人们要管理某些信息，在抽象、整理、加工后需要保存起来。目前最常用的方法就是将这些大量的数据按照一定的结构组织成数据库，保存在计算机的存储设备上，这样就可以长期保存和方便使用。

1. 数据库

数据库（Database，DB）是存储在某种存储介质上的相关数据有组织的集合。在这个定义中特别要注意"相关"和"有组织"这些描述。也就是说，数据库不是简单地将一些数据堆集在一起，而是把一些相互间有一定关系的数据按一定的结构组织起来的数据集合。

例如：建立一个玩具基本信息，每个玩具都有如下信息：玩具 ID，玩具名称，价格，重量，品牌，适合最低年龄，适合最高年龄，照片等。显然，这 8 项数据有着密切的关系，描述了每个玩具的基本情况。如何把描述每个玩具的数据按一定方式组织起来，达到方便管理的目的？通常，人们用一张二维表格来实现（见表 1-1）。

表 1-1 玩具基本信息表

玩 具 ID	玩 具 名 称	价 格/元	重 量/g	品 牌	最 低 年 龄	最 高 年 龄	照 片
000001	遥控汽车	38	300	好孩子	3	6	略
000002	芭比娃娃	168	180	芭比	2	9	略
000003	遥控机器人	158	2000	罗本	4	10	略

表 1-1 中的每一行就是一个完整的数据，其语义就是由表头的列名来定义的，就是列名给表中的数据以一定的解释。有这样的多张表（记录不同的信息）就可以构成一个数据库。借助于网络，人们就可以在任何一台上网的机器上查询到自己感兴趣的玩具信息，从而能选到自己满意的玩具，完成网购。

J.Martin 给数据库下了一个比较完整的定义：数据库是存储在一起的相关数据的集合，

这些数据是结构化的，无有害的或不必要的冗余，并为多种应用服务；数据的存储独立于使用它的程序；对数据库插入新数据，修改和检索原有数据均能按一种公用的和可控制的方式进行。当某个系统中存在结构上完全分开的若干个数据库时，则该系统包含一个"数据库集合"。

2. 数据库管理系统

上述查看玩具信息的操作一般是由专门的软件负责实现的，这就是数据库管理系统（Database Management System，DBMS）。数据库管理系统是一种操纵和管理数据库的大型软件，用于建立、使用和维护数据库。它对数据库进行统一的管理和控制，以保证数据库的安全性和完整性。用户通过 DBMS 访问数据库中的数据，数据库管理员也通过 DBMS 进行数据库的维护工作。它的主要功能包括以下几个方面。

1）数据定义功能。DBMS 提供数据库定义语言（DDL）来定义数据库结构，它们是刻画数据库框架，并被保存在数据字典中的。

2）数据存取功能。DBMS 提供数据操纵语言（DML），实现对数据库数据的基本存取操作：检索，插入，修改和删除。

3）数据库运行管理功能。DBMS 提供数据控制功能，即数据的安全性、完整性和并发控制等对数据库运行进行有效的控制和管理，以确保数据正确有效。

4）数据库的建立和维护功能。包括数据库初始数据的装入，数据库的转储、恢复、重组织，系统性能监视、分析等功能。

5）数据库的传输。DBMS 提供处理数据的传输，实现用户程序与 DBMS 之间的通信，通常与操作系统协调完成。

目前，业界使用的 Oracle、SQL Server、My SQL、DB2 等软件产品指的都是数据库管理系统，而不是数据库。通常说的 Oracle 数据库或 SQL Server 数据库指的是用 Oracle 或 SQL Server 这样的数据库管理系统所创建和管理的具体数据库，如本书要讲到的 ToyUniverse 数据库。

3. 数据库系统

数据库系统（Database System，DBS）是由数据库及其管理软件组成的系统。它是为适应数据处理的需要而发展起来的一种较为理想的数据处理的核心机构。它是一个实际可运行的存储、维护和应用系统提供数据的软件系统，是存储介质、处理对象和管理系统的集合体。

上面讲述了数据库管理系统是一个系统软件，如 SQL Server、Oracle、DB2 等都是著名的数据库管理系统软件。但有了数据库管理系统这个软件之后并不意味着已经具有了用数据库管理系统管理数据带来的优点，还必须在这个软件基础之上进行一些必要的工作，以把数据库管理系统提供的功能发挥出来。首先，必须在这个系统中存放用户自己的数据，让数据库管理系统帮助我们把这些数据管理起来；其次，我们还应对这些数据进行操作，并让这些数据发挥应有的作用；最后，我们还需要一个维护整个系统正常运行的管理人员。比如，当数据库出现故障或问题时应该如何处理，以使数据库恢复正常，这个管理人员就称为数据库管理员（DBA）。

一个完整的数据库系统是基于数据库的一个计算机应用系统。数据库系统一般包括 5 个主要部分：数据库、数据库管理系统、应用程序、数据库管理员和用户，如图 1-1 所示。

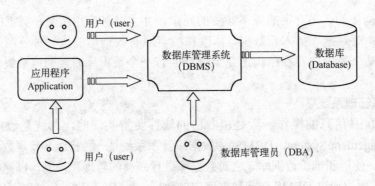

图 1-1 数据库系统的组成

其中，数据库是数据的集合，它以一定的组织形式存于存储介质上；DBMS 是管理数据库的系统软件，它实现数据库系统的各种功能，是整个数据库系统的核心；应用程序是指以数据库以及数据库数据为基础的应用程序；数据库管理员负责数据库的规划、设计、协调、维护和管理等工作；用户是使用数据库系统的一般人员。

数据库系统的运行还要有计算机硬件和软件环境的支持，同时还要有使用数据库系统的用户。硬件环境是指保证数据库系统正常运行的最基本的内存、外存等硬件资源。软件环境是指数据库管理系统作为系统软件是建立在一定操作系统环境上的。没有合适的操作系统，数据库管理系统是无法正常运转的。比如，SQL Server 2000 的企业版就需要服务器版操作系统的支持，如图 1-2 所示。

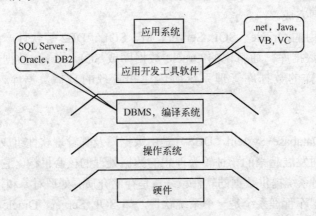

图 1-2 数据库系统的软硬件层次

可以看出，数据库、数据库管理系统和数据库系统是 3 个不同的概念。数据库强调的是数据，数据库管理系统强调的是系统软件，而数据库系统强调的是整个应用系统。

1.2.2 数据管理技术的发展

数据管理技术的发展大体归为 3 个阶段：人工管理、文件管理系统和数据库系统。

1. 人工管理

在这一阶段（20 世纪 50 年代中期以前），计算机主要用于科学计算。外部存储器只有磁带、卡片和纸带等，还没有磁盘等直接存取存储设备。软件只有汇编语言，尚无数据管理方面的软件。数据处理方式基本是批处理。这个阶段有如下几个特点：

1）计算机系统不提供对用户数据的管理功能。用户编制程序时，必须全面考虑好相关的数据，包括数据的定义、存储结构以及存取方法等。程序和数据是一个不可分割的整体。数据脱离了程序就无任何存在的价值，数据无独立性。

2）数据不能共享。不同的程序均有各自的数据，这些数据对不同的程序通常是不相同的，不可共享；即使不同的程序使用了相同的一组数据，这些数据也不能共享，程序中仍然需要各自加入这组数据，谁也不能省略。基于这种数据的不可共享性，必然导致程序与程序之间存在大量的重复数据，浪费了存储空间。

3）不单独保存数据。基于数据与程序是一个整体，数据只为本程序所使用，数据只有与相应的程序一起保存才有价值，否则就毫无用处。所以，所有程序的数据均不单独保存。

2. 文件管理系统

在这一阶段（20 世纪 50 年代后期至 60 年代中期），计算机不仅用于科学计算，还利用在信息管理方面。随着数据量的增加，数据的存储、检索和维护问题成为紧迫的需要，数据结构和数据管理技术迅速发展起来。此时，外部存储器已有磁盘、磁鼓等直接存取的存储设备。软件领域出现了操作系统和高级软件。操作系统中的文件系统是专门管理外存的数据管理软件。文件是操作系统管理的重要资源之一。

这一时期的数据管理是采用文件形式进行管理的，即数据保存在文件中，文件是由操作系统和特定的软件和程序共同管理的。在文件系统中，数据按其内容、结构和用途等分成若干个命名的文件。文件一般为某一个或某一组用户所有。用户可以通过操作系统和特定的程序来对文件进行打开、读、写等操作。

假设我们现在要用某种程序设计语言编写对网上玩具商店的信息进行管理的一个系统。玩具的信息、购物者的信息以及购物者购买玩具订单的信息等都以文件的形式保存起来。现在假设在此系统中，要对玩具的基本信息和购物者购买玩具订单的信息进行管理。在玩具基本信息管理中要用到玩具的基本信息数据，假设此数据保存在 File1 文件中。购物者购买玩具管理中要用到玩具的基本信息，购物者的基本信息和购物者购买玩具订单的信息。假设用 File2 存储购物者的基本信息，用 File3 存储购物者购买玩具订单的信息。此部分的玩具的基本信息同样用 File1 文件中的数据。假设实现"玩具基本信息管理"功能的应用程序为 App1，实现"购物者购买玩具管理"功能的应用程序为 App2，那么这两个应用程序和 3 个文件的关系如图 1-3 所示。

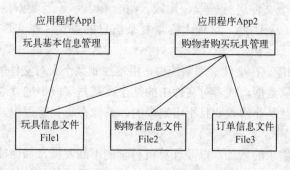

图 1-3　文件管理系统示例

假设：

File1 包含玩具 ID，玩具名称，玩具描述，玩具价格，商标，照片，数量，最小年龄，最大年龄，玩具重量等。

File2 包含购物者 ID，姓名，密码，邮件地址，地址，邮政编码，电话，信用卡编号，信用卡类型，截止日期等。

File3 包含订单编号，购物者姓名，玩具 ID，玩具名称，运货方式，运货费用，礼品包装费用，订单处理等。

则"购物者购买玩具管理"的处理过程大致如下：

在购物者购买玩具的过程中，若有购物者购买玩具，先查找文件 File2，判断此用户是否合法；如果合法，则访问 File1，判断有无此玩具；如果有，则将订单信息写到文件 File3 中。

一切看起来似乎很完美，但仔细考虑，就会发现基于这样的文件管理系统有如下缺点：

1）编写应用程序不方便。程序员必须对所使用文件的逻辑结构和物理结构（文件中有多少个字段，每个字段的数据类型，采用什么存储结构等）有清楚的了解。对文件的查询、修改等处理都必须在程序中实现。

2）应用程序的依赖性。在处理文件时，程序依赖于文件的格式。随着应用环境（如操作系统的变化等）和需求的变化，就需要修改文件结构，如增加一个字段，修改某个字段的类型等，结果导致应用程序就要做相应的变化。频繁地修改、安装、调试应用程序是很麻烦的事。也就是说，文件管理系统的数据独立性差。

3）不支持文件的并发访问。在现代的计算机应用系统中，为了高效地利用资源，一般要求多个应用程序并发访问。在上例中，如果管理者向玩具信息文件中添加玩具信息时，同时又有购物者在购买玩具，就有 App1 和 App2 同时访问 File1 文件。如果第 1 个用户没有访问结束，第 2 个用户来访问时系统就会报错。

4）数据间的耦合度差。在文件管理系统中，文件与文件之间是彼此相互独立的，文件之间的联系必须通过程序来实现。例如，图 1-3 中的 File1 和 File3 文件，File3 中的玩具 ID 必须是在 File1 中已经存在的信息。这在现实中是件很必然的事，但在文件管理系统本身并不具备这种耦合功能，必须由程序员写程序来实现。手工编写比较繁琐，而且还容易出错。

5）数据表示的单一化。如果用户需要的信息来自于多个不同文件的部分信息内容的组合时，就需要对多个文件进行提取、比较、组合和表示。当数据量很大，涉及的表比较多时，这个过程很复杂。因此，这种大容量复杂信息的查询，在文件管理系统中是很难处理的。

6）无安全控制功能。在文件管理系统中，很难控制某个人对文件的操作权，比如只能读和修改数据而不能删除数据，或者对文件中的某个或某些字段不能读取或修改等。而在实际生活中，数据的安全性是非常重要且不可缺少的。就像在玩具管理中，我们不允许购物者修改玩具的价格一样。

随着人们对数据需求的增加，以及计算机科学的不断发展，如何能对数据进行有效、科学、正确、方便的管理已成为人们的迫切需求。针对文件系统的这些缺陷，人们逐步发展了以统一管理和共享数据为主要特征的数据库管理系统。

3. 数据库系统

数据库技术的发展主要用于克服文件管理系统在管理数据上的诸多缺陷。对于上述的玩具基本信息管理和购买玩具管理，如果使用数据库管理系统来实现，其实现方式与文件系统有很大区别，如图1-4所示。

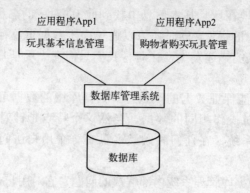

图1-4　数据库系统示例

比较图1-3和图1-4，可以直观地发现两者有如下差别：

使用文件系统时，应用程序直接访问存储数据的文件；而使用数据库系统时，则是通过数据库管理系统访问数据。这个变化使得应用编程的工作变得很简单，因为应用程序开发人员不再需要关心数据的物理存储方式和存储结构，这些都交给了数据库管理系统来完成。

在数据库系统中，数据不再仅仅服务于某个程序或用户，而是看成一定业务范围的共享资源，由一个叫数据库管理系统的软件统一管理。

数据库系统与文件系统相比，实际上是在应用程序和存储数据的数据库（在某种意义上，也可以把数据库看成是一些文件的集合）之间增加了数据库管理系统。数据库管理系统实际上是一个系统软件。不要小看这个变化，正是因为有了这个系统软件，才使得以前在应用程序中由开发人员实现的很多繁琐的操作和功能，交给了这个系统软件，这样用户在应用程序时就不再需要关心数据的存储方式了。反之，数据存储方式的变化也不再影响应用程序，这些变化交给数据库管理系统，经过数据库管理系统处理后，应用程序感觉不到这些变化，因此，应用程序也不需要进行任何修改。

与文件系统管理数据的局限性进行比较，数据库系统有如下优点：

1）将相互关联的数据集成在一起。在数据库系统中，所有的数据都存储在数据库中，应用程序可通过DBMS访问数据库中的所有数据。

2）较少的数据冗余。由于数据是统一管理的，因此可以从全局着眼，合理地组织数据。例如，将图1-3中的File1、File2和File3文件中的重复数据挑选出来，单独进行管理，这样就可以形成如下所示的几部分信息：

File1包含玩具ID，玩具名称，玩具描述，玩具价格，商标，照片，数量，最低年龄，最大年龄，玩具重量等。

File2包含购物者ID，姓名，密码，邮件地址，地址，邮政编码，电话，信用卡编号，信用卡类型，截止日期等。

File3 包含订单编号，购物者 ID，玩具 ID，运货方式，运货费用，礼品包装费用，订单处理等。

在关系数据库中，可以将每一种信息存储在一个表中（关系数据库的概念将在后边介绍），重复的信息只存储一份。当购买玩具时需要玩具的名称时，我们根据购物者购买玩具的 ID 号，可以很容易地在玩具基本信息中找到此 ID 对应的名称。因此，消除数据的重复存储不影响我们对信息的提取，同时还可以避免由于数据重复存储而造成的数据不一致问题。比如，当某个玩具的描述发生变化时，我们只需在"玩具基本信息"一个地方进行修改即可。

3）数据可以共享并能保证数据的一致性。数据库中的数据可以被多个用户共享，共享是指允许多个用户同时操作相同的数据。当然这个特点是针对大型的多用户数据库系统而言的，对于单用户系统，在任何时候最多只有一个用户访问数据库，因此不存在共享的问题。

多用户系统问题是数据库管理系统内部解决的问题，它对用户是不可见的。这就要求数据库能够对多个用户进行协调，保证多个用户之间对数据的操作不发生矛盾和冲突，即在多个用户同时使用数据库时，能够保证数据的一致性和正确性。可以设想一下火车订票系统，如果多个订票点同时对一列火车进行订票操作，那么必须要保证不同订票点订出票的座位不能重复。

数据集成与数据共享是大型环境中数据库系统的主要优点。

数据库技术发展到今天已经是一门比较成熟的技术。经过以上讨论，可以概括出数据库具备如下特征：

数据库是相互关联的数据集合，它用综合的方法组织数据，具有较小的数据冗余，可供多个用户共享，具有较高的数据独立性，具有安全控制机制，能够保证数据的安全、可靠，允许并发地使用数据库，能有效、及时地处理数据，并能保证数据的一致性和完整性。

4）程序与数据相互独立。在数据库中，数据所包含的所有数据项以及数据的存储格式都与数据一起存储在数据库中，它们通过 DBMS 而不是应用程序来访问和管理，应用程序不再需要处理数据文件的存储结构。

程序与数据相互独立有两方面的含义：一方面是指当数据的存储方式（逻辑存储方式或物理存储方式）发生变化，如从链表结构改为哈希结构，或者是顺序和非顺序之间的转换，应用程序不必做任何修改；另一方面是指当数据的结构发生变化时，如增加或减少了一些数据项，如果应用程序与这些修改的数据项无关，则应用程序也不用修改。这些变化都由 DBMS 负责维护。大多数情况下，应用程序并不知道数据存储方式或数据项已经发生了变化。

5）保证数据的安全可靠。数据库技术能够保证数据库中的数据是安全、可靠的，它有一套安全控制机制，可以有效地防止数据库中的数据被非法使用或非法修改；数据库中还有一套完整的备份和恢复机制，以保证当数据遭到破坏时（由软件或硬件故障引起的），能够很快将数据库恢复到正确的状态，并使数据不丢失或少丢失，从而保证系统能够连续、可靠地运行。

数据库管理系统是数据库系统的核心。上面的优点和功能并不是数据库中的数据固有的，而是靠数据库管理系统提供的。数据库管理系统是运行在操作系统之上的系统软件。数据库管理系统的任务就是对数据资源进行管理，并使之能为多个用户共享，同时还能保证数据的安全性、可靠性、完整性、一致性，还要保证数据的高度独立性。

数据库系统的出现使信息系统的开发从以加工数据的应用程序为中心转到以共享的数据库为中心的新阶段，这和数据库在各行各业的基础地位是相符合的。这样既便于数据的集中管理，又便于应用程序的研制和维护，不但提高了数据的利用率，更重要的是提高了数据的安全性、正确性和可靠性，从而提高了决策的科学性。

1.3　数据模型

本节将介绍数据库的设计过程所涉及到的各种数据模型。

1.3.1　数据和数据模型

1. 数据

为了了解世界、研究世界和交流信息，人们需要描述各种事物。用自然语言来描述虽然很直接，但过于繁琐，不便于形式化，而且也不利于用计算机来表达。为此，人们常常只抽取那些感兴趣的事物特征或属性，作为事物的描述。例如，一个玩具可以用如下记录来描述：（芭比娃娃，001，98.99，200），单凭这样一条记录人们一般不太容易知道其准确含义，但如果对其加以准确解释，就可以得到如下信息：芭比娃娃是 001 类型的玩具，售价为 98.99 元，玩具重量为 200g。这种对事物描述的符号记录称为数据。数据有一定的格式，例如，名称一般是长度不超过 20 个汉字的字符，价格带有小数点后两位数等。这些格式的规定是数据的语法，而数据的含义是数据的语义。人们通过解释、推论、归纳、分析和综合等方法，从数据所获得的有意义的内容称为信息。因此，数据是信息存在的一种形式，只有通过解释或处理，才能成为有用的信息。

一般来说，数据有静态和动态两大特征：

（1）数据的静态特征

数据的静态特征包括数据的基本结构、数据间的关系和对数据取值范围的约束。比如，前面例子中的玩具基本信息包含玩具 ID、名称、单价、玩具描述、玩具重量等，这些都是玩具出厂后所具有的基本特征，是玩具数据的基本结构。

数据之间有时候是有关系的，购物者购买玩具的订单信息包括订单 ID，玩具 ID 和数量。玩具中的玩具 ID 就有一种参照的关系，也就是说，订单中的玩具 ID 取的值一定在玩具基本信息表中存在，否则，该商店没有此玩具，就谈不上买了。

数据的取值范围也应该有限制。例如，订单信息中购买的玩具量所能取的值一定要小于或等于玩具基本信息中的库存数量，还有购买的数量不能是负数等，这些数据取值范围的限制，目的是在数据库中存储正确的、有意义的数据，这就是对数据取值范围的约束。

（2）数据的动态特征

数据的动态特征是指对数据可以进行的操作以及操作规则。对数据库数据的操作主要有查询数据和更改数据，更改数据一般又包括对数据的插入、删除和修改。

所以，在描述数据时要包括数据的基本结构、数据的约束条件（这两个属于静态特征）和定义在数据上的操作（属于数据的动态特征）。

2. 数据模型

模型，特别是具体的模型，人们并不陌生。一张地图、一组建筑设计的沙盘、一架航模飞机等都是具体的模型。一眼望去，会使人联想到现实生活中的事物。模型是现实世界特征的模拟和抽象。数据模型（Data Model）也是一种模型，它是对现实世界数据特征的抽象。

由于计算机不可能直接处理现实世界中的具体事物，因此，必须把现实世界中的具体事物转换成计算机能够处理的对象。在数据库中就用数据模型这个工具来抽象、表示和处理现实世界中的数据和信息。通俗地讲，数据模型就是对现实世界的一种模拟。

数据模型一般应满足 3 个方面的要求。

1）能比较真实地模拟现实世界。

2）容易被人们理解。

3）便于在计算机上实现。

用一种模型来很好地满足这 3 方面的要求是比较困难的。在数据库系统中针对不同的使用对象和应用目的，采用不同的数据模型。不同的数据模型实际上是提供给我们模型化数据和信息的不同工具。

根据模型应用目的的不同，可以将这些模型划分为两大类，即概念层数据模型和组织层数据模型。它们属于两个不同的层次。

概念层数据模型，也称为概念模型或信息模型，它是从数据的应用语义视角来抽取模型，并按用户的观点来对数据和信息进行建模。这类模型主要用在数据库的设计阶段，它与具体的数据库管理系统无关。

组织层数据模型，也称为组织模型，它是从数据的组织层来描述数据。所谓组织层，就是指用什么样的数据结构来组织数据。数据库发展到现在主要包括如下几种组织模型（组织方式）：

● 层次模型（用树形结构组织数据）。

● 网状模型（用图形结构组织数据）。

● 关系模型（用简单二维表结构组织数据）。

● 对象关系模型（用复杂的表格以及其他结构组织数据）。

组织层数据模型是数据库系统的核心和基础。各不同厂商开发的数据库管理系统都基于某种组织层数据模型。

为了把现实世界中的具体事物抽象化，组织为某一具体 DBMS 支持的数据模型，人们通常首先将现实世界抽象为信息世界，然后再将信息世界转换为计算机世界，即首先把现实世界中的客观对象抽象为某一种信息结构，这种信息结构并不依赖于具体的计算机系统，也不依赖于具体的 DBMS，而是概念模型，也就是前面所说的概念层数据模型。然后，再把概念模型转换为计算机上的 DBMS 支持的数据组织模型，也就是组织层数据模型。注意，从现实世界到概念层模型使用的是"抽象"技术，从概念层模型到组织层模型使用的是"转换"。也就是说，先到概念模型，然后再到组织模型。从概念模型到组织模型的转换应该是比较直接和简单的，因此使用合适的概念层模型就显得比较重要了。这个过程如图 1-5 所示。

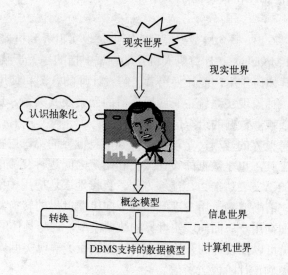

图 1-5　现实世界中客观事物的抽象过程

数据模型是严格定义的一组概念的集合，这些概念准确地描述了系统的静态特征、动态特征和完整性约束条件。

一般来讲，组织层数据模型包括数据结构、数据操作和数据完整性约束 3 大要素。

（1）数据结构

数据结构是所研究的对象类型的集合，这些对象是数据库的组成部分。数据结构包括两类：一类是与数据类型、内容、性质有关的对象，如关系模型中的域、属性和关系等；另一类是与数据之间关系有关的对象，它从数据组织层表达数据记录与字段的结构。

数据结构是刻画数据模型最重要的方面。因此，在数据库系统中，人们通常按照其数据结构的类型来命名数据模型。例如，层次结构、网状结构和关系结构的数据模型分别命名为层次模型、网状模型和关系模型。

数据结构是对系统静态特性的描述。

（2）数据操作

数据操作是指对数据库中的各种对象（型）的实例（值）允许执行操作的集合，包括操作及有关的操作规则。它描述的是系统的信息更新与使用，包括

数据检索：在数据集合中提取用户感兴趣的内容，不改变数据结构与数据值。

数据更新：包括插入、删除和修改数据，此类操作改变数据的值。

数据模型必须定义这些操作的确切含义、操作符号、操作规则以及实现操作的语言。数据操作是对数据的动态特性的描述。

（3）数据完整性约束

数据完整性约束是一组完整性规则的集合。完整性规则是给定的数据模型中数据及其关系所具有的制约和依存规则，用以保证数据的正确、有效和相容，使数据库中的数据值与现实情况相符。例如，订单信息中的购买的玩具量所能取的值一定要小于或等于玩具基本信息中的库存数量，还有购买的数量不能是负数等。

1.3.2　概念层数据模型

从图 1-5 所示可以看出，概念层数据模型实际上是现实世界到机器世界的一个中间层次。概念模型（Conceptual Models）在计算机人机互动领域中指的是关于某种系统一系列在构想、概念上的描述，叙述其如何作用，能让使用者了解设计师的意图和使用方式。

概念层数据模型：抽象现实系统中有应用价值的元素及其关系，反映现实系统中有应用价值的信息结构，不依赖于数据的组织层结构。

概念模型用于信息世界的建模，是现实世界到信息世界的第一层抽象，是数据库设计人员进行数据库设计的工具，也是数据库设计人员和用户之间进行交流的工具，因此，该模型一方面应该具有较强的语义表达能力，能够方便、直接地表达应用中的各种语义知识；另一方面，它还应该简单、清晰、易于用户理解和便于向机器世界的转换。

概念数据模型是面向用户、面向现实世界的数据模型，它与具体的 DBMS 无关。采用概念数据模型，设计人员可以在设计的开始把主要精力放在了解现实世界上，而把涉及 DBMS 的一些技术性问题推迟到设计阶段去考虑。

数据库系统中常用的概念模型是实体—关系（Entity-Relationship，E-R）模型。

由于直接将现实世界中的信息按具体的数据组织模型进行组织，必须同时考虑很多因素，设计工作非常复杂，并且效果也不很理想，因此需要一种方法来对现实世界的信息结构进行描述。事实上，已经有一些这方面的方法，我们要介绍的是 P.P.S.Chen 于 1976 年提出的实体—关系方法，即通常说的 E-R 方法。这种方法由于简单、实用，得到了普遍的应用，也是目前描述信息结构最常用的方法。

实体—关系方法使用的工具称为 E-R 图，它所描述的现实世界的信息结构称为企业模式（Enterprise Schema），通常把这种描述结果称为 E-R 模型。

实体—关系方法试图定义许多数据分类对象，然后数据库设计人员就可以通过直观的识别，将数据项归类到已知的类别中。

实体—关系方法中主要涉及到实体（Entity）、属性（Attribute）和关系（Relationship）3 个概念。

1. 实体

数据是用来描述现实世界的，而描述的对象是各种各样的，有具体的，也有抽象的；有物理存在的，也有概念性的。例如，购物者、玩具等都是具体的对象，而实体是具有相同性质，并且彼此之间可以相互区分的现实世界对象的集合。

例如，"玩具"是一个实体，这个实体中的每种玩具都有 ID 号、名称、重量等属性。

在关系数据库中，通常一个实体被映射成一个关系表，表中的一行对应一个可区分的现实世界对象（这些对象组成了实体），称为实体实例（Entity Instance）。例如，"玩具"实体中的每个玩具都是"玩具"实体的一个实例。

在 E-R 图中用矩形框表示具体的实体，把实体名写在框内。

2. 属性

每个实体都具有一定的特征或性质，这样我们才能根据实体的特征来区分每个实例。例如，玩具的 ID 号、名称、重量等都是玩具实体具有的特征。我们将实体所具有的特征称为它的属性。

属性是描述实体或者关系的性质的数据项。

在实体中，属于一个实体的所有实例都具有共同的性质，这些性质就是实体的属性。例如，"玩具"实体的 ID 号、名称、价格、重量、适合年龄的玩家等性质就是"玩具"实体的属性。

每个实体都有一个标识符（或称实体的键），标识符是实体中的一个属性或者几个属性的组合，每个实体实例在标识符上具有不同的值。标识符用于区分实体中的每个不同的实例，这个概念类似于关系中的候选键的概念。例如，"玩具"实体的标识符是玩具的"ID 号"。

在 E-R 图中用椭圆表示属性，椭圆内写上属性名。当实体所包含的属性比较多时，为了简洁，在 E-R 图中经常省略对属性的描述，而是在其他地方将属性单独罗列出来。

3. 关系

在现实世界中，事物内部以及事物之间是有关系的，这些关系在信息世界反映为实体内部的关系和实体之间的关系。

实体内部的关系通常是指组成实体的各属性之间的关系，比如在"职工"实体中，假设有"职工号"和"部门经理号"，通常情况下，"部门经理号"与"职工号"之间有一种关联关系，即部门经理号的取值受职工号取值的约束（因为部门经理也是职工，也有职工号），这就是实体内部的关系。

实体之间的关系通常是指不同实体之间的关系。而"玩具"实体（设有属性：ID 号、名称、价格、重量、商标 ID）和"商标"实体（设有属性：商标 ID、商标名称、商标说明）之间也有关系，这个关系是"玩具"实体中的"商标 ID"必须是"商标"实体中已经存在的商标 ID，这种关系就是实体之间的关系。

这里讨论的主要是实体之间的关系。关系是数据之间的关联集合，是客观存在的应用语义链。关系用菱形框表示，框内写上关系名，并用连线将有关的实体连接起来。

两个实体之间的关系可以分为 3 类：

（1）一对一（1:1）关系

如果实体 A 中的每个实例在实体 B 中至多有一个（也可以没有）实例与之关联，反之亦然，则称实体 A 与实体 B 具有一对一关系，记为 1:1。

例如，部门和经理（假设一个部门只有一个经理，一个人只担任一个部门的经理）、就是一对一关系，如图 1-6a 所示。

（2）一对多（1:n）关系

如果实体 A 中的每个实例在实体 B 中有 n 个实例（n≥0）与之关联，而实体 B 中每个实例在实体 A 中只有一个实例与之关联，则称实体 A 与实体 B 是一对多关系，记为 1:n。

例如，假设一个部门有若干个职工，而一个职工只在一个部门工作，则部门和职工之间就是一对多关系。又如，商标和玩具之间也是一对多的关系，一个玩具只有一个商标，而一个商标可能对应多种玩具，如图 1-6b 所示。

（3）多对多（m:n）关系

如果对于实体 A 中的每个实例，实体 B 中有 n 个实例（n≥0）与之关联，而实体 B 中的每个实例，在实体 A 中也有 m 个实例（m≥0）与之关联，则称实体 A 与实体 B 的关系是多对多关系，记为 m:n。

例如，购物者和玩具，一个购物者可以购买多种玩具，一种玩具也可以被多个购物者购买，因此，购物者和玩具之间是多对多的关系，如图 1-6c 所示。

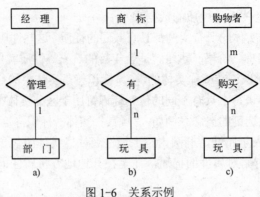

图1-6 关系示例

a) 一对一关系 b) 一对多关系 c) 多对多关系

实际上，一对一关系是一对多关系的特例，而一对多关系又是多对多关系的特例。

E-R 模型不仅能描述两个实体之间的关系，而且还能描述两个以上实体之间的关系。例如，有顾客、商品、销售人员三个实体，并且有语义：每个顾客可以从多个销售人员那里购买多种商品；每种商品可由多个销售人员卖给多个顾客，每个销售人员可以将多种商品卖给多个顾客。描述顾客、商品和销售人员之间的销售和购买关系的 E-R 图如图 1-7 所示，这里将关系命名为购买。

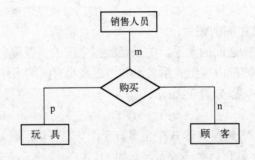

图1-7 多个实体之间的关系示例

关系也可以有自己的附加属性。比如，图 1-6c 所示中的"购买"关系，就可以有购买数量等属性。

1.3.3 组织层数据模型

组织层数据模型是从数据的组织方式的角度来描述信息的。目前，在数据库领域中最常用的组织层数据模型有 4 种，它们是层次模型、网状模型、关系模型和面向对象模型。组织层数据模型是按存储数据的逻辑结构来命名的。例如，层次模型采用的是树形结构。目前使用最普遍的是关系数据模型。关系数据模型技术从 20 世纪 70~80 年代开始到现在已经发展得非常成熟了，因此，这里重点介绍关系数据模型。

关系数据模型（关系模型）是目前最重要的一种数据模型。关系数据库就是采用关系模型作为数据的组织方式。20 世纪 80 年代以来，计算机厂商推出的数据库管理系统几乎都支持关系模型，非关系系统的产品也大都加上了关系接口。

下面从数据模型的三要素角度来介绍关系数据模型的特点。

1. 关系模型的数据结构

关系数据模型源于数学，它把数据看成是二维表中的元素，而这个二维表就是关系。

关系系统要求用户所感觉的数据库是多张二维表的集合。在关系系统中，表是逻辑结构，而不是物理结构。实际上，系统在物理层可以使用任何有效的存储结构来存储数据，如有序文件、索引、哈希表和指针等。因此，表是对物理存储数据的一种抽象表示，是对很多存储细节的抽象，如存储记录的位置、记录的顺序、数据值的表示等，以及记录的访问结构，如索引等。对用户来说，这些都是不可见的。

表 1-2 是玩具基本信息的关系模型形式。

表 1-2　玩具基本信息的关系模型形式

玩具 ID	名　称	单　价	产　地	重　量	出厂日期
000001	玩具熊	49.99	四川成都	348	2004.12.4
000002	芭比娃娃	98.88	北京	128	2005.2.8
000003	遥控汽车	86.68	浙江温州	870	2004.8.8

用关系表示实体以及实体之间关系的模型称为关系数据模型。下面介绍一些关系模型中的基本术语。

（1）关系

关系就是二维表，它满足如下条件：

1）关系表中的每一列都是不可再分的基本属性。

2）表中各属性不能重名。

3）表中的行、列次序并不重要，即可交换行、列的前后顺序。例如，将表 1-2 中的"单价"列放在"产地"列后边，并不影响其表达的语义。

（2）元组

表中的每一行数据称为一个元组，它相当于一个记录值。

（3）属性

表中的每一列是一个属性值，列可以命名，称为属性名。例如，表 1-2 中有 6 个属性。属性与前面讲到的实体属性（特征）或记录的字段意义相当。

因此，关系是元组的集合。如果表格有 n 列，则称该关系是 n 元关系。关系中的每一列都是不可再分的基本属性，而且关系表中的每一行数据不允许完全相同，因为存储值完全相同的两行或多行数据并没有实际意义。

因此，在数据库中有两套标准术语：一套用的是表、行、列；另一套用的是关系、元组、属性。有时这两套术语也可混用。它们的对应关系如下：

表——关系

行——元组

列——属性

（4）主键

主键（Primary Key，PK）也称为主关键字，是表中的一个属性或几个属性的组合，用于唯一地确定表中的一个元组。主键可以由一个属性组成，也可以由多个属性共同组成。例如，表1-2所示的例子中，玩具ID就是此玩具基本信息表的主键，因为它可以唯一地确定一个购物者。而表1-3所示的关系的主键由购物车ID和玩具ID共同组成。因为一个购物车可以选定多个玩具，而一种玩具也可以被多个购物车选中。因此，只有将购物车ID和玩具ID组合起来，才能共同确定一行记录。通常称由多个属性共同组成的主键为复合主键。当某个表是由多个属性组合起来共同作为主键时，就用括号将这些属性括起来，表示共同作为主键。例如，表1-3的主键是购物车ID和玩具ID。

表1-3　购物车信息表

购物车ID	玩具ID	数量
000001	000001	1
000001	000008	2
000002	000001	2

注意：不能根据表在某段时间所存储的内容来决定其主键，这样做是不可靠的。表的主键与其实际的应用语义有关，与表的设计者的意图有关。

有时一个表中可能存在多个可以做主键的属性。例如，对于购物者基本信息表，如果能够保证姓名没有重复的话，那么姓名列也可以作为购物者基本信息表的主键。又如，如果在购物者基本信息表中增加一个"身份证号"列，则此列也可作为购物者基本信息表的主键。如果表中存在多个可以作为主键的属性，则称这些属性为候选键属性，相应的键称为候选关键字。从候选关键字中选取哪一个作为主键都可以，因此，主键是从候选关键字中选取出来的。

（5）外键

外键（Foreign Key，FK）也称为外关键字，是表中的一个属性或几个属性的组合。两个表可以通过共同的属性相关联。当一个表的主键在另一个表中作为一个属性存在时，它就在另外一个表中被称为外键。外键是可以重复的。例如，表1-3所示的例子中，玩具ID就是外键，由它和玩具基本信息表发生关系。

注意：FK一定是PK的子集，确保外关键字的所有值和主关键字匹配，这也称为引用完整性。

（6）域

域是一组具有相同数据类型的值的集合。在关系中，域用来作为属性的取值范围。例如，购物者的年龄假设在0～100岁之间，因此购物者的属性"年龄"的域就是（0～100）；而人的性别只能是"男"和"女"两个值，因此，属性"性别"的域就是（男，女）。

2．关系模型的数据操作

关系模型的操作对象是集合，而不是行，也就是操作的对象以及操作的结果都是完整的表（行的集合，而不只是单行。当然，只包含一行数据的表是合法的，空表或不包含任何数据行的表也是合法的）。而非关系型数据库系统中典型的操作是一次一行或一次一个记录。因此，集合处理能力是关系系统区别于其他系统的一个重要特征。

关系数据操作方式有关系代数和关系演算两种。关系代数是用对关系的运算来表达查询要求的方式，以一个或多个关系作为运算对象，结果为另外一个关系。关系演算是通过元组必须满足的谓词公式来表达查询要求的方式，用满足条件的元组集合表示运算结果。条件称为演算公式，按谓词变元的基本对象分为两种形式，即元组关系演算、域关系演算。

（1）关系代数运算

下面用一个具体的例子来介绍几种传统的关系代数运算。

设有 M 关系（见表 1-4）：参加思科培训的学生表（学号、姓名）；N 关系（见表 1-5）：参加微软培训的学生表（学号、姓名）；L 关系（见表 1-6）：课程表（课程号、课程名、类别）。

表 1-4　M 关系

学　号	姓　名
000001	张三
000003	张军

表 1-5　N 关系

学　号	姓　名
000001	张三
000005	马明

表 1-6　L 关系

课程号	课程名	类　别
3101	数据库	必修
3103	计算机文化基础	选修

1）并运算（二元运算）：即相同属性结构的关系 R 和 S 的元组并运算，其结果由属于 R 或属于 S 的所有元组组成。并运算实现了数据记录的增加和插入操作。例如，M 关系和 N 关系的并记作 M∪N，结果关系 S 与 M 关系或 N 关系具有相同的属性，由两个关系的元组组成。如 S=M∪N，运算结果见表 1-7，表示参加了思科培训和微软培训的学生。

2）差运算（二元运算）：即相同属性结构的关系 R 和 S 的元组差运算，其结果由属于 R 而不属于 S 的所有元组组成。M 关系和 N 关系的差记作 M-N，结果关系 S 与 M 关系或 N 关系具有相同的属性，由 M 关系中的元组去掉在 N 关系中存在的元组组成。如 S=M-N，运算结果见表 1-8，表示参加了思科培训但没有参加微软培训的学生。

表 1-7　参加了思科培训和微软培训的学生

学　号	姓　名
000001	张三
000003	张军
000005	马明

表 1-8　参加了思科培训但没有参加微软培训的学生

学　号	姓　名
000003	张军

3）交运算（二元运算）：即相同属性结构的关系 R 和 S 的元组交运算，其结果由既属于 R 又属于 S 的所有元组组成。M 关系和 N 关系的交记作 M∩N，结果关系 S 与 M 关系或 N 关系具有相同的属性，由 M 关系中的元组去掉不在 N 关系中存在的元组组成。如 S=M∩N，运算结果见表 1-9，表示既参加思科培训又参加微软培训的学生。

表 1-9　既参加思科培训又参加微软培训的学生

学　号	姓　名
000001	张三

4）笛卡儿积（二元运算）：定义关系 R、S 的笛卡儿乘积为 $R \times S = \{(r,s)|r \in R \wedge s \in S\}$。其结果由既属于 R 又属于 S 的所有元素组成。M 关系和 L 关系的笛卡儿积记作 M×L，结果关系 S 的属性由 M 关系和 L 关系中的属性组成，元组为 M 关系中的每一个元组与 L 关系中的每一个元组组合而成，如 S=M×L，运算结果见表 1-10，表示参加思科培训的学生的每门课程。

表 1-10　参加思科培训的学生的每门课程

学　号	姓　名	课 程 号	课 程 名	类　别
000001	张三	3101	数据库	必修
000001	张三	3103	计算机文化基础	选修
000003	张军	3101	数据库	必修
000003	张军	3103	计算机文化基础	选修

5）选择运算（一元运算）：设 X 是一个命题公式，则在 S 关系上的 X 选择是由在 S 中挑选满足 X 命题的所有元组组成的一个新的关系，这个关系是 S 关系的一个子集，记为 $\sigma_X(S)$。例如，M 关系和 L 关系笛卡儿积所得的结果关系上的 X 选择，X 命题是"类别='必修'"，可以表示为 $\sigma_{类别="必修"}$（M×L）。选择运算的结果见表 1-11。

表 1-11　选择运算的结果

学　号	姓　名	课 程 号	课 程 名	类　别
000001	张三	3103	计算机文化基础	选修
000003	张军	3103	计算机文化基础	选修

6）投影运算（一元运算）：定义关系 R 对其属性 i，j，k 的投影为 $\prod i,j,k(R)=\{(r_i,r_j,r_k)|r\in R\}$，即仅取 R 指定的属性。如果要求参加思科培训的学生表关系 M 和课程表关系 L 笛卡儿积的结果，并投影出学生的姓名和课程名属性，则可以表示为 $S=\prod_{姓名,课程名}$（M×L），投影运算的结果见表 1-12。

表 1-12　投影运算的结果

姓　名	课 程 名
张三	数据库
张三	计算机文化基础
张军	数据库
张军	计算机文化基础

（2）关系演算

关系代数运算是通过"规定对关系的运算"来进行的，即要求用户说明运算的顺序。通知系统每一步应该"怎样做"属于过程化语言。而关系演算是通过"规定查询的结果应满足什么条件"来表达查询要求的，只提出要达到的要求，说明系统要"做什么"，而将怎样做的问题交给系统去解决，SQL 就是基于此的。

关系演算以数理逻辑中的谓词演算为基础，通过谓词形式来表示查询表达式。根据谓词变元的不同，可将关系演算分为元组关系演算和域关系演算。

1）元组关系演算：是以元组变量作为谓词变元的基本对象。元组关系演算语言的典型代表是 E.F.Codd 提出的 ALPHA 语言。ALPHA 语言是以谓词公式来定义查询要求的。在谓词公式中存在客体变元，这里称为元组变量。元组变量是一个变量，其变化范围为某一个命名的关系。

ALPHA 语言的基本格式如下：

<操作符> <工作空间名>（<目标表>）[：操作条件]

操作符有 GET，PUT，HOLD，UPDATE，DELETE，DROP6 种。工作空间是指内存空间，可以用一个字母表示，通常用 W 表示，也可以用别的字母表示。工作空间是用户与系统的通信区。目标表用于指定操作（如查询、更新等）的结果，它可以是关系名或属性名。一个操作语句可以同时对多个关系或多个属性进行操作。操作条件是用谓词公式表示的逻辑表达式，只有满足此条件的元组才能进行操作，这是一个可选项，默认时表示无条件执行操作符规定的操作。除此之外，还可以在基本格式上加上排序要求，定额要求等。

例如，GET W(L.课程名)表示：目标表为课程表 L 关系中的属性课程名，查询的是所有的课程名。具体的 ALPHA 语言用法请查阅相关资料。

2）域关系演算：是关系演算的另一种形式。域关系演算以元组变量的分量，即域变量作为谓词变元的基本对象。域关系演算语言的典型代表是 1975 年由 IBM 公司约克城高级研究试验室的 M.M.Zloof 提出的 QBE 语言，该语言于 1978 年在 IBM370 上实现。

QBE 是 Query By Example 的缩写，也称为示例查询，它是一种很有特色的屏幕编辑语言，其特点有如下几个。

① 以表格形式进行操作。

每一个操作都由一个或几个表格组成，每一个表格都显示在终端的屏幕上，用户通过终端屏幕编辑程序以填写表格的方式构造查询要求，查询结果也以表格的形式显示出来。所以，它具有直观和可对话的特点。

② 通过例子进行查询。

通过使用一些实例，使该语言更易于为用户接受和掌握。

③ 查询顺序自由。

当有多个查询条件时，不要求使用者按照固定的思路和方式进行查询，使用更加方便。

使用 QBE 语言时通常采用如下步骤：

1）用户根据要求向系统申请一张或几张表格，这些表格显示在终端上。

2）用户在空白表格左上角的一栏内输入关系名。

3）系统根据用户输入的关系名，将在第一行从左至右自动填写各个属性名。

4）用户在关系名或属性名下方的一格内填写相应的操作命令，操作命令包括 P.(打印或显示)、U.(修改)、I.(插入)、D.(删除)。如果要打印或显示整个元组时，应将"P."填在关系名的下方，如果只需打印或显示某一属性，应将"P."填在相应属性名的下方。

QBE 操作框架见表 1-13。

表 1-13　QBE 操作框架

关 系 名	属 性 1	属 性 2	…	属 性 n
操作命令	属性值或查询条件	属性值或查询条件	…	属性值或查询条件

3. 关系模型的数据完整性约束

数据完整性是指数据库中存储的数据是有意义的或正确的。关系模型中的数据完整性规则是对关系的某种约束条件。它的数据完整性约束主要包括 4 大类：实体完整性、引用完整性、域完整性和用户自定义完整性。

（1）实体完整性

实体完整性指的是关系数据库中所有的表都必须有主键，而且表中不允许存在如下记录。

1）无主键值的记录。

2）主键值相同的记录。

因为若记录设有主键值，则此记录在表中一定是无意义的。前边说过，关系模型中的每一行记录都对应客观存在的一个实例或一个事实。例如，一个玩具 ID 唯一地确定了一个玩具。如果表中存在没有玩具 ID 的玩具记录，则此玩具一定不属于正常管理的玩具。另外，如果表中存在主键值相等的两个或多个记录，则这两个或多个记录会对应同一个实例。这会出现两种情况：第一，若表中的其他属性值也完全相同，则这些记录就是重复的记录，存储重复的记录是无意义的；第二，若其他属性值不完全相同，则会出现语义矛盾，如同一个玩具（玩具 ID 相同），而其名称不同或价格产地不同，显然不可能。

关系模型中使用主键作为记录的唯一标识。主键所包含的属性称为关系的主属性，其他的非主键属性称为非主属性。在关系数据库中，主属性不能取空值。关系数据库中的空值是特殊的标量常数，它既不是"0"，也不是没有值，它代表未定义的或者有意义但目前还处于未知状态的值。数据库中的空值用"NULL"表示。

（2）引用完整性

引用完整性有时也称为参照完整性。现实世界中的实体之间往往存在某种关系于关系模型中，实体以及实体之间的关系在关系数据库中都用关系来表示，这样就自然存在着关系（实体）与关系（实体）之间的引用关系。引用完整性就是描述实体之间关系的。

引用完整性一般是指多个实体或关系表之间的关联关系。例如，表 1-3 中，购物车信息表所描述的玩具必须受限于表 1-2 中的玩具基本信息表中已有的玩具，不能在购物车中选中一个根本就不存在的玩具，也就是购物车中玩具 ID 的取值必须在玩具基本信息表的玩具 ID 的取值范围内。这种限制一个表中某列的取值受另一个表的某列的取值范围约束的特点称为引用完整性。在关系数据库中用外键（也称外部关键字）来实现引用完整性。

例如，只要将购物车表中的"玩具 ID"定义为引用玩具基本信息表的"玩具 ID"的外键，就可以保证购物车表中的"玩具 ID"的取值在玩具基本信息表的已有"玩具 ID"范围内。

外键一般定义在关系中，用于表示两个或多个实体之间的关联关系。外键实际上是表中的一个（或多个）属性，它引用某个其他表（特殊情况下，也可以是外键所在的表）的主键，当然，也可以是候选主关键字，但多数情况下是主键。

下面再看指定外键的例子。

【例 1-1】 "玩具"表和"种类"表所包含的属性如下，其中主键用下画线标示。

玩具(<u>玩具 ID</u>，名称，种类 ID，价格，重量，产地)

种类(<u>种类 ID</u>，种类，描述)

这两个表之间存在着引用关系，即"玩具"表中的"种类 ID"引用了"种类"表中的"种类 ID"。显然，"玩具"表中的"种类 ID"的值必须是确实存在的种类 ID。也就是说，"玩具"表中的"种类 ID"参照了"种类"表中的"种类 ID"，即"玩具"表中的"种类 ID"是引用了"种类"表中的"种类 ID"的外键。

注意：主键必须是非空且不重复的，但外键无此要求。外键允许有重复值，这点从表1-3中可以看出，有时外键还可以为空。

（3）域完整性

域完整性或语义完整性，确保了只有在某一合法范围内的值才能存储到一列中。可以通过限制数据类型、值的范围和数据格式来实施域完整性。例如，人的年龄的取值范围为0～150。

（4）用户自定义完整性

任何关系数据库系统都应该支持实体完整性、引用完整性和域完整性。除此之外，不同的数据库应用系统根据其应用环境的不同，往往还需要一些特殊的约束条件，用户自定义完整性就是针对某一具体应用领域定义的数据约束条件，它反映某一具体应用所涉及的数据必须要满足应用语义的要求。

1.4　数据库系统的模式结构

数据的独立性是数据管理技术追求的目标之一，和文件系统相比，数据库系统具有高度的数据独立性，不但可以简化应用程序的编制，减轻程序员的负担，而且还有利于数据和应用程序各自的管理和维护。在数据库系统中，数据的独立性是由数据库系统的三级模式结构及其二级模式映像功能来保证的。

在数据库系统中，由于种种原因可能会使数据的物理存储结构发生变化，或数据的全局逻辑结构发生变化，但对用户来说，绝对不希望自己面对的那部分数据的局部逻辑结构也随着发生变化。为此，实际的数据库管理系统都实现了数据库的三级模式结构，尽管支持的数据模型、采用的技术和使用的数据库语言可能会不同。

本节主要介绍数据库系统的三级模式结构及二级模式映像功能。

1.4.1　三级模式结构

模式是数据库中全体数据的逻辑结构和特征的描述，它涉及到具体的数据值。数据库系统的三级模式结构是指数据库系统的外模式、模式和内模式，图 1-8 说明了各级模式之间的关系。

1）内模式：是最接近物理存储的，也就是数据的物理存储方式。

2）外模式：是最接近用户的，也就是用户所看到的数据视图。

3）模式：是介于内模式和外模式之间的中间层次。

在图 1-8 中，外模式是单个用户的数据视图，而模式是一个部门或公司的整体数据视图。换句话说，外模式（外部视图）可以有许多，每一个都或多或少地抽象表示整个数据库的某一部分，而模式（概念视图）只有一个，它包含对现实世界数据库的抽象表示。注意，这里的抽象指的是记录和字段这些面向用户的概念，而不是位和字节那些面向机器的概念。大多数用户只对整个数据库的某一部分感兴趣。内模式（内部视图）也只有一个，它表示数据库的物理存储。

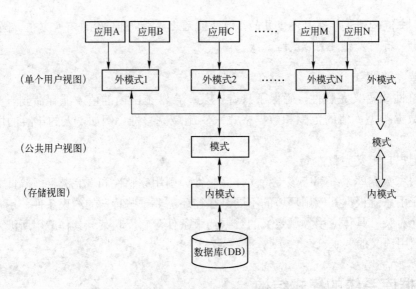

图 1-8　数据库系统的三级模式结构

这里所讨论的内容与数据库系统是不是关系数据库的差别不大。

首先，关系系统中的模式一定是关系的，在该层可见的实体是体现关系的表和关系的操作符。

第二，外模式也是关系的或接近关系的，它们的内容来自模式。例如，可以定义两个外模式，一个记录玩具的名称、价格（表示为玩具基本信息 1（名称，价格）），另一个记录玩具名称和库存数量（表示为玩具基本信息 2（名称，数量）），这两个外模式的内容均来自"玩具基本信息"这个模式。外模式对应到关系数据库中就是"外部视图"或简称为"视图"，它在关系数据库中有特定的含义，我们将在后面章节详细讨论视图的概念。

第三，内模式不是关系的，因为该层的实体不是关系表的原样照搬。其实，不管是什么系统，其内模式都是一样的，都是存储记录、指针、索引和哈希表等。事实上，关系模型与内模式无关，它关心的是用户的数据视图。

三级模式结构有如下优点：

1）保证数据的独立性。

2）简化了用户接口。

3）有利于数据共享。

4）有利于数据的安全保密。

下面开始进一步以图 1-8 为基础详细讨论这 3 层结构。该图显示了体系结构的主要组成部分和它们之间的联系。

1. 模式

模式（Schema）也称为逻辑模式或概念模式，它是数据库中全体数据的逻辑结构和特征的描述，是所有用户的公共数据视图。概念模式表示数据库中的全部信息，其形式要比数据的物理存储方式抽象，它是数据库系统结构的中间层，既不涉及数据的物理存储细节和硬件环境，也不涉及具体的应用程序、使用的开发工具和开发环境等。

概念模式由许多概念记录类型的值所构成，例如，它可以包含玩具记录值的集合、购物者记录值的集合、订单记录值的集合等。概念记录既不等同于外部记录，也不等同于存储记录。

概念模式实际上是数据库数据在逻辑上的视图。一个数据库只有一种模式。数据库模式以某种数据模型为基础，统一综合地考虑了所有用户的需求，并将这些需求有机地结合成一个逻辑整体。定义数据库模式时不仅要定义数据的逻辑结构，比如，数据记录由哪些数据项组成，数据项的名字、类型、取值范围等，而且还要定义数据之间的联系，定义与数据有关的安全性、完整性要求。

概念模式不涉及存储字段的表示，存储记录对列、索引、指针或其他存储的访问细节。如果概念模式以这种方式真正地实现了数据独立性，那么根据这些概念模式定义的外模式也会有很强的独立性。

数据库管理系统提供了数据定义语言（DDL）来定义数据库的模式，具体包括以下几方面：
- 定义数据的全局结构。
- 定义所有用户对数据的安全性和完整性要求。
- 定义这些数据之间的联系。

2. 外模式

外模式（External Schema）也称为用户模式（User Schema）或子模式（subSchema），它是对现实系统中用户感兴趣的整体数据结构的局部描述，用于满足不同数据库用户需求的数据视图，是数据库用户能够看见和使用的局部数据的逻辑结构和特征的描述，是数据库整体数据结构的子集或局部重构。

外模式通常是模式的子集。一个数据库可以有多个外模式。由于它是各个用户的数据视图，如果不同的用户在应用需求、看待数据的方式、对数据保密要求等方面存在差异，则其外模式描述就是不相同的。即使对于模式中同样的数据，在外模式中的结构、类型、长度等都可以不同。

外模式就是特定用户所看到的数据库的内容，对那些用户来说，外模式就是数据库。例如，在网上玩具商店这个数据库系统中，玩具商店的店主和购物的顾客处理玩具的不同数据，得到的外模式不同，对应的外模式如下：

店主.玩具（名称、进价、库存数量、供应商、产地、重量、出厂日期、外形描述）

顾客.玩具（名称、卖价、库存数量、产地、重量、外形描述）

上面的例子说明，对于不同的应用，其外模式一般不同，一般隐藏一些非关系数据，所以外模式是保证数据库安全的一个措施。每个用户只能看到和访问其所对应的外模式中的数据，并将其不需要的数据屏蔽起来，因此保证不会出现由于用户的误操作和有意破坏而造成数据损失。

3. 内模式

内模式（Internal Schema）也称为存储模式（Storage Schema）或物理模式（Physical Schema），是对整个数据库的底层表示，它描述了数据的存储结构，比如数据的组织与存储方式，如是顺序存储、B 树存储还是 Hash 存储，索引按什么方式组织、是否加密等。

注意，内模式与物理层是不一样的，内模式不涉及物理记录的形式（即物理块或页，输入/输出单位），也不考虑具体设备的柱面或磁道大小。换句话说，内模式假定了一个无限大的线性地址空间，地址空间到物理存储的映射细节是与特定系统有关的，这些并不反映在体系结构中。在设计内模式时，主要考虑它的时间效率和空间效率。

1.4.2　二级模式映像功能

数据库系统的三级模式是对数据 3 个级别的抽象，它把数据的具体组织留给 DBMS 管理，使用户能逻辑地、抽象地处理数据，而不必关心数据在计算机中的具体表示方式与存储方式。为了能够在内部实现这 3 个抽象层次的关系和转换，数据库管理系统在 3 个模式之间提供了两层映像（如图 1-8 所示）：

1）外模式/模式映像。

2）模式/内模式映像。

正是这两层映像保证了数据库系统中的数据能够具有较高的逻辑独立性和物理独立性，使数据库应用程序不随数据库数据的逻辑或存储结构的变动而变动。

1. 外模式/模式映像

模式描述的是数据的全局逻辑结构，外模式描述的是数据的局部逻辑结构。对于同一个模式，可以有任意多个外模式。对于每个外模式，数据库系统都有一个"外模式/模式映像"，它定义了该外模式与模式之间的对应关系。这些映像定义通常包含在各自的外模式描述中。

当模式改变时（如增加新的关系、新的属性、改变属性的数据类型等），可由数据库管理员用"外模式/模式"定义语句，调整外模式/模式映像定义，从而保持外模式不变。由于应用程序是依据数据的外模式编写的，因此应用程序也不必修改，保证了数据与程序的逻辑独立性，简称为数据的逻辑独立性。

2. 模式/内模式映像

"模式/内模式映像"定义了数据库的逻辑结构与存储结构之间的对应关系，该映像通常包含在模式描述中。当数据库的存储结构改变了，比如选择了另一种存储结构，只需要对"模式/内模式映像"做相应的修改，就可以保持模式不变，从而应用程序也不必改变。因此，保证了数据与程序的物理独立性，简称为数据的物理独立性。

在数据库的三级模式结构中，模式即全局逻辑结构，是数据库的中心与关键，它独立于数据库的其他层次。设计数据库时，也是首先设计数据库的逻辑模式。

数据库的内模式依赖于数据库的全局逻辑结构，但独立于数据库的用户视图，也就是外模式，也独立于具体的存储设备。内模式将全局逻辑结构中所定义的数据结构及其关系按照一定的物理存储策略进行组织，以达到较好的时间效率与空间效率。

数据库的外模式面向具体的应用程序，它定义在逻辑模式之上，但独立于存储模式和存储设备。当应用需求发生较大变化，相应的外模式不能满足用户的要求时，该外模式就需要做相应的改动，所以设计外模式时应充分考虑到应用的扩充性。

特定的应用程序是在外模式描述的数据结构上编制的，它依赖于特定的外模式，与数据库的模式和存储结构独立。不同的应用程序有时可以共用同一个外模式。数据库的两级映像保证了数据库外模式的稳定性，从而从底层保证了应用程序的稳定性，除非应用需求本身发生变化，否则应用程序一般不需要修改。

数据与程序之间的独立性，使得数据的定义和描述可以从应用程序中分离出来。另外，由于数据的存取由 DBMS 负责管理和实施，因此，用户不必考虑存取路径等细节，从而简化了应用程序的编制，减少了对应用程序的维护和修改工作。

有了这二级模式映像功能，就可以知道数据库管理系统是如何实现数据访问的。例如，应用程序从数据库中读取数据的步骤如下：

1）应用程序向数据库管理系统发出读数据的指令。

2）数据库管理系统对该命令进行语法和语义检查，并调用该应用程序对应的外模式，检查该应用程序对将要读取的数据拥有什么样的存取权限，决定是否执行该命令，如果拒绝执行，就返回错误信息。

3）在决定执行该命令后，数据库管理系统调用模式，根据外模式/模式映像，确定应该读取模式中的哪些数据记录。

4）数据库管理系统调用内模式，根据模式/内模式映像，确定应该从哪些文件、采用什么样的存取方法、读取哪些物理记录。

5）数据库管理系统向操作系统发出读取物理记录的指令。

6）操作系统执行读取物理记录的有关操作，将物理记录送至缓冲区。

7）数据库管理系统根据子模式/模式映像，给出应用程序所要求读取的数据记录格式，返回给应用程序。

1.4.3 二级模式映像实例

为简单起见，假设数据库的模式中存在玩具表 Toys（cToyID，vToyName，vToyDescription，mToyRate，siToyQoh，siToyWeight，imPhoto），有两个用户在共享该玩具表，用户 A（应用 1）在处理玩具的玩具号（cToyID），玩具名（vToyName）和玩具价格（mToyRate）的数据。用户 B（应用 2）在处理玩具的玩具号（cToyID），玩具名（vToyName）和玩具照片（imPhoto）的数据。用户习惯中文方式操作，则分别定义两个外模式：玩具信息 A（玩具号，玩具名，玩具价格）和玩具信息 B（玩具号，玩具名，玩具重量）。假设该玩具表以链表的结构进行存储，如图 1-9 所示。

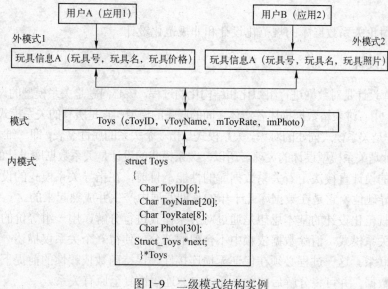

图 1-9　二级模式结构实例

用户 A（应用 1）和用户 B（应用 2）分别使用的是外模式 1 和外模式 2 中的玩具号、玩具名、玩具价格和玩具照片在模式中并不存在，那么用户（应用程序）是怎么使用外模式来存储数据的呢？答案是通过数据库管理系统的二级映像模式来实现数据存储的。

在外模式的定义中描述有相应的外模式/模式映像。例如，有

玩具信息 1.玩具号↔Toys.cToyID　　　　玩具信息 2.玩具号↔Toys.cToyID

玩具信息 1.玩具名↔Toys.vToyName　　　玩具信息 2.玩具名↔Toys.vToyName

玩具信息 1.玩具价格↔Toys.mToyRate　　玩具信息 2.玩具照片↔Toys.imPhoto

从上面的对应关系中很容易找出相应的转换，很容易将外模式 1 中的玩具号转换成模式中的 Toys.cToyID，但模式中的数据对应存储结构中的哪些数据呢？在模式的定义中，也有相应的模式/内模式映像。例如，有

Toys.cToyID ↔Toys→ToyID

Toys.vToyName↔Toys→ToyName

Toys.mToyRate↔Toys→ToyRate

Toys.imPhoto↔Toys→Photo

这样就很容易将模式中的 Toys.cToyID 转换成内模式中长度为 6 个字节的一个存储域 Toys→ToyID。

假设数据的逻辑结构发生了变化，例如，将 Toys 表一分为二，Toys1（cToyID，vToyName，mToyRate，imPhoto）和 Toys2（cToyID，vToyName，imPhoto）。为使外模式 1 和外模式 2 不变，进而使相应的应用程序不变，需要将相应的外模式/模式修改为

玩具信息 1.玩具号↔Toys1.cToyID　　　　玩具信息 2.玩具号↔Toys2.cToyID

玩具信息 1.玩具名↔Toys1.vToyName　　　玩具信息 2.玩具名↔Toys2.vToyName

玩具信息 1.玩具价格↔Toys1.mToyRate　　玩具信息 2.玩具照片↔Toys2.imPhoto

从而就保证了数据的独立性。

1.5　关系数据库的规范化设计和非规范化设计

本节主要讨论关系数据库的规范化设计和非规范化设计。

1.5.1　规范化设计

关系数据库设计是对数据进行组织化和结构化的过程，核心问题是关系模型的设计。关系模型是数学化的、用二维表格数据描述各实体之间的联系的模型；它是所有的关系模式、属性名和关键字的汇集，是关系模式描述的对象。关系模式是指一个关系的属性名表，即二维表的表框架。关系模式的设计是关系模型设计的灵魂。所以，关系模式的设计是关系数据库设计的核心。

关系模式的设计直接决定着关系数据库的性能。目前，在指导关系模式的设计中，规范化设计占有主导地位，它是在数据库几十年的长期发展中产生并成熟起来的。

关系模式规范化设计的基本思想是通过对关系模式进行分解，用一组等价的关系子模式来代替原有的关系模式，消除数据依赖中不合理的部分，使得一个关系仅描述一个实体或者实体间的一种联系。这一过程必须在保证无损连接性、保持函数依赖性的前提下进行，即确保不破坏原有数据，并可将分解后的关系通过自然连接恢复至原有关系。

下面来看表 Student 的结构和带数据的示例，见表 1-14。

Student（学号，姓名，出身年月，地址，班级，学期，数学，英语）

表 1-14　带数据示例的表

学　号	姓　名	...	学　期	数　学	英　语
2004001	张三	...	1	40	65
2004001	张三	...	2	56	48
2004002	李四	...	1	93	84
2004002	李四	...	2	85	90

学生信息连同其成绩都存放在 Student 表中。当记录不同学期的成绩时，学生信息（如姓名和学号）就会发生重复。这种数据的重复就是冗余。此外，如果需要修改一个学生的地址，就得修改和那个学生相关的多行内容。而如果没有修改多行，就将引起不同行之间数据的不一致性。

如果有 1000 个学生，且每个学生的信息占据 200B，则有 200000B 的数据是重复的。因此，大量的磁盘空间被无谓地占用。

因此，冗余可能导致

1）更新异常——插入、修改、删除数据可能导致不一致性。

2）不一致性——数据重复时，更容易引发错误。

3）无谓地占用额外的磁盘空间。

可以凭经验和常规感觉来设计一个数据库。然而，通常也需要使用像规范化那样的系统方法来减少冗余和不一致。

规范化是使用某些规则将复杂表结构分解成简单表结构的科学方法。这样一来，就可以减少表中数据的冗余，消除不一致性并解决磁盘空间的占用问题。同时，可以确保没有信息的丢失。

规范化有许多好处，它加快了创建排序和索引的速度、支持更多的聚集索引、减少每个表中的索引数量、减少 NULL 字段、并使数据库更加紧凑。规范化有助于简化表结构。应用程序的性能和数据库的设计直接相关。拙劣的设计会降低系统的性能。逻辑化的设计为优化的数据库打下了基础。

要设计出一个好的数据库，应该遵循下列规则：

● 每张表中都应有一个标志列。

● 每张表中只能存放一种实体的数据。

● 应避免接收带有 NULL 值的列。

● 应避免值或列的重复。

规范化将导致满足某些特定规则并代表某些范式的表的形成。范式用于确保数据库中不存在各种类型的异常和不一致。表结构总是属于某个特定的范式。已经定义了一些范式，其中最重要、最常用的范式有

● 第一范式（1 NF）。

● 第二范式（2 NF）。

● 第三范式（3 NF）。

● Boyce-Codd 范式（BCNF）。

各范式之间的关系如图 1-10 所示。

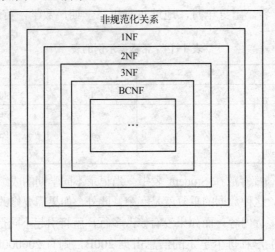

图 1-10 各范式之间的关系

第一、第二和第三范式是由 Dr.E.F.Codd 最先定义的。以后，Boyce 和 Codd 提出了另一种范式，称为 Boyce-Codd 范式。

还有 4NF 和 5NF 范式，但不常用到，所以本书中没有涉及。

1. 第一范式

当表中的每个单元含且仅含一个值时，这个表叫做第一范式（1 NF）。

考虑表 Project（见表 1-15）。

表 1-15 表 Project

Ecode	Dept	ProjCode	Hours
E101	Systems	P27 P51 P20	90 101 60
E305	Sales	P27 P22	109 98
E508	Admin	P51 P27	NULL 72

表 1-15 中的数据是非规范化的，因为 ProjCode 和 Hours 列的单元中包含多个值。通过将 1NF 的定义应用到表 Project 中，可以得到表 1-16。

表 1-16 表 Project

Ecode	Dept	ProjCode	Hours
E101	Systems	P27	90
E101	Systems	P51	101
E101	Systems	P20	60
E305	Sales	P27	109
E305	Sales	P22	98
E508	Admin	P51	NULL
E508	Admin	P27	72

规范化理论是建立在函数依赖基本概念之上的。首先，让我们来理解函数依赖的概念。给定一个关系（也可以称其为表）R，如果R中A的每个值都与B的某个确定值相对应，则属性A函数依赖于B。换句话说，当且仅当对于B的每个值都能够在A中找到一个确定值时，属性A函数依赖于B。属性B称为决定因子。

考虑表Employee（见表1-17）。

表1-17　表Employee

ECode	Name	City
E101	Veronica	Delhi
E102	Anthony	CA
E103	Mac	Paris

给出一个特定的ECode，可以得到相应的Name的确定值。例如，当ECode为E101时，有一个确定的Name值Veronica，Name函数依赖于ECode。类似地，对于每个ECode值，有一个确定的City值。因此，属性City函数依赖于属性ECode。属性ECode是决定因子。也可以说，ECode决定了City和Name。

2. 第二范式

当一个表是1NF且一行中的每个属性都依赖于整个关键字（不仅仅是关键字的一部分）时，该表就可以称为第二范式。

考虑表Project（ECode，ProjCode，Dept，Hours）（见表1-18）。

表1-18　表Project

ECode	ProjCode	Dept	Hours
E101	P27	Systems	90
E305	P27	Finance	10
E508	P51	Admin	NULL
E101	P51	Systems	101
E101	P20	Systems	60
E508	P27	Admin	72

这种情况会引发下列问题：

- 插入时，直到一个员工被分配项目之后，才能记录其所属部门。
- 更新时，对于一个给定的员工，其员工代码和部门重复多次。因此，如果一个员工调动到另一个部门，该调动会影响表Employee中属于该员工的所有行。任何遗漏都将导致数据的不一致性。
- 删除时，如果一个员工完成了某一项目的工作，其记录将被删除，和该员工所属的部门相关的信息也将丢失。

这里，主关键字是复合的(ECode + ProjCode)。

该表符合第一范式（1NF）。这里需要检查其是否符合第二范式（2NF）。

在表1-18中，对于ECode的每个值，都有多个Hours与其对应。例如，对于ECode E101，有 3 个 Hours 值——90、101 和 60。因此，Hours 不函数依赖于 ECode。类似地，对于每个 ProjCode 值，有多个 Hours 值与其对应。例如，对于 ProjCode P27，有 3 个 Hours 值——90、10 和 72。然而，对于 ECode 和 ProjCode 的组合值，只有一个确定的 Hours 值与之对应。因此，Hours 函数依赖于整个关键字：ECode + ProjCode。

现在，必须检验 Dept 是否函数依赖于主关键字：ECode +ProjCode。对于 ECode 的每个值，有一个确定的 Dept 值。例如，对于 ECode 101，有一个确定的对应值 Systems。因此，Dept 函数依赖于 ECode。然而，对于每个 ProjCode 值，有多个对应的 Dept 值。例如，对于 ProjCode P27，有两个 Dept 值：Systems 和 Finance。所以，Dept 不函数依赖于 ProjCode。因此，Dept 函数依赖于主关键字的一部分（ECode），而非全部（ECode+ProjCode）。因此，表 Project 不是 2NF。为了使该表成为 2NF，非关键字属性必须完全函数依赖于整个关键字，而不是部分关键字。

将一个表转换为 2NF 的指导如下：

1）找出并移去函数依赖于部分关键字，而不是整个关键字的属性。将它们放到另一张表中。

2）将剩余的属性分组。

为了将表 Project 转换成 2NF，必须移去那些不完全函数依赖于整个关键字的属性，并将其连同其函数依赖的属性放入另一张表中。在上例中，因为 Dept 不完全函数依赖于整个关键字 ECode+ProjCode，所以将 Dept 连同 ECode 放入新表 EmployeeDept（见表 1-19）中。

现在，表 Project 中将包含 ECode、ProjCode 和 Hours，见表 1-20。

表 1-19　表 EmployeeDept

ECode	Dept
E101	Systems
E305	Sales
E508	Admin

表 1-20　表 Project

ECode	ProjCode	Hours
E101	P27	90
E101	P51	101
E101	P20	60
E305	P27	10
E508	P51	NULL
E508	P27	72

3. 第三范式

当一个关系是 2 NF，且其中的每个非关键字属性仅函数依赖于主关键字时，这样的关系称为 3 NF。

考虑表 Employee（见表 1-21）。

表 1-21　表 Employee

ECode	Dept	DeptHead
E101	Systems	E901
E305	Finance	E909
E402	Sales	E906
E508	Admin	E908
E607	Finance	E909
E608	Finance	E909

由依赖引发的问题如下：

- 插入时，新成立部门的领导手下还没有员工，因而，这些领导无法被加入到 DeptHead 列中，这是因为主关键字是未知的。
- 更新时，对于一个给定的部门，某个特定的部门领导（DeptHead）的代码重复多次。因此，如果部门领导调动到另一个部门，则所做的修改会引起表中数据的不一致。
- 删除时，如果一个员工的记录被删除，与其相关的部门领导的信息也将被删除。因此，这将引起数据的丢失。

这里，必须检查该表是否是 3NF。因为表的每个单元中都有单一的值，所以它是 1NF。表 Employee 中的主关键字是 ECode。对于 ECode 的每个值，都有一个确定的 Dept 值。因此，属性 Dept 函数依赖于主关键字 ECode。类似地，对于每个 ECode 值，都有一个确定的 DeptHead 值。因此，DeptHead 函数依赖于主关键字 ECode。所以，所有的属性都函数依赖于整个关键字 ECode。因此，该表是 2NF。

然而，属性 DeptHead 也依赖于属性 Dept。对于每个 3NF 而言，所有的非关键字属性都必须仅仅函数依赖于主关键字。该表不是 3NF，因为 DeptHead 函数依赖于 Dept，而 Dept 不是主关键字。

将一个表转换为 3NF 的指导如下：

1）找出并移去函数依赖于非主关键字属性的非关键字属性。将它们放入另一个表中。

2）将其余的属性分组。

为了将表 Employee 转换成 3NF，必须移去 DeptHead 列，因为它不仅仅函数依赖于主关键字 ECode，并将该列连同其函数依赖的属性 Dept 放入另一个 Department 表中，见表 1-22 和表 1-23。

表 1-22　表 Employee

ECode	Dept
E101	Systems
E305	Finance
E402	Sales
E508	Admin
E607	Finance
E608	Finance

表 1-23　表 Department

Dept	DeptHead
Systems	E901
Sales	E906
Admin	E908
Finance	E909

4．Boyce-Codd 范式

3NF 的原始定义在某些情况下是不充分的，它无法满足下列情况：

- 表中有多个候选关键字。
- 表中的多个候选关键字是复合的。
- 表中的多个候选关键字是重合的（至少有一个共同属性）。

因此，一种新的范式——Boyce-Codd 范式产生了。注意，对于不符合上面 3 个条件的表，可以在第三范式上停止规范化。在这样的情况下，第三范式和 Boyce-Codd 范式是等同的。当且仅当每个决定因子都是候选关键字时，关系属于 Boyce-Codd 范式。

考虑表 Project（见表 1-24）。

表 1-24　表 Project

ECode	Name	ProjCode	Hours
E101	Veronica	P2	48
E102	Anthony	P5	100
E103	Mac	P6	15
E401	Susan	P2	250
E401	Susan	P5	75
E101	Veronica	P5	40

表 1-24 中存在冗余。如果一个员工改了名字，则必须在整个表中进行一致的修改，否则将引起表中数据的不一致性。

ECode+ProjCode 是主关键字。注意，Name+ProjCode 也可以被选为主关键字，因此，它是一个候选关键字。

- Hours 函数依赖于 ECode+ProjCode。
- Hours 函数依赖于 Name+ProjCode。
- Name 函数依赖于 ECode。
- ECode 函数依赖于 Name。

注意，表 1-24 中存在如下情况：

- 有多个候选关键字，ECode+ProjCode 和 Name+ProjCode。
- 候选关键字是复合的。
- 候选关键字有重合，因为属性 ProjCode 是共同的。

这是一种需要转换成 BCNF 的情况。该表基本上属于 3NF。唯一的非关键字项是 Hours，Hours 依赖于整个关键字，也就是 ECode+ProjCode 或 Name+ProjCode。

ECode 和 Name 是决定因子，因为它们互相函数依赖。然而，它们本身并不是候选关键字。对于每个 BCNF 而言，决定因子必须是候选关键字。

将一个表转换成 BCNF 的指导如下：

1）找出并移去重合的候选关键字。将候选关键字及函数依赖于其的部分放入另一个表中。

2）将剩余的项分组并放入一个表中。

因此，移去 Name 和 ECode，并将它们放入另一个表中，将会得到表 1-25 和表 1-26。

表 1-25　表 Employee

ECode	Name
E101	Veronica
E102	Anthony
E103	Mac
E401	Susan
E401	Susan
E101	Veronica

表 1-26　表 Project

ECode	ProjCode	Hours
E101	P2	48
E102	P5	100
E103	P6	15
E401	P2	250
E401	P5	75
E101	P5	40

1.5.2　非规范化设计

规范化的最终产物是一系列相关的表，这些表构成了数据库。但是，有时为了得到简单的输出，得连接多个表，这就会影响查询的性能。在这种情况下，更明智的做法是引入一定程度的冗余，包括引入额外的列或额外的表。为了提高性能，在表中故意引入冗余的做法称为非规范化。

非规范化设计的基本思想是，现实世界并不总是依从于某一完美的数学化的关系模式。强制性地对事物进行规范化设计，形式上显得简单化，内容上趋于复杂化。更重要的是，导致数据库运行效率的降低。非规范化要求适当地降低甚至抛弃关系模式的范式，不再要求一个表只描述一个实体或者实体间的一种联系。其主要目的在于提高数据库的运行效率。

非规范化处理的主要技术包括增加冗余或派生列，对表进行合并、分割或增加重复表。一般认为，在下列情况下可以考虑进行非规范化处理。

- 大量频繁的查询过程所涉及的表都需要进行连接。
- 主要的应用程序在执行时要将表连接起来进行查询。
- 对数据的计算需要临时表或进行复杂的查询。

非规范化设计的主要优点是减少了查询操作所需的连接；减少了外键和索引的数量；可以预先进行统计计算，提高了查询时的响应速度。非规范化存在的主要问题是增加了数据冗余；影响数据库的完整性；降低了数据更新的速度；增加了存储表所占用的物理空间。其中最重要的是数据库的完整性问题。这一问题一般可通过建立触发器、应用事务逻辑、在适当的时间间隔运行批处理命令或存储过程等方法得到解决。

谁是谁非，在设计过程中应该具体问题具体分析。

1.6　本章小结

本章主要介绍了数据库系统的相关概念，包括数据库、数据库管理系统和数据库系统，并结合数据库管理技术的发展介绍了数据库的主要特点。数据模型是数据系统的基础、核心，其中概念模型是各种数据模型的共同基础，它和数据库管理系统无关，主要用来按用户的观点对现实世界进行抽象和建模，建成的模型称为 E-R 模型。组织层数据模型是从数据的组织方式的角度来描述信息的，重点讲述了关系模型。数据库系统具有的三级映像功能保证了数据具有较高的逻辑独立性和物理独立性。关系数据库设计是对数据进行组织化和结构化的过程，核心问题是关系模型的设计。关系模式规范化设计的基本思想是通过对关系模式进行分解，用一组等价的关系子模式来代替原有的关系模式，消除数据依赖中不合理的部分，使得一个关系仅描述一个实体或者实体间的一种联系。

学习本章时应该把注意力放在对基本概念的理解上，以便为后面的学习打下良好的基础。

1.7　思考题

1. 说明数据库管理系统的功能有哪些？
2. 说明数据库系统由哪几部分组成？

3．说明概念层数据模型的作用。

4．说明实体—关系模型中的实体、属性和关系的概念。

5．解释关系模型中的主键、外键、属性和元组的概念，并说明主键和外键的作用。

6．指明下列实体间关系的种类：

（1）玩具和商标。

（2）玩具和种类。

（3）购物者和订单。

（4）购物者和玩具。

7．设有如下几个表，试指出每个表的主键和外键，并说明外键的引用关系。

（1）玩具（玩具ID，玩具名称，玩具描述，种类ID，玩具价格，商标ID，照片，数量，最低年龄，最大年龄，玩具重量）。

（2）商标（商标ID，商标名称，商标描述）。

（3）种类（种类ID，种类名称，种类描述）。

8．关系模型中的3个数据完整性包含哪些内容？分别说明每一种完整性的作用。

9．试简述数据库系统的三级模式结构，其优点是什么？

10．简述第一范式、第二范式、第三范式的概念。

11．设包含购物者购买玩具情况的订单记录的细节表如下：

订单细节（订单编号，玩具ID，玩具名称，数量，礼品包装，包装ID，备注信息，玩具金额）

（1）指出此表的主键。

（2）判断此表属于第几范式，如果不是第三范式，请将其规范化为第三范式。

12．解释关系模型中的术语：关系、关系模式、元组、属性、主码。

第 2 章　关系数据库设计和建模工具

本章学习目标：
- 掌握数据库的设计过程。
- 掌握数据库建模工具的使用。

2.1　数据库设计

随着数据库应用领域的不断扩展，以数据库为基础的各种应用也在不断发展和完善。从以处理业务为基础的小型事务系统到处理各种复杂信息的管理信息系统，都是在数据库的基础上构建的。数据库技术凭借其优异的性能、简便的访问方式和标准化的访问接口，已逐渐发展成为现代各种计算机信息系统的核心技术。

数据库设计是数据库系统设计与开发的关键。前面章节已经介绍了关系数据库规范化的理论基础，但根据数据依赖和规范化要求来设计关系模式只是数据库逻辑设计的一个方面。本节将比较系统地讨论数据库的设计问题。学习本节后，读者应了解数据库设计的阶段划分和每个阶段的主要工作；掌握概念设计的意义、原则和方法；熟练掌握 E-R 模型设计的方法和原则，以及从 E-R 模型转换为关系模型的方法。

2.1.1　数据库设计的基本过程

数据库设计是建立数据库系统的核心和基础。数据库设计要求对指定的应用环境构造出较优的数据库模式，建立数据库及其应用，使系统能有效地存储数据，并满足用户的各种应用需求。

1. 数据库设计的任务和内容

从应用角度看，数据库系统主要由数据库、数据库管理系统和数据库应用程序 3 个部分组成。数据库设计是指根据用户需求研制数据库结构的过程，也就是把现实世界中的数据根据各种应用处理的要求加以合理组织，使之满足硬件和操作系统的特性，并利用已有的 DBMS来建立能够实现系统目标的数据库。

从系统开发的角度看，数据库设计包括数据库的结构设计和数据库的行为设计两方面。

（1）数据库的结构设计

数据库的结构设计是指根据给定的应用环境，进行数据库的各级数据库模式设计，它包括数据库的概念设计、逻辑设计和物理设计。数据库模式是各应用程序共享的结构，是静态的、稳定的，一经形成后通常情况下是不容易改变的，所以结构设计又称为静态模型设计。

（2）数据库的行为设计

数据库的行为设计是指确定数据库用户的行为和动作。在数据库系统中，用户的行为和动作是指用户对数据库的操作，这些要通过应用程序来实现，所以数据库的行为设计就是应用程序的设计。用户的行为总是使数据库的内容发生变化，所以行为是动态的，行为设计又称为动态模型设计。

从使用方便和改善性能的角度考虑，结构设计必须适应行为设计。但是，建立数据模型的方法并没有给行为设计提供有效的工具和技巧。因此，结构设计和行为设计不得不分别进行，但必须相互参照。

2. 数据库设计的特点

在 20 世纪 70 年代末 80 年代初，人们为了方便研究数据库设计方法学，曾主张将结构设计和行为设计两者分离。随着数据库设计方法学的成熟和结构化分析、设计方法的普遍使用，人们又主张将两者做一体化的考虑，这样可以缩短数据库的设计周期，提高数据库的设计效率。

现代数据库的设计特点是：强调结构设计与行为设计相结合，是一种"反复探寻，逐步求精"的过程。首先从数据需求分析开始，以数据模型为核心进行展开，将数据库设计和应用程序设计相结合，建立一个完整、独立、共享、冗余小和安全有效的数据库系统。图 2-1 所示给出了数据库设计的全过程。

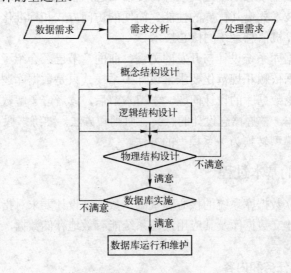

图 2-1 数据库设计的全过程

3. 数据库设计的基本步骤

整个数据库建设过程划分为系统分析和设计、系统实现和运行两大阶段。按照规范化设计方法，结合数据库系统开发及应用的全过程，可将数据库设计分为 6 个具体阶段：需求分析；概念结构设计；逻辑结构设计；物理结构设计；数据库实施；数据库运行和维护。前 2 个阶段是面向用户的应用要求，面向具体的问题；中间 2 个阶段是面向数据库管理系统；最后 2 个阶段是面向具体的实现方法。前 4 个阶段可统称为"分析和设计阶段"，后两个阶段统称为"实现和运行阶段"。

应用该方法，每完成一个阶段，都要进行设计分析，评价一些重要的设计指标，对设计阶段所产生的文档进行评审，并与系统用户进行交流。如果设计的数据库不符合要求，则进行修改。这种分析和修改可能要重复若干次，以求最后实现的数据库系统能够比较准确地反映用户的需求。设计一个完善的数据库往往是这 6 个阶段不断反复的过程。

在数据库设计之前，首先应对参与数据库设计的人员进行相应的分工。这些人员包括系统分析员、数据库设计员、数据库管理员、程序设计人员和用户。其中，系统分析员和数据库设计员参与整个数据库的设计，是整个数据库设计成败的关键。用户和数据库管理员主要参与需求分析和数据库的运行维护，是整个数据库设计的基础。程序设计人员主要参与数据库的实施、程序设计及软、硬件环境的管理。

下面对数据库设计的 6 个阶段进行具体说明。

（1）系统需求分析阶段

系统需求分析阶段主要是准确把握用户的需求，对用户的需求进行分析和处理。需求分析是整个数据库设计过程的基础，要收集数据库所有用户的数据需求和处理需求，并加以分析处理。这是最费时、最复杂的一步，也是最重要的一步，决定了以后各步的速度与质量。需求分析如果做得不好，可能会导致整个数据库设计的返工。在分析用户需求时，要确保用户目标的一致性。

（2）概念结构设计阶段

概念结构的设计就是将用户需求抽象为概念模型的过程。概念结构设计是对用户的需求进行分析、归纳、综合及抽象，最终形成独立于具体数据库管理系统之外的一种模型。通过这种模型，可以直观地描述用户的要求。

（3）逻辑结构设计阶段

逻辑结构设计是将概念模型转换为某个 DBMS 所支持的数据模型，并对其进行优化。

（4）物理结构设计阶段

物理结构设计是为数据库的逻辑模型选取一个最合适的物理结构，包括数据的存储结构和存取方法等。

上述分析和设计阶段是很重要的，如果做出不恰当的分析或设计，则会导致一个不恰当的或反应迟钝的系统，可能会使项目失败。

（5）数据库实施阶段

数据库实施阶段根据逻辑结构设计和物理结构设计的结果，把原始数据装入数据库，建立一个具体的数据库并编写、调试相应的应用程序。应用程序的开发目标是开发一个可依赖的、有效的数据库存取程序，来满足用户的处理要求。

（6）数据库运行和维护阶段

这一阶段主要是收集和记录实际系统运行的数据。这些数据主要用来评价数据库系统的性能，进一步调整和修改数据库。在运行中，必须保持数据库的完整性，并能有效地处理数据库故障和进行数据库恢复。在运行和维护阶段，可能要对数据库结构进行修改或扩充。

可以看出，以上 6 个阶段是从数据库系统设计和开发的全过程来考察数据库设计问题的。因此，它既是数据库，也是系统的设计过程。在设计过程中，努力使数据库设计和系统其他部分的设计紧密结合，把数据处理，需求收集、分析、抽象、数据库设计和实现同时进行、相互参照、相互补充，以完善两方面的设计。按照这个原则，数据库设计各个阶段的描述见表 2-1。

表 2-1 中，有关处理特性的描述采用的设计方法和工具属于软件工程和管理信息系统等课程中的内容，这里不再深入讨论。下面章节重点介绍数据库设计过程中的各个阶段的数据特性。

表 2-1 数据库设计各个阶段的描述

设计阶段	设 计 描 述	
	数 据	处 理
需求分析	数据字典、全系统中的数据项、数据流、数据存储描述	数据流图和定表（判定树） 数据字典中处理过程的描述
概念结构设计	概念模型（E-R 图） 数据字典	系统说明书。包括 ①新系统要求、方案和概要设计图 ②反映新系统信息的数据流图
逻辑结构设计	某种数据模型 关系模型	系统结构图 非关系模型（模块结构图）
物理结构设计	存储安排 存取方法选择 存取路径选择	模块设计 IPO（输入、处理、输出）表
数据库实施	编写模式 装入数据 数据库试运行	程序编写 编译连接 测试
数据库运行和维护	性能测试，转储/恢复数据库 重组和重构	新旧系统转换、运行、维护（修正性、适应性、改善性维护）

2.1.2 系统需求分析

需求分析是整个数据库设计过程中的第一步，也是最重要的一步，是其他后续步骤的基础，是为以后的具体设计做准备。需求分析的结果是否准确反映了用户的实际要求，将直接影响到后面各个阶段的设计，并影响到设计结果是否合理和实用。如果由于设计要求的不正确或误解，导致直到系统测试阶段才发现许多错误，则纠正起来要付出很大的代价。因此，必须高度重视系统的需求分析。

1. 需求分析的任务

需求分析的主要任务是详细调查客观世界要处理的对象（包括组织、部门、企业等），了解该对象所处系统的概况、各组成部分的工作流程，明确用户提出的各种需求，然后在此基础上确定新系统的框架和功能。同时，在设计新系统时，必须充分考虑到系统可能发生的扩充和改变，不能仅仅局限于当前的需求。

需求分析阶段具体包括以下任务。

（1）调查分析用户活动

通过对新系统运行目标的研究，以及对现行系统所存在的主要问题和制约因素的分析，明确用户总的需求目标，确定这个目标的功能域和数据域。

具体做法是：调查组织机构情况，包括该组织的部门组成情况，各部门的职责和任务等；调查各部门的业务活动情况，包括各部门输入和输出的数据与格式，所需的表格，加工处理这些数据的步骤等。

（2）收集和分析需求数据，确定系统边界

在熟悉业务活动的基础上，协助用户明确对新系统的各种需求，包括用户的信息需求、处理需求，安全性和完整性的需求等。

● 信息需求指目标范围内涉及的所有实体、实体的属性以及实体间的联系等数据对象，也就是用户需要从数据库中获得信息的内容与性质。由信息需求可以导出数据需求，即在数据库中需要存储哪些数据。

● 处理需求指用户为了得到需求的信息，对已知的数据进行加工处理，包括对某种处理功能的响应时间，处理的方式（批处理或联机处理）等。

● 安全性和完整性的需求。在定义信息需求和处理需求的同时，必须确定相应的安全性和完整性约束。

在收集了各种需求数据后，对前面调查的结果进行初步分析，确定新系统的边界，确定哪些功能由计算机完成或将来准备让计算机完成，哪些活动由人工完成。由计算机完成的功能就是新系统应该实现的功能。

（3）编写系统分析报告

系统需求分析阶段的最后是编写系统分析报告，通常称为需求规范说明书。它是对需求分析阶段的一个总结。编写系统分析报告是一个不断反复、逐步深入和逐步完善的过程。系统分析报告应包括如下内容：

● 系统概况，系统的目标、范围、背景、历史和现状。

● 系统的原理和技术，对原系统的改善。

● 系统总体结构与子系统结构的说明。

● 系统功能说明。

● 数据处理概要、工程体制和设计阶段划分。

● 系统方案及技术、经济、功能和操作上的可行性。

完成系统的分析报告后，在项目单位的领导下要组织有关技术专家评审系统分析报告，这是对需求分析阶段的再审查。审查通过后，由项目方和开发方领导签字认可。

随系统分析报告提供下列附件：

● 系统的硬件、软件环境及规格要求（数据库管理系统、操作系统、计算机型号及网络环境等）。

● 组织机构图、组织之间联系图和各机构功能业务一览图。

● 数据流程图、功能模块图和数据字典等图表。

如果用户同意系统分析报告和方案设计，则在与用户进行详尽商讨的基础上，最后签订技术协议书。系统分析报告是设计者和用户一致确认的权威性文献，是今后各阶段工作的依据。

2. 需求分析的方法

需求分析的主要目的是弄清用户的实际需求，在理解用户需求的基础上，再以一种合理的方式把这种需求表示出来，最终将分析的结果提交给用户。经用户确认之后，作为下一步设计的依据。

需求分析的方法主要有结构化分析（SA）方法和面向对象分析（OOA）方法。SA 方法是最简单实用的方法，从最上层的系统组织机构入手，采取自顶向下、逐层分解的方式来分析系统，用分层数据流图（DFD）和数据字典（DD）来描述需求分析的结果，构成系统需求说明。数据流图如图 2-2 所示。

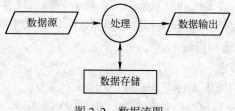

图 2-2　数据流图

使用 SA 方法，任何一个系统都可抽象为数据流图。数据流图表达了数据和处理过程的关系。在数据流图中，用命名的箭头表示数据流，用圆圈表示处理，用矩形或其他形状表示存储。一个简单的系统可用一张数据流图来表示。当系统比较复杂时，为了便于理解，控制其复杂性，可以采用分层描述的方法，第一层描述系统的全貌，第二层描述各子系统的结构。如果系统结构很复杂，那么可以继续细化，直到表达清楚为止。在处理功能逐步分解的同时，所用的数据也逐级分解，形成若干层次的数据流图。

数据字典对系统中的数据进行了详细描述，是各类数据结构和属性的清单，与数据流图互为注释。在需求分析阶段，数据字典主要包含以下内容。

- 数据项：数据的最小单位，包括数据项名、含义、别名、类型、长度、取值范围、与其他数据项的逻辑联系等。
- 数据结构：若干有意义的数据项集合，包括数据结构名、含义及组成成分等。
- 数据流说明：数据流可以是数据项，也可以是数据结构，表示某一处理过程中的输入/输出数据，包括数据流名、说明、流入过程和流出过程等。
- 数据存储说明：说明处理中需要存储的数据，包括数据存储名、说明、输入数据流、输出数据流、数据量、存储方式和操作方式等。
- 处理过程：描述处理过程的说明性信息，包括处理过程名、说明、输入（数据流）、输出（数据流）和处理（简要说明）等。

2.1.3 概念结构设计

在需求分析阶段，设计人员充分调查并描述了用户的需求，但是这些需求只是现实世界的具体要求，应把这些需求抽象为信息系统的结构，才能更好地实现用户的需求。

概念结构设计就是将需求分析得到的用户需求抽象为信息结构，即概念模型。

1. 概念模型的特点

概念模型作为概念结构设计的表达工具，为数据库提供一个说明性结构，是设计数据库逻辑结构（逻辑模型）的基础。概念模型具有以下特点：

- 语义表达能力丰富。概念模型能表达用户的各种需求，充分反映现实世界，包括事物和事物之间的联系、用户对数据的处理要求，是现实世界的一个真实模型。
- 易于交流和理解。概念模型的表达要自然、直观和容易理解，以便于和不熟悉计算机的用户交换意见。
- 易于修改和扩充。概念模型可以灵活地改变，以反映用户需求和现实环境的变化。
- 易于向各种数据模型转换。概念模型独立于特定的 DBMS，因而更加稳定，能方便地向关系模型、网状模型或层次模型等各种数据模型转换。

人们提出了许多概念模型，其中最著名、最实用的一种是 E-R 模型，它将现实世界的信息统一用属性、实体以及实体之间的联系来描述。最著名的工具为 Embarcadero Technologies公司的 ER/Studio，它可以创建逻辑模型和物理模型，可以自动生成设计文档。

2. 概念结构设计的方法和步骤

（1）概念结构设计的方法

设计概念结构可以采用以下 4 种方法。

- 自顶向下：先定义全局概念结构的框架，再做逐步细化。

- **自底向上**：首先定义每一局部应用的概念结构，然后按一定的规则集成，从而得到全局概念结构。
- **由里向外**：首先定义最重要的核心概念结构，然后向外逐步扩充，以滚雪球的方式生成其他概念结构。
- **混合策略**：采用自顶向下和自底向上相结合的方法，先自顶向下设计一个概念结构的全局框架，再以其为骨架，自底向上设计局部概念结构，并集合在一起。

最常用的方法是自底向上，即自顶向下地进行需求分析，再自底向上地设计概念结构。

（2）概念结构设计的步骤

自底向上的设计方法分为两步，如图 2-3 所示。

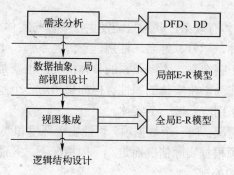

图 2-3　自底向上的概念结构设计

1）进行数据抽象，设计局部 E-R 模型，即设计用户视图。

概念结构是对现实世界的一种抽象。所谓抽象，是对实际的对象进行人为处理，抽取人们关心的共同特性，忽略非本质的细节，并把这些特性用各种概念精确地加以描述。概念结构设计首先要根据需求分析得到的结果（如数据流图、数据字典等）对现实世界进行抽象，并设计各个局部 E-R 模型。

E-R 方法是 1976 年提出的 Entity-Relationship Approach（实体联系方法）的简称，是描述现实世界概念结构模型的有效方法。用 E-R 方法建立的概念结构模型称为 E-R 模型（或称为E-R 图）。

E-R 图由实体、属性和联系构成。实体与属性都是客观存在并可互相区分的事物。属性用于描述实体的某一特征，而且其本身有一定意义，不再需要描述。实体必须用一组表示其特征的属性来描述。联系是指实体之间存在的对应关系，一般可分为一对一（1：1）的联系、一对多（1：n）的联系和多对多（m：n）的联系。具体内容见 1.3.2 节的相关内容。

在需求分析阶段得到了多层数据流图、数据字典和需求分析报告。建立局部 E-R 模型，就是根据系统的具体情况，在多层数据流图中选择一个适当层次的数据流图作为设计 E-R 图的出发点，让这组图中的每一部分对应一个局部应用。局部应用所涉及的数据存储在数据字典中，现在就是要将这些数据从数据字典中抽取出来，参照数据流图，确定每个局部应用包含哪些实体，这些实体又包含哪些属性，以及实体之间的联系及其类型。

设计局部 E-R 模型的关键是正确划分实体和属性。实体和属性在形式上并没有可以明显区分的界限，通常按照现实世界中事物的自然划分来定义实体和属性。可以将现实世界中的事物进行数据抽象，得到实体和属性。一般有分类和聚集两种数据抽象。

分类：定义某一类概念作为现实世界中一组对象的类型，将一组具有某些共同特性和行为的对象抽象为一个实体。对象是实体的一个成员。例如，在学生成绩管理系统中，"李勇"是一名学生，表示"李勇"具有学生共同的特性和行为。

聚集：定义某一类型的组成成分，将对象类型的组成成分抽象为实体的属性。组成成分是对象类型的一部分。例如，在学生成绩管理系统中，学号、姓名、性别、年龄、系别等可以抽象为学生实体的属性，其中学号是标示学生实体的主键。

进行数据抽象后得到了实体和属性。实际上，实体和属性是相对而言的，往往需要根据实际情况进行必要的调整。在调整中要遵循两条原则：

① 实体具有描述信息，而属性没有，即属性必须是不可分的数据项，不能再由另一些属性组成。

② 属性不能与其他实体有联系，联系只能发生在实体与实体之间。

例如，学生是一个实体，学号、姓名、性别、年龄、系别、年级等是学生实体的属性。这里，系别只表示学生属于哪个系，不涉及系的具体情况。也就是说，没有需要进一步描述的特性，根据原则①可以作为学生实体的属性。但如果考虑一个系的系主任、学生人数、教师人数和办公地点等，则系别应看做一个实体。

有时还会遇到这样的情况：同一个数据项，可能由于环境和要求的不同，有时作为属性，有时则作为实体，此时必须根据实际情况而定。一般情况下，凡能作为属性对待的，应尽量作为属性，以简化 E-R 图的处理。

2）集成各局部 E-R 模型，形成全局 E-R 模型，即视图的集成。

局部 E-R 模型设计完成之后，下一步就是集成各局部 E-R 模型，形成全局 E-R 模型，即视图的集成。视图的集成分为以下两个步骤：

① 局部 E-R 图的合并。把局部 E-R 图集成为全局 E-R 图时，为了减少合并工作的复杂性，一般采用两两集成的方法。合并从公共实体类型开始，最后再加入独立的局部结构。即先将具有相同实体的两个 E-R 图以该相同实体为基准进行集成，如果还有具有相同实体的 E-R 图，再次集成，这样一直继续下去，直到所有具有相同实体的局部 E-R 图都被集成，从而得到全局的 E-R 图。

② 消除冲突。由于各个局部应用不同，通常由不同的设计人员进行局部 E-R 图设计，因此，各局部 E-R 图不可避免地会有许多不一致的地方，称之为冲突。合并局部 E-R 图时，并不能简单地将各个 E-R 图画到一起，而是必须消除各个局部 E-R 图中的不一致，使合并后的全局概念结构不仅支持所有的局部 E-R 模型，而且必须是一个能为全系统中所有用户共同理解和接受的完整的概念模型。合并局部 E-R 图的关键就是合理消除各局部 E-R 图中的冲突。

E-R 图中的冲突有以下 3 种。

属性冲突：包括类型、取值范围、取值单位的冲突。比如学号，有些部门将其定义为数值型，而有些部门将其定义为字符型；又如年龄，有的可能用出生年月表示，有的则用整数表示。属性冲突与用户业务上的约定有关，必须与用户协商后解决。

命名冲突：可能发生在实体名、属性名或联系名之间，其中属性的命名冲突更为常见。一般表现为同名异义或异名同义。比如，"单位"在某些部门表示为人员所在的部门，而在某些部门可能表示物品的重量、长度等属性。命名冲突的解决方法同属性冲突相同，也需要与各部门协商、讨论后加以解决。

结构冲突又分为 3 种情况：

- 同一对象在不同应用中有不同的抽象，可能为实体，也可能为属性。例如，教师的职称在某一局部应用中被当做实体，而在另一局部应用中被当做属性。解决这类冲突时，就是使同一对象在不同应用中具有相同的抽象，或把实体转换为属性，或把属性转换为实体。
- 同一实体在不同应用中属性组成不同，可能是属性个数或属性次序不同。解决办法是，合并后实体的属性组成为各局部 E-R 图中的同名实体属性的并集，然后再适当调整属性的次序。
- 同一联系在不同应用中呈现不同的类型。比如，两个实体在某一应用中可能是一对一联系，而在另一应用中可能是一对多或多对多联系，也可能还与其他实体有联系。这种情况应该根据应用的语义对实体联系的类型进行调整。

消除冲突后，还要对全局 E-R 图进行优化。优化的原则是：在满足用户功能需求的前提下，使实体类型个数尽可能少，实体类型所含属性尽可能少，实体间的联系尽量无冗余。

一般把 1：1 联系的两个实体类型合并，合并具有相同键的实体，消除冗余属性，消除冗余联系。但有时为了提高效率，根据情况可存在适当冗余。

经过局部 E-R 模型设计和全局 E-R 模型设计后，概念结构设计应提供的成果主要包括：整个组织的综合 E-R 图及有关说明，经过修订、充实的数据字典。用户和设计人员必须对这一模型反复讨论，在确认这一模型已正确无误地反映了用户的要求后，才能进入下一阶段的设计工作。

2.1.4 逻辑结构设计

1. 逻辑结构设计的任务和步骤

概念结构设计阶段得到的 E-R 模型是用户的模型，它独立于任何一种数据模型，也独立于任何一个具体的 DBMS。为了建立用户所要求的数据库，需要把上述概念模型转换为某个具体的 DBMS 所支持的数据模型。数据库逻辑设计的任务就是将概念模型转换成特定 DBMS 所支持的数据模型。

由 E-R 图表示的概念模型可以转换成任何一种具体的 DBMS 所支持的数据模型，如网状模型、层次模型和关系模型。这里只讨论关系数据库的逻辑设计问题，所以只介绍 E-R 图如何向关系模型转换。

一般的逻辑设计分为以下 3 个步骤：

1）初始关系模型设计。概念设计中得到的 E-R 图是由实体、属性和联系组成的，而关系数据库逻辑设计的结果是一组关系模式的集合。所以，将 E-R 图转换为关系模型实际上就是将实体、属性和联系转换成关系模式。

2）关系模型规范化。应用规范化理论对上一步产生的关系的逻辑模式进行初步优化，以减少乃至消除关系模式中存在的各种异常，改善其完整性、一致性和存储效率。

3）模式的评价与改进。关系模式的规范化不是目的，而是手段。数据库设计的目的是最终满足应用需求。因此，为了进一步提高数据库应用系统的性能，还应该对规范化后产生的关系模式进行评价、改进，经过多次的尝试和比较，最后得到优化的关系模式。

2. 将 E-R 图转化为关系模型

下面来看现实世界、信息世界和计算机世界 3 个世界的术语对比，见表 2-2。

表 2-2　3 个世界的术语对比

现 实 世 界	信 息 世 界	计算机世界
事物总体	实体	表
事物个体	实体实例	记录
特征	属性	字段
事物之间的联系	实体模型	数据模型

搞清了概念层数据模型和组织层数据模型之后，接下来要做的就是将 E-R 图转换为关系模型。E-R 图向关系模型的转换要解决的问题是如何将实体以及实体间的关系转换为关系模式（表），以及如何确定这些关系模式（表）的属性和关键字。

关系模型的逻辑结构是一组关系模式的集合。E-R 图由实体、实体的属性以及实体之间的关系 3 部分组成。因此，将 E-R 图转换为关系模型实际上就是将实体、实体的属性和实体间的关系转换为表。转换的一般规则如下：

1）一个实体转换为一个表。实体的属性就是表的属性，实体的标识符就是表的关键字。

2）一个 1：1 关系可以转换为一个独立的关系表，也可以与任意一端所对应的关系表合并。

● 如果转换为一个独立的表，则与该关系相连的各实体的关键字以及关系本身的属性均转换为表的属性，每个实体的属性均是该表的候选关键字，同时也是引用各自实体的外关键字。

● 如果是与关系的任意一端实体所对应的表合并，则需要在该表的属性中加入另一个实体的关键字和关系本身的属性。同时，新加入的实体的关键字为此表中引用的另一个实体的外关键字。

3）一个 1：n 关系可以转换为一个独立的表，也可以与 n 端所对应的表合并。

● 如果转换为一个独立的表，则与该关系相连的各实体的关键字以及关系本身的属性均转换为表的属性。而表的关键字为 n 端实体的关键字，同时 n 端实体的关键字为此新表中引用 n 端实体的外关键字，1 端实体的关键字作为引用 1 端实体的外关键字。

● 如果是与 n 端所对应的表合并，则需要在 n 端所对应的表的属性中加入 1 端实体的关键字以及关系本身的属性。同时，1 端实体的关键字为 n 端实体所对应的表中引用 1 端实体的外关键字。

4）一个 m：n 关系转换为一个表。与该关系相连的各实体的关键字以及关系本身的属性均转换为该表的属性，新表的关键字包含各实体的关键字，同时新表中各实体的关键字为引用各自实体的外关键字。

5）3 个或 3 个以上实体间的一个多元关系可以转换为一个表。与该多元关系相连的各实体的关键字以及关系本身的属性均转换为此表的属性，而此表的关键字包含各实体的关键字。同时，新表中的各实体的关键字为引用各自实体的外关键字。

6）具有相同码的表可以合并。

【例 2-1】有 1：1 关系的 E-R 模型如图 2-4a 所示。如果将关系与某一端实体的表合并，则转换后的结果为两张表：

部门表（部门 ID，部门名，经理 ID），其中"部门 ID"为主键，"经理 ID"为引用经理表的外键。

经理表（经理 ID，经理名，电话），其中"经理 ID"为主键。

或者，

部门表（部门 ID，部门名），其中"部门 ID"为主键。

经理表（经理 ID，部门 ID，经理名，电话），其中"经理 ID"为主键，"部门 ID"为引用部门表的外键。

如果将关系转换为一个独立的关系表，则转换后的结果为 3 张表：

部门表（部门 ID，部门名），其中"部门 ID"为主键。

经理表（经理 ID，经理名，电话），其中"经理 ID"为主键。

部门—经理表（经理 ID，部门 ID），其中"经理 ID"和"部门 ID"为候选关键字，同时也是引用部门表和经理表的外关键字。

注意：在 1：1 关系中，一般不将关系单独作为一张表，因为这样转换出来的表张数太多。查询时涉及的表个数越多，查询效率就越低。

【例 2-2】 有 1：n 关系的 E-R 模型如图 2-4b 所示。如果将关系与 n 端实体的表合并，则转换后的结果为两个表：

商标表（商标 ID，商标名），其中"商标 ID"为主键。

玩具表（玩具 ID，玩具名，商标 ID，单价，产地），其中"玩具 ID"为主键，"商标 ID"为引用商标表的外键。

如果将关系作为一个独立的关系表，则转换后的结果为 3 张表：

商标表（商标 ID，商标名），其中"商标 ID"为主键。

玩具表（玩具 ID，玩具名，单价，产地），其中"玩具 ID"为主键。

商标—玩具表（商标 ID，玩具 ID），其中"玩具 ID"为主键，同时也为引用玩具表的外键，"商标 ID"为引用商标表的外键。

同 1：1 原因一样，对 1：n 关系，通常也不将关系转换为一张独立的表。

【例 2-3】 有 m：n 关系的 E-R 模型如图 2-4c 所示。对 m：n 关系，必须将关系转换为一张独立的关系表。转换后的结果为 3 张表：

购物者表（购物者 ID，购物者名，性别，地址），其中"购物者 ID"为主键。

玩具表（玩具 ID，玩具名，单价，产地），其中"玩具 ID"为主键。

购物者—玩具表（购物者 ID，玩具 ID，数量），其中（购物者 ID，玩具 ID）为组合主键，同时也为引用购物者表和玩具表的外键。

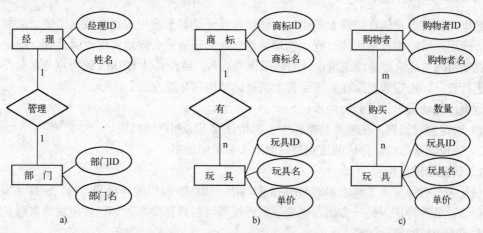

图 2-4　E-R 模型转换关系示例

a) 1：1 关系的 E-R 模型　　b) 1：n 关系的 E-R 模型　　c) m：n 关系的 E-R 模型

3. 数据模型的优化

数据库逻辑结构设计得到的结构往往不是唯一的，因为在设计过程中有很多主观因素。不同的设计人员看待问题的角度和处理方式往往不尽相同，即使是同一个设计人员处理同一个问题，也可能有多种方法可以选择。选择不同的方法导致系统产生不同的性能。为了提高数据库应用系统的性能，通常以规范化理论为指导，还应该适当地修改、调整数据模型的结构，这就是数据模型的优化。

数据模型的优化一般包含以下步骤：

1）确定数据依赖。根据需求分析中数据项之间的依赖关系，分别写出转化后关系与关系之间的依赖及关系内部属性之间的数据依赖。

2）对关系模式之间的数据依赖进行极小化处理，即消除冗余的联系。

3）按照关系数据库基本理论对关系模型进行分析，考查是否存在部分函数依赖、传递函数依赖和多值依赖等，对关系模式进行规范化处理。

4）对关系模式进行必要的合并和分解，提高数据操作的效率和存储空间的利用率。常用的分解方法是水平分解和垂直分解。

水平分解是把基本关系按照元组分为若干子集，定义每个子集为一个子关系。这样操作可以在很大程度上提高系统的访问效率。特别是对于元组数较多的关系，更能提高访问的效率。分解的原则采用的是"80/20原则"，即一个大关系中，经常使用的数据大约只是关系的20%，可以把经常使用的数据分解出来，形成一个子关系，从而减少搜索时间，提高系统效率。

垂直分解是把关系按照属性分解为若干子集合，形成若干子关系。垂直分解的原则是把经常在一起使用的属性分解出来，作为一个新的关系。垂直分解可以提高某些事务的执行效率。通过垂直分解，使得访问对象的粒度缩小，从而提高并发事务的执行效率。但也可能使某些事务不得不进行连接操作，从而降低了效率。因此，是否进行垂直分解取决于分解后在该关系上的所有事务的总效率是否能得到提高。

规范化理论为数据库设计人员判断关系模式的优劣提供了理论标准，可用来预测模式可能出现的问题，使数据库设计工作有了严格的理论基础。

2.1.5 物理结构设计

数据库最终要存储在物理设备上。物理结构设计是对于给定的逻辑数据模型，选取一个最适合应用环境的物理结构的过程。物理结构设计的任务是有效地实现逻辑模式，确定要采取的存储策略。此阶段是以逻辑设计的结果作为输入，结合具体 DBMS 的特点与存储设备的特性进行设计，选定数据库在物理设备上的存储结构和存取方法。

数据库的物理设计可分为两步：

1）确定物理结构，在关系数据库中主要指存取方法和存储结构。

2）评价物理结构，评价的重点是时间效率和空间效率。

1. 确定物理结构

设计人员必须深入了解给定的 DBMS 的功能、DBMS 提供的环境和工具、硬件环境，特别是存储设备的特征。另一方面，也要了解应用环境的具体要求，如各种应用的数据量、处理频率和响应时间等。

（1）存储记录结构的设计

在物理结构中，数据的基本存取单位是存储记录。有了逻辑记录结构以后，就可以设计存储记录结构了。一个存储记录可以和一个或多个逻辑记录相对应。存储记录结构包括记录的组成、数据项的类型和长度，以及逻辑记录到存储记录的映射。某一类型的所有存储记录的集合称为文件。文件的存储记录可以是定长的，也可以是变长的。

文件组织或文件结构是组成文件的存储记录的表示法。文件结构应该表示文件格式、逻辑次序、物理次序、访问路径和物理设备的分配。物理数据库是指数据库中实际存储记录的格式、逻辑次序和物理次序、访问路径和物理设备的分配。

决定存储结构的主要因素包括存取时间、存储空间和维护代价 3 个方面。设计时应当根据实际情况对这 3 个方面进行综合权衡。DBMS 一般也提供一定的灵活性以供选择，包括聚簇和索引。

聚簇是指为了提高查询速度，把在一个（或一组）属性上具有相同值的元组集中地存放在一个物理块中。如果存放不下，可以存放在相邻的物理块中。其中，这个（或这组）属性称为聚簇码。

使用聚簇以后，聚簇码相同的元组集中在一起，因而聚簇值不必在每个元组中重复存储，只要在一组中存储一次即可，因此可以节省存储空间，还可以大大提高查询的效率。

存储记录是属性值的集合，主键可以唯一地确定一个记录，而其他属性的一个具体值不能唯一确定是哪个记录。在主键上应该建立唯一索引，这样不但可以提高查询速度，还能避免关系键重复值的录入，确保了数据的完整性。

在数据库中，用户可访问的最小单位是属性。如果对某些非主属性的检索很频繁，可以考虑建立这些属性的索引文件。索引文件对存储记录重新进行内部链接，从逻辑上改变了记录的存储位置，从而改变了访问数据的入口点。关系中数据越多，使用索引的优越性也就越明显。

建立多个索引文件可以缩短存取时间，但是增加了索引文件所占用的存储空间以及索引维护的开销。因此，应该根据实际需要综合考虑。

（2）访问方法的设计

访问方法是为存储在物理设备上的数据提供存储和检索能力的方法。一种访问方法包括存储结构和检索机构两部分。存储结构限定了可能访问的路径和存储记录；检索机构定义了每个应用的访问路径，但不涉及存储结构的设计和设备分配。

存储记录是属性的集合。属性是数据项类型，可用做主键或辅助键。主键唯一地确定了一个记录。辅助键作为记录索引的属性，可能并不唯一确定某一个记录。

访问路径的设计分为主要访问路径的设计与辅助访问路径的设计。主要访问路径与初始记录的装入有关，通常是用主键来检索的。首先利用这种方法设计各个文件，使其能最有效地处理主要的应用。一个物理数据库很可能有几套主要访问路径。辅助访问路径通过辅助键的索引对存储记录重新进行内部链接，从而改变访问数据的入口点。用辅助索引可以缩短访问时间，但增加了辅助存储空间和索引维护的开销，故设计者应根据具体情况权衡。

（3）数据存放位置的设计

为了提高系统性能，应该根据应用情况将数据的易变部分、稳定部分、经常存取部分和存取频率较低部分分开存放。

例如，目前许多计算机都有多个磁盘，因此可以将表和索引分别存放在不同的磁盘上。在查询时，由于两个磁盘驱动器并行工作，可以提高物理读写的速度。在多用户环境下，可将日志文件和数据库对象（如表、索引等）放在不同的磁盘上，以加快存取速度。

另外，数据库的数据备份、日志文件备份等，只在数据库发生故障进行恢复时才使用，而且数据量很大，故可以存放在磁带上，以改进整个应用系统的性能。

（4）系统配置的设计

DBMS 产品一般都提供了一些系统配置变量和存储分配参数，供设计人员和 DBA 对数据库进行物理优化。系统为这些变量设定了初始值，但是这些值不一定适合每一种应用环境。在物理设计阶段，要根据实际情况对这些变量进行赋值，以满足新的要求。

系统配置变量和参数很多，例如，可同时使用数据库的用户数、可同时打开的数据库对象数、内存分配参数、缓冲区分配参数、存储分配参数、数据库的大小、时间片的大小和锁的数目等，这些参数值会影响存取时间和存储空间的分配，在物理设计时要根据使用环境确定这些参数值，以使系统的性能达到最优。

2．评价物理结构

在确定了数据库的物理结构后，要对其进行评价，重点是时间效率和空间效率。如果评价结果满足设计要求，则可进行数据库实施。实际系统开发时，往往需要经过反复测试才能优化物理设计。

2.1.6　数据库的实施与维护

数据库实施是指逻辑设计完成后，根据逻辑设计和物理设计的结果，在计算机上建立实际的数据库结构、装入数据、进行测试和试运行的过程。试运行结果符合设计目标后，数据库就可以正式运行，进入运行和维护阶段。

1．数据库实施

数据库实施主要包括建立实际数据库结构、装入数据、编制与调试应用程序、数据库试运行和整理文档。

（1）建立实际数据库结构

可以使用 DBMS 提供的数据定义语言（DDL）定义数据库结构，使用 SQL 语句中的 CREATETABLE 语句定义所需的基本表，使用 CREATEVIEW 语句定义视图。

（2）装入数据

装入数据又称数据库加载，是数据库实施阶段的主要工作。在数据库结构建立好之后，就可以向数据库中加载数据了。

由于数据库中的数据量一般都很大，分散于多个数据文件、报表或多种形式的单据中，存在着大量的重复，并且格式和结构一般都不符合数据库的要求，因此必须把这些数据收集起来加以整理、筛选，转换成数据库所规定的格式，再输入到计算机中，并对数据进行校验。

一般的小型系统，可以采用人工方法来完成。对于数据量较大的系统，应该由计算机来完成这一工作。通常是设计一个数据输入子系统，由计算机来辅助数据的入库工作。

（3）编制与调试应用程序

数据库应用程序的设计应该与数据库设计同时进行。在数据库实施阶段，当数据库结构建立好后，就可以开始编制与调试数据库的应用程序了。关于应用程序的编制，一般在程序设计语言中都有相关的介绍，在此不再过多叙述。一般来说，编制与调试应用程序与组织数据入库往往是同步进行的，但调试应用程序时，由于数据入库尚未完成，所以可先使用模拟数据来代替原始数据进行系统的调试。模拟数据的选择尽量要和原始数据类似或吻合。

（4）数据库试运行

应用程序调试完成，并且已有一小部分数据装入后，应该按照系统支持的各种应用分别试验应用程序在数据库上的操作情况，这就是数据库的试运行阶段，或称为联合调试阶段。在这一阶段，要实际运行数据库系统，按照功能对数据库执行各种操作，来测试应用程序的功能是否达到设计要求。如不满足设计要求，则应对程序做相应的修改，使其达到系统的设计要求。同时还要测试系统的性能指标，分析其是否达到了设计目标，包括系统的响应速度、操作的方便程度及用户的满意度等。主要工作有以下两方面：

1）功能测试：即实际运行应用程序，执行对数据库的各种操作，测试应用程序的各种功能。

2）性能测试：即测试系统的性能指标，分析其是否符合设计目标。

系统的试运行对于系统设计的性能检验和评价是很重要的，因为有些参数的最佳值只有在试运行后才能找到。如果测试的结果不符合设计目标，则应返回到设计阶段，重新修改设计和编写程序，有时甚至需要返回到逻辑设计阶段，调整逻辑结构。

重新设计物理结构甚至逻辑结构，会导致数据重新入库。由于数据装入的工作量很大，所以可分期分批地组织数据装入，先输入小批量数据作调试用，待试运行基本合格后，再大批量输入数据，逐步增加数据量，逐步完成运行评价。

数据库的实施和调试不是几天就能完成的，需要有一定的时间。在此期间，由于系统还不稳定，随时可能发生硬件或软件故障，加之数据库刚刚建立，操作人员对系统还不熟悉，对其规律缺乏了解，容易发生操作错误，这些故障和错误很可能破坏数据库中的数据，这种破坏很可能在数据库中引起连锁反应，以致破坏整个数据库。因此，必须做好数据库的转储和恢复工作，这就要求设计人员熟悉 DBMS 的转储和恢复功能，并根据调试方式和特点加以实施，尽量减少对数据库的破坏，并简化故障的恢复过程。

（5）整理文档

在程序的编码调试和试运行过程中，应该将发现的问题及其解决方法记录下来，将它们整理存档作为资料，供以后正式运行和改进时参考。全部的调试工作完成之后，应该编写应用系统的技术说明书和使用说明书，在正式运行时随系统一起交给用户。完整的文件资料是应用系统的重要组成部分，但这一点常常被忽视。必须强调这一工作的重要性，引起用户与设计人员的充分注意。

2．数据库运行与维护

数据库试运行结果符合设计目标后，数据库就投入正式运行，进入运行和维护阶段。数据库系统投入正式运行，标志着数据库应用开发工作的基本结束，但并不意味着设计过程已经结束。由于应用环境不断发生变化，用户的需求和处理方法不断发展，数据库在运行过程中的存储结构也会不断变化，从而必须修改和扩充相应的应用程序。数据库运行和维护阶段的主要任务包括以下 3 项内容。

（1）维护数据库的安全性与完整性

按照设计阶段提供的安全规范和故障恢复规范，DBA 要经常检查系统的安全是否受到侵犯，根据用户的实际需要授予用户不同的操作权限。数据库在运行过程中，由于应用环境发生变化，对安全性的要求可能也会发生变化，DBA 要根据实际情况及时调整相应的授权和密码，以保证数据库的安全性。同样，数据库的完整性约束条件也可能会随应用环境的改变而改变，这时 DBA 也要对其进行调整，以满足用户的要求。

另外，为了确保系统在发生故障时能够及时地进行恢复，DBA 要针对不同的应用要求定制不同的转储计划，定期对数据库和日志文件进行备份，以使数据库在发生故障后恢复到某种一致性状态，保证数据库的完整性。

（2）监测并改善数据库性能

目前，许多 DBMS 产品都提供了监测系统性能参数的工具，DBA 可以利用系统提供的这些工具，经常对数据库的存储空间状况及响应时间进行分析评价；结合用户的反应情况确定改进措施；及时改正运行中发现的错误；按用户的要求对数据库的现有功能进行适当扩充。注意，在增加新功能时应保证原有功能和性能不受损害。

（3）重新组织和构造数据库

数据库建立后，除了数据本身是动态变化的以外，随着应用环境的变化，数据库本身也必须变化，以适应应用要求。

数据库运行一段时间后，由于记录的不断增加、删除和修改，会改变数据库的物理存储结构，使数据库的物理特性受到破坏，从而降低数据库存储空间的利用率和数据的存取效率，使数据库的性能下降。因此，需要对数据库进行重新组织，即重新安排数据的存储位置，回收垃圾，减少指针链，改进数据库的响应时间和空间利用率，提高系统性能。这与操作系统对"磁盘碎片"的处理概念相类似。数据库的重组只是使数据库的物理存储结构发生变化，而数据库的逻辑结构不变。所以，根据数据库的三级模式，可以知道数据库重组对系统功能没有影响，只是为了提高系统的性能。

数据库应用环境的变化可能导致数据库的逻辑结构发生变化。比如，要增加新的实体，增加某些实体的属性，则实体之间的联系发生了变化，这样就使原有的数据库设计不能满足新的要求，必须对原来的数据库进行重新构造，适当调整数据库的模式和内模式，如增加新的数据项、增加或删除索引、修改完整性约束条件等。

DBMS 一般都提供了重新组织和构造数据库的应用程序，以帮助 DBA 完成数据库的重组和重构工作。

只要数据库系统在运行，就需要不断地进行修改、调整和维护。一旦应用变化太大，数据库重新组织也无济于事，这就表明数据库应用系统的生命周期结束，应该建立新系统，重新设计数据库。从头开始数据库设计工作，标志着一个新的数据库应用系统生命周期的开始。

2.2 数据库建模工具 ER/Studio

ER/Studio 是由美国 Embarcadero Technologies 公司开发的一种有助于设计数据库中各种数据结构和逻辑关系的可视化工具，并可用于特定平台的物理数据库的设计和构造。其强大和多层次的数据库设计功能不仅大大简化了数据库设计的烦琐工作，提高了工作效率，缩短了项目开发时间，还能让初学者更好地了解数据库理论知识和数据库的设计。

2.2.1 ER/Studio 8.0 的安装

双击安装文件后，安装程序便开始运行，进入到安装界面。单击"next"按钮，进入下一步。按照默认设置安装，直到安装完成。

2.2.2 使用 ER/Studio 8.0 建立数据库逻辑模型

本节将以玩具商店的销售为例来创建一个数据库逻辑模型。具体步骤如下：

1）打开 ER/Studio 程序，单击"File"菜单下的"New…"子菜单，弹出如图 2-5 所示的对话框，其中有 3 个选项，默认的第一项是创建一个数据库模型，这里的数据库模型分为 Relational（关系）和 Dimensional（多维）两种。本节主要以关系型数据库为主来介绍模型的创建过程。第二项是从一个已存在的数据库反转设计数据库模型。第三项是导入其他建模工具创建的数据库模型。

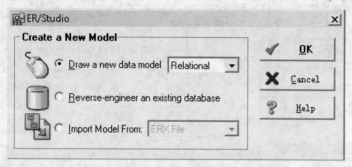

图 2-5　创建数据库模型对话框

2）保持默认设置，直接单击"OK"按钮，出现如图 2-6 所示的 ER/Studio 主界面。主界面从上到下分别由菜单栏、工具栏、工作视图区和状态栏组成。工作视图区左面为模型视图区，右面为模型设计工作区，Overview 视窗能够纵览整个模型设计工作区的情况，并能快速定位到某一区位。

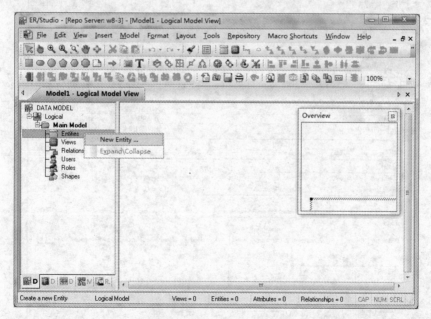

图 2-6　ER/Studio 主界面

3）在 ER/Studio 中建立 E-R 模型，首先创建实体（Entity），方法是：在模型设计工作区单击鼠标右键，在快捷菜单中选择"Insert Entity"命令，也可以通过工具栏上的"Entity"按钮创建实体，还可以通过图2-6中所示的"New Entity…"命令来创建实体。在ER/Studio工作区中创建 Toys 实体，如图2-7所示。

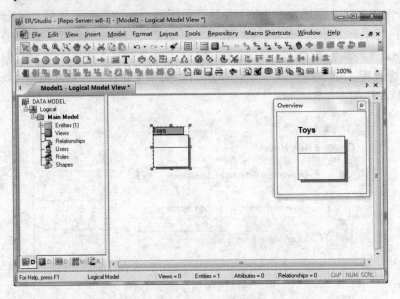

图2-7　在 ER/Studio 工作区中创建 Toys 实体

4）创建相应的实体后，就会在模型工作区显示实体，单击实体进入如图2-8所示的"Entity Editor（实体属性编辑）"对话框。

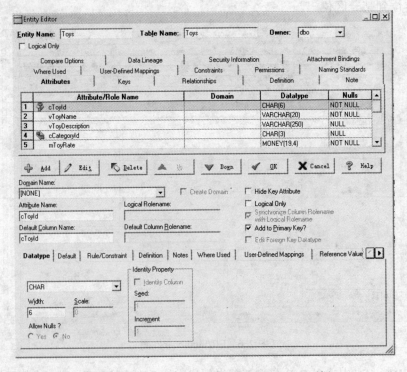

图2-8　"Entity Editor（实体属性编辑）"对话框

在图 2-8 所示的对话框中输入实体的实体名和属性名等相关信息。在"Entity Name"文本框中输入实体名，然后单击"Add"按钮添加一个实体属性，并在下方的"Attribute Name"文本框中输入属性字段名，在"Datatype"选项卡中设置属性字段的数据类型。接下来依次添加其他实体属性，选择要成为主键的属性字段，并勾选"Add to Primary Key"复选框将该属性字段设为主键，最后单击"OK"按钮。注意：若对实体属性字段有说明，可以紧跟在该属性字段后写出说明信息，并用括号括起来，也可在最下面的"Notes"选项卡中设置属性说明信息。

5）按照步骤 3）依次在工作区中创建网上玩具商店的其他实体。实体创建完成后，会在左面的模型视图中看到所创建的实体。接下来要创建各个实体之间的逻辑关系。工具栏中的实体关系种类如图 2-9 所示。

图 2-9　实体关系种类

图 2-9 中的矩形括起来的逻辑关系有"Identifying　Relationship"、"Non-Identifying Relationship，Mandatory　Relationship"、"Non-Identifying　Relationship,Optional　Relationship"、"One-to-One Relationship"和"Non-Specific Relationship"5 种。

① Identifying　Relationship（确定关系）：是一种一定存在的关系。父实体中的主键在子实体中做外键，并且必须是子实体的组合主键中的一个属性。

② Non-Identifying Relationship，Mandatory Relationship（非确定强制关系）：父实体中的主键在子实体中做外键，但不是子实体的组合主键中的一个属性。也就是要求子实体必须得有外键，而且此外键一定可以在父实体的主键中找到。

③ Non-Identifying Relationship，Optional Relationship（非确定可选关系）：对于子实体非主键属性的取值可以来自于父实体主键中的值，主外键就是确定的关系。子实体非主键属性的取值也可以不是来自父实体的主键的值，这时就是非确定的关系。

④ One-to-One Relationship（一对一关系）：表明父实体和子实体之间是一对一的关系。

⑤ Non-Specific Relationship（非具体关系）：这个关系主要用来实现多对多的关系。因为现在多对多的逻辑关系还没有被很好地解决，所以在这种关系类型下也不能产生任何的外键。这种关系类型在数据库模型中很少使用，若要将数据库模型标准化，最好在实体间将此关系去除。

总之，在确定关系中，子实体中的外键也充当主键，和子实体本身的主键来共同决定子实体的身份；在非确定关系中，子实体中的外键就是纯粹的外键，只靠子实体本身的主键来决定子实体的身份。各种关系的详细情况可参考 ER/Studio 的帮助说明文档。

6）按照步骤 5）创建关系。玩具、商标、玩具种类 3 者之间的关系如图 2-10 所示。首先单击工具栏中的关系"Non-Identifying Relationship，Mandatory Relationship"，然后在商标实体上单击，再在玩具实体上单击即可建立关系。以同样的方式建立玩具和玩具种类之间的关系。

注意：子实体中包含的主实体主键，在子实体创建时不用创建，通过建立关系，会自动在子实体中添加主实体主键来充当外键，如在玩具实体中不用创建"商标 ID"属性，在建立玩具—商标关系时，ER/Studio 会自动在玩具实体中生成"商标 ID"属性。

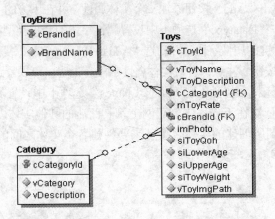

图 2-10　玩具、商标、玩具种类 3 者之间的关系

7）视图创建过程。下面来创建一个查看订单和玩具包装的相关信息的视图。在模型视图中右击"Views"，选择"New View"，弹出"创建视图"对话框。在对话框的"View Name"文本框中填写视图名，这里为"vwOrderWrapper"，单击"Entity"选项卡，选择该视图的基实体（父实体），这里选择实体"OrderDetail"和"Wrapper"，单击 ▶ 按钮，将基实体移到右栏。然后单击"Attribute"选项卡，选择要显示的基实体属性字段，单击 ▶ 按钮，移到右栏，如图 2-11 所示。这时，单击"DLL"选项卡查看视图创建的 SQL 语句，如图 2-12 所示，单击"OK"按钮完成创建。在工作区可看到所创建的视图，图 2-13 所示的灰色实体就是视图。也可以通过工具栏中的 ▦ 按钮或菜单命令"Insert"→"View"来创建视图。视图不仅可以在逻辑模型中创建，也可以在物理模型中创建，这不会影响数据库的生成。

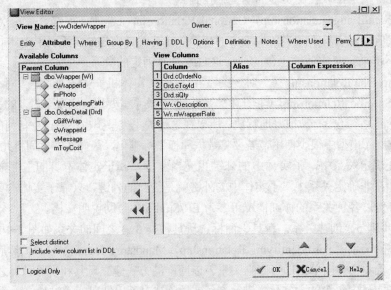

图 2-11　视图创建过程一

56

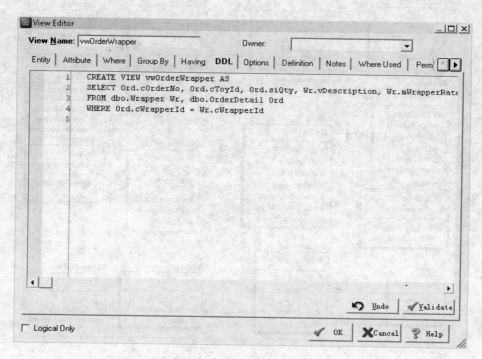

图 2-12　视图创建过程二

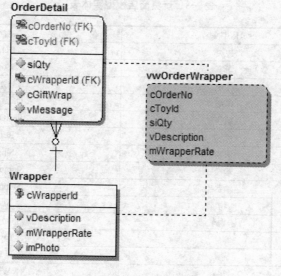

图 2-13　创建的视图

8）认真分析实体之间的关系，然后按照步骤 6）的方法来完成玩具商店的数据库逻辑模型设计。设计完成后，将实体和实体属性改为对应的英文名称。最终生成的逻辑数据模型如图 2-14 所示。玩具商店模型中的所有实体见表 2-3。所有实体的具体内容见附录。

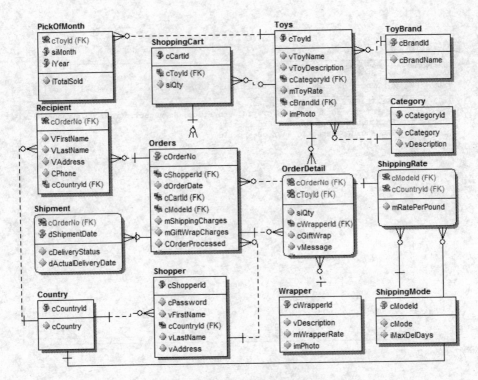

图 2-14　网上玩具商店最终逻辑模型

表 2-3　玩具商店模型实体表

序　号	实体中文名	实体英文名
1	种类	Category
2	国家	Country
3	订单	Orders
4	订单细节	OrdersDetails
5	月销售量	PickOfMonth
6	接受者	Recipient
7	出货	Shipment
8	运输模式	ShippingMode
9	运输费用	ShippingRate
10	购物者	Shopper
11	购物车	ShoppingCart
12	商标	ToyBrand
13	玩具	Toys
14	包装	Wrapper

2.2.3　使用 ER/Studio 8.0 生成数据库物理模型

　　用 ER/Studio　8.0 生成数据库物理模型的步骤如下：

　　1）玩具商店的数据库逻辑模型设计完成后，在无误的情况下接着生成物理模型。
单击菜单命令"Model"→"Generate Physical Model"，即弹出如图 2-15 所示的对话框，
在这里填写物理模型名称，并选择相应的数据库管理系统平台，这里选择"Microsoft SQL

Server 2008"，然后单击"Next"按钮。

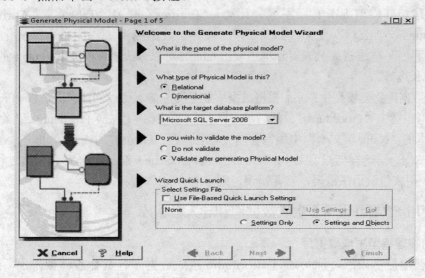

图 2-15　数据库物理模型生成向导

2）按系统默认到达下面一个对话框，单击"Select All"将所有逻辑实体均选中来创建物理模型，单击"Next"按钮，然后按照系统默认依次单击"Next"按钮，直到出现如图 2-16 所示的对话框，最后单击"Finish"按钮完成数据库物理模型的创建。注意：如果逻辑模型有子模型，则要在图 2-16 中选择"Include Submodels"复选框。

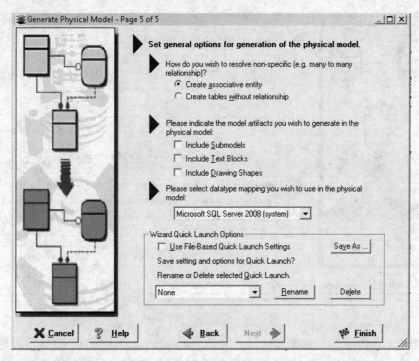

图 2-16　完成物理模型的创建

3）物理模型生成之后，将在模型视图区出现"Physical"树形区域，它与逻辑模型的结构大体相同，但细节有所不同。比如，"Entities"变为"Tables"，"Attributes"变为"Columns"，"Keys"变为"Indexes"，等等。数据模型工作区基本无变化，这里就不再叙述了。在左边资源列表对话框中双击 table，可以修改物理模型中的 table 的字段属性（如类型、长度等）。

4）在数据库物理模型生成后，根据数据库业务实际需求可以创建存储过程（Procedures）。在物理模型中选中"Procedures"，然后单击鼠标右键，选择"New Procedure…"命令，在弹出的对话框的"Name"文本框中填写存储过程名，在"Owner"中选择"dbo"，在"SQL"中使用 T-SQL 创建存储过程语句"create proc procname as…"来完成存储过程的创建，"Validate"用来检验语法错误，若无错误，则单击"OK"按钮。

2.2.4　使用 ER/Studio 8.0 生成数据库和导入数据库

1．由物理模型生成数据库

在物理模型生成后，即可通过 ER/Studio 生成数据库。具体步骤如下：

1）首先打开 SQL Server 2008，创建一个空数据库，取名为"ToyUniverse"。

2）在 ER/Studio 8.0 中，右击物理模型"Main Model"，选择"Generate DataBase"，弹出如图 2-17 所示的对话框，这里要生成数据库，所以选中"Generate Objects with a Database Connection"单选按钮，然后单击"Connection"按钮，测试数据库的连接情况（有数据库用户验证模式和 Windows 身份验证两种，根据所装数据库时选择的用户身份实际情况而定），然后单击"Next"按钮，进入图 2-18 所示的对话框。

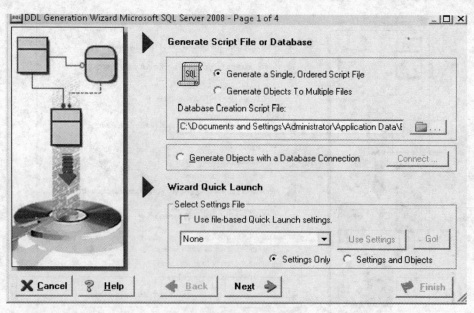

图 2-17　数据库生成对话框

3）在图 2-18 所示的对话框中选择"Select or Create a Database"复选框，选择第 1 个单选按钮，然后单击"Database"下拉列表框选择步骤 1）所创建的数据库"ToyUniverse"，再单击"Next"按钮，进入第 3 个对话框。

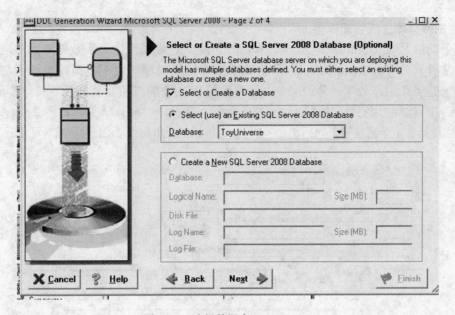

图 2-18　选择数据库 ToyUniverse

4）在第 3 个对话框中选择所需的所有对象，包括数据表、视图及存储过程等，然后单击"Next"按钮，进入第 4 个对话框。

5）最后直接单击"Finish"按钮，即可生成数据库。

6）数据库生成操作完成后，可以在 SQL Server 2008 里看到数据库"ToyUniverse"，如图 2-19 所示。

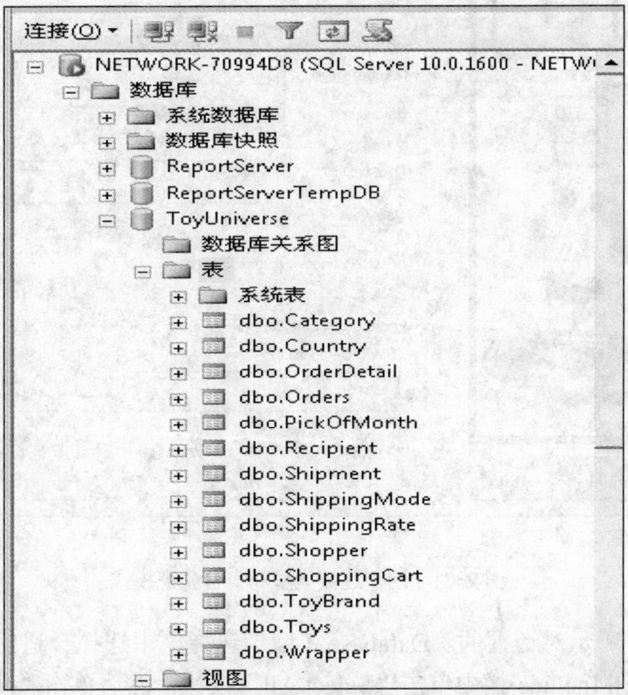

图 2-19　数据库 ToyUniverse

2．由数据库生成物理模型

这个功能是 ER/Studio 里面一个重要的功能，它可以通过导入数据库或对应数据库的脚本文件（如 ToyUniverse.sql）来生成数据库物理模型，便于数据库设计者进行查看和修改，提高其工作效率。总的来说，这和数据库生成的过程正好相反。具体步骤如下：

1）关闭刚才使用的数据模型，选择菜单命令"File"→"New"，弹出如图 2-20 所示的对话框，选择第 2 个单选按钮，然后单击"Login"按钮，弹出如图 2-21 所示的对话框。

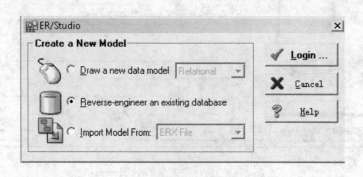

图 2-20　通过导入数据库生成数据模型

2）在图 2-21 所示的对话框中选择第 2 个单选按钮，并选择合适的身份验证模式（这里选择 Windows 身份验证模式），单击"Next"按钮，弹出如图 2-22 所示的对话框。

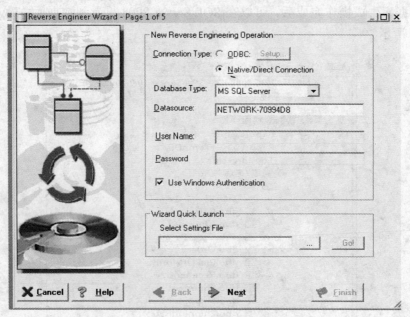

图 2-21　选择连接类型和身份验证模式

3）在图 2-22 所示对话框的"Database List"选择框中选择合适的数据库（这里选择"ToyUniverse"），在 Include 栏中单击"Select All"按钮，然后单击"Next"按钮，进入第 3 个对话框。

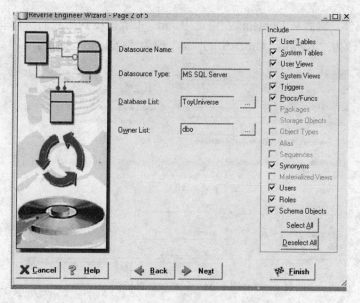

图 2-22　确定要导入的数据库和数据库对象

4）在第 3 个和第 4 个对话框中保持默认设置，并连续单击"Next"按钮，进入第 5 个对话框。将布局选择为"Tree"类型，单击"Finish"按钮，完成数据库的导入，从而在工作区中可以看见该数据库的物理模型。

还有一种方法是通过导入数据库脚本文件来导入数据库模型。如图 2-20 所示，选中第 3 个单选按钮，并在下拉列表框中选择"SQL File"，单击"Import"，导入相应的数据库脚本文件和路径，并勾选布局模式为"Tree"，单击"OK"按钮，也能生成所需的数据库模型。

2.2.5　ER/Studio 8.0 的其他功能

1．域的创建

域（Domain）是创建标准和可重复使用的实体属性列或字段（如各个实体都需要的 ID 字段）的有效工具。通过域，数据库设计者只需创建一次实体字段（这个字段和其他实体字段有相同的数据类型或数据定义，如实体的 ID 字段等），便能应用在多个实体中，从而提高了工作效率。实际上就是用户自定义类型的应用。

单击视图栏如图 2-23 中所示的箭头指向的选项卡，然后右击方框括起的"Domains"，选择"New Domain"，弹出如图 2-24 的对话框。分别在"Domain Name"、"Attribute Name"、"Column Name"中填写域名、属性名和列字段名，也可以通过勾选"Synchronize Domain and Attribute/Column Names"复选框来生成域，这里是为了选择所有实体或表中的编号字段，所以域名为"ID"。例如，Toy 和 Order 都需要各自的 ID 属性字段，首先在工

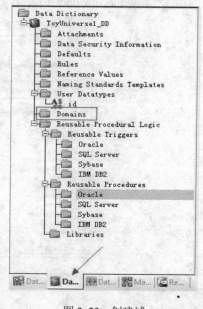

图 2-23　创建域

作区创建两个实体，然后从 Domains 左键选中"id"不放拖曳到相应的实体里面，最后将 Toy 实体中的"id"改为"Toyid"，Order 中的"id"改为"Orderid"即可。

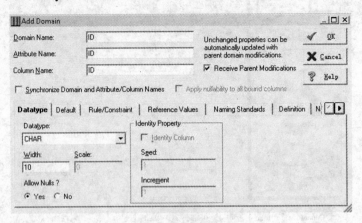

图 2-24　创建域的对话框

2．子模型的创建

子模型（Submodel）是整体数据模型的一部分。对于较大的数据模型，数据库整体设计较为复杂，这时可以利用子模型来对整体数据模型进行分解，将复杂的数据模型转化为若干简单的小模型来设计，从而更好地解决大型数据库的设计难题，也使数据库设计者能够理清模型设计思路，注重于某一具体领域的设计等。创建子模型是 ER/Studio 的一个重要功能，这里用一个实例来说明。具体步骤如下：

1）首先右键单击视图区的"Main Model"选项，选择"Create Submodel"，弹出如图 2-25 所示的对话框，在"Submodel"中输入"Toy-PickofMonth-Category"，从而表示该子模型用于确定玩具、月销售、种类之间的关系，然后在对话框的"Edit Submodel"选项卡的左边栏中选择相应的实体（Toy-PickofMonth-Category），单击 ▶ 按钮，然后单击"OK"按钮即可创建成功。

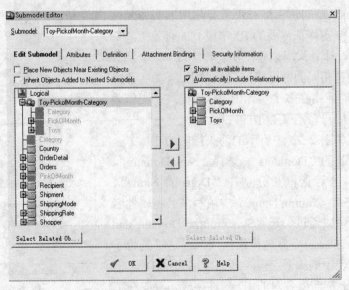

图 2-25　创建子模型对话框

2）在视图区就能够看见所创建的子模型，如图 2-26 所示。注意：更新子模型中的实体后，ER/Studio 会自动更新整体数据模型中的相应实体，使实体更新能够保持一致。

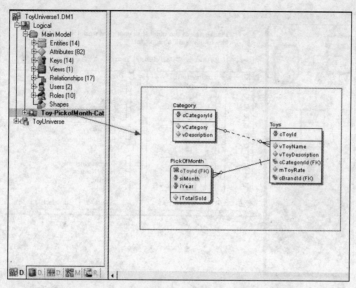

图 2-26　Toy-PickofMonth-Category 子模型视图

3．生成数据模型报告文档

生成数据库模型报告文档是 ER/Studio 的重要应用之一，它便于数据库设计者和企业其他人员进行查询。ER/Studio 生成两种类型的报告文档：RTF 和 HTML。RTF 格式是一种在Microsoft Word 环境下生成的文档。这里为了便于理解，以生成 HTML 类型的报告文档为主来介绍该功能的使用。具体步骤如下：

1）数据模型创建完毕后，在"Main Model"的右键菜单中选择"Generate Report"（也可通过选择菜单命令"Tool"→"Generate Report"），弹出如图 2-27 所示的对话框，在其中确定报告文档类型（这里选择 HTML），报告所存储的文件路径等重要信息，然后单击"Next"按钮。

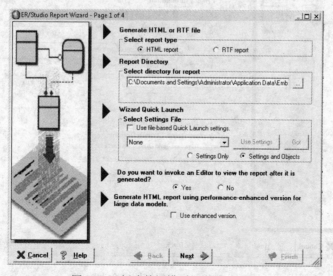

图 2-27　创建数据模型报告的对话框

2）接着弹出如图 2-28 所示的对话框，单击左、右栏中的"Select All"按钮，选择要生成报告的对象和其他信息，然后单击"Next"按钮。

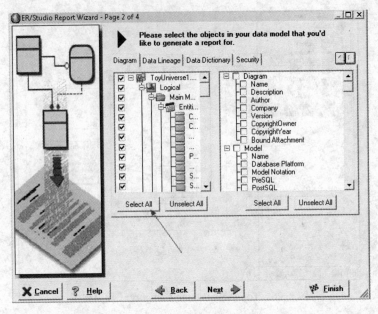

图 2-28　选择报告中要描述的对象和信息

3）一直保持默认设置，直到出现图 2-29 所示的对话框，单击"Finish"按钮，便开始生成报告，生成后可以看到如图 2-30 所示的报告文档。注意：在报告参数时有 Logo 和 Link 两个选项，其主要功能是选择本公司的商标来代替 ER/Studio 默认的商标，以在报告中显示。若没有自己公司的商标，则不用管这两个选项。

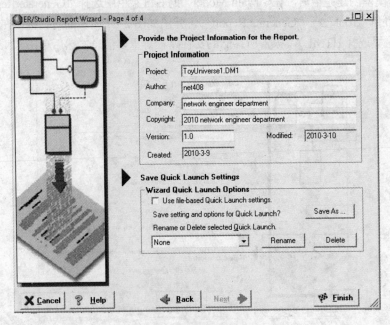

图 2-29　完成报告的参数设置

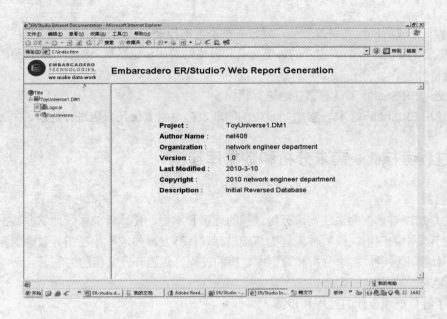

图 2-30　报告文档界面

　　ER/Studio 8.0 是数据库设计者最有力的助手，它强大的功能能够帮助设计者解决数据库设计过程中的很多难题，提高了工作效率，保证了数据库的质量。相对以前的版本，ER/Studio 8.0 提供了 Repository 版本管理服务器，从而能够使多个数据库设计者协同完成大型复杂数据库的设计。本书只是将 ER/Studio 8.0 中主要的功能以玩具商店（ToyUniverse）为例进行了介绍，还有许多较细的功能这里没有提出，若想了解 ER/Studio 8.0 的全部功能，请参考其帮助文档。

2.3　本章小结

　　本章重点介绍了数据库的设计过程，以及怎样使用数据库建模工具 ER/Studio 来创建逻辑模型、物理模型正向工程（由物理模型生成数据库）、逆向工程（由数据库生成数据模型）和数据模型报告文档。读者在学习本章时要结合实例自己动手设计数据库。

2.4　思考题

　　1. 数据库的设计可分为哪几个阶段？每一个阶段的主要任务是什么？
　　2. 在数据库的设计过程中，其三级模式是如何形成的？
　　3. 综合思考题。
　　设计并规范一些表，来完成以下功能：
　　1）现在，有一家网上玩具商店通过网络销售玩具，购物者只有注册自己的信息成为合法用户后，才能购买玩具。
　　2）商店中的玩具来自不同的厂商，适合不同年龄不同层次的人。
　　3）购物者购买的玩具可以给自己或送给别人（暂且都叫接受者），投递时需要填写接受者的详细信息。

4）购买完成后，玩具经过包装，通过各种不同的投递方式出货。

5）要求详细记录每个购物者的每笔交易和发生的费用（包括玩具的价格、包装的价格和投递的价格等）。

4．使用 ER/Studio 工具对第 3 题进行建模。

5．使用 ER/Studio 工具，参考附录中的物理表格对网上玩具商店进行建模。

2.5　过程考核 1：需求分析和数据库建模

1．目的

目的是加深对数据库系统需求分析过程的理解和掌握，使读者能系统地掌握数据库的设计及其在开发中的应用。以软件工程为基础进行软件开发，要求学生在指导教师的帮助下独自完成原始需求调研，需求分析和数据库建模的过程，规范开发文档的编制。

2．要求

1）了解数据库设计的过程和步骤。

2）掌握数据库设计过程中的各类文档的编写规范。

3）熟练掌握数据库的设计。

4）设计内容自拟，以后章节中的考核都和该题目相关。

3．评分标准

1）原始需求描述；从用户的角度写出功能需求。（15 分）

2）需求分析。

①要求包括系统功能需求。（15 分）

②业务流程分析。（15 分）

③用户视图描述。（15 分）

④实体分析。（10 分）

3）数据库建模设计，包括数据库建模工具的应用。（20 分）

4）文档格式。（10 分）

第 3 章　SQL Server 2008

本章学习目标:

- SQL Server 2008 的安装
- SQL Server 2008 常用工具

3.1　SQL Server 2008 概述

3.1.1　SQL Server 的发展

SQL Server 发展历程见表 3-1。

表 3-1　SQL Server 发展历程

年　份	版　本	说　明
1988	SQL Server	由微软与 Sybase 共同开发,运行于 OS/2 平台
1993	SQL Server 4.2	桌面数据库系统,功能较少,能满足小部门的数据存储和处理要求。与 Windows 集成,并提供了易于使用的界面
1994		Microsoft 与 Sybase 在数据库开发方面的合作中止
1995	SQL Server 6.05	重写了核心数据库系统,使这一版本具备处理小型电子商务和内联网应用程序的能力。提供了低价小型商业应用数据库方案。
1996	SQL Server 6.5	SQL Server 逐渐突显实力,以至于 Oracle 推出了运行于 NT 平台上的 7.1 版本作为直接的竞争
1998	SQL Server 7.0	重写了核心数据库系统,提供中小型商业应用数据库方案,包含了初始的 Web 支持。SQL Server 从这一版本起得到了广泛的应用
2000	SQL Server 2000 企业级数据库系统	成为企业级数据库市场重要的一员,其包含了 3 个组件(DB, OLAP, English Query)。丰富前端工具,完善开发工具,以及对 XML 的支持等,促进了该版本的推广和应用
2005	SQL Server 2005	历时 5 年的重大变革,最伟大的飞跃是引入了.NET Framework,使得允许构建 .NET SQL Server 专有对象,从而使 SQL Server 具有灵活的功能,就像包含 JAVA 的 Oracle 一样。通过集成服务(Integration Service)的工具来加载数据
2008	SQL Server 2008	在 SQL Server 2005 的架构基础上,提供了更多的数据类型和语言集成查询(LINQ),来处理像 XML 这样的数据。提供了在一个框架中设置规则的能力等

SQL Server 2008 是一个重大的产品版本,它推出了许多新的特性和关键的改进,使得它成为至今为止的最强大和最全面的 SQL Server 版本。

在现今数据的世界里,企业要获得成功和不断发展,需要定位主要的数据趋势的愿景。微软的这个数据平台愿景帮助企业满足这些数据爆炸和下一代数据驱动应用程序的需求。微软将继续投入和发展以下的关键领域,来支持他们的数据平台愿景:关键任务企业数据平台、动态开发、关系数据和商业智能。

3.1.2　Microsoft 数据平台愿景

许多因素致使产生了信息存储爆炸。有了新的信息类型，例如，图片和视频的数字化，和从 RFID 标签获得的传感器信息，公司的数字信息的数量在急剧增长。遵守规范和全球化的发展要求信息存储的安全性在任何时候都可用。同时，磁盘存储的成本显著地降低了，使得公司投资的每一元可以存储更多的数据。用户必须快速地在大量的数据中找到相关的信息。此外，他们想在任何设备上使用这个信息，并且计划每天使用。例如，Microsoft Office系统应用程序。对数据爆炸和用户期望值的增加的管理为公司制造了许多挑战。

Microsoft 数据平台愿景提供了一个解决方案来满足这些需求，这个解决方案就是公司可以使用存储和管理许多数据类型，包括 XML、E-mail、时间/日历、文件、文档和地理等，同时提供一个丰富的服务集合来与数据交互作用：搜索、查询、数据分析、报表、数据整合和强大的同步功能。用户可以访问从创建到存档于任何设备的信息，以及从桌面到移动设备的信息。

Microsoft SQL Server™ 2008 给出了如图 3-1 所示的愿景。

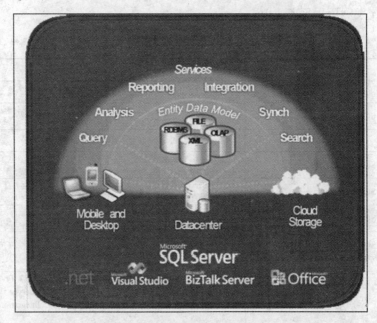

图 3-1　Microsoft 数据平台愿景

3.1.3　SQL Server 2008 的新功能

SQL Server 2008 具有在关键领域方面的显著优势。SQL Server 2008 是一个可信任的、高效的、智能的数据平台。SQL Server 2008 是微软数据平台愿景中的一个主要部分，旨在满足目前和将来管理和使用数据的需求。

这个平台有以下特点：

- 可信任的——使得公司可以以很高的安全性、可靠性和可扩展性来运行最关键任务的应用程序。
- 高效的——使得公司可以降低开发和管理他们的数据基础设施的时间和成本。

● 智能的——提供了一个全面的平台，可以在用户需要时给他发送信息。

1. 可信任的

在数据驱动世界中，公司需要继续访问他们的数据。SQL Server 2008 为关键任务应用程序提供了强大的安全特性、可靠性和可扩展性。

（1）对信息的保护

在过去的 SQL Server 2005 基础之上，SQL Server 2008 做了以下方面的改进，来增强和扩展它的安全性。

1）简单的数据加密。

SQL Server 2008 可以对整个数据库、数据文件和日志文件进行加密。

2）外键管理。

SQL Server 2008 为加密和密钥管理提供了一个全面的解决方案。SQL Server 2008 通过支持第三方密钥管理和硬件安全模块（HSM）产品为这个需求提供了很好的支持。

3）增强了审查。

使用 SQL Server 2008 可以审查数据操作，从而提高遵从性和安全性。审查不只包括进行数据修改的所有信息，还包括关于什么时候对数据进行读取的信息。

（2）确保业务可持续性

有了 SQL Server 2008，微软继续使公司具有提供简化了管理并具高可靠性的应用能力。

1）改进了数据库镜像。

SQL Server 2008 基于 SQL Server 2005，提供了更可靠数据库镜像的平台。新的特性包括：

● 页面自动修复。
● 提高了性能。SQL Server 2008 压缩了输出的日志流，以便使数据库镜像所要求的网络带宽达到最小。
● 加强了可支持性。

2）热添加 CPU。

为了在线添加内存资源而扩展 SQL Server 中已有的支持，热添加 CPU 使数据库可以按需扩展。事实上，CPU 资源可以添加到 SQL Server 2008 所在的硬件平台上，而不需要停止应用程序。

（3）最佳的和可预测的系统性能

公司面对不断增长的压力，要提供可预计的响应和对随着用户数目增长而不断增长的数据量进行管理。

1）性能数据的采集。

SQL Server 2008 推出了范围更大的数据采集，一个用于存储性能数据的新的集中的数据库，以及新的报表和监控工具。

2）扩展事件。

SQL Server 扩展事件是一个用于服务器系统的一般的事件处理系统。

3）备份压缩。

保持在线进行基于磁盘备份是很昂贵而且很耗时的。有了 SQL Server 2008 备份压缩，需要的磁盘 I/O 减少了，在线备份所需的存储空间也减少了，而且备份的速度明显加快了。

4）数据压缩。

改进的数据压缩使数据可以更有效地存储，并且降低了数据的存储要求。

5）资源监控器。

SQL Server 2008 随着资源监控器的推出，使公司可以提供持续的和可预测的响应给终端用户。

2．高效的

SQL Server 2008 降低了管理系统、.NET 架构和 Visual Studio® Team System 的时间和成本，使得开发人员可以开发强大的下一代数据库应用程序。

（1）基于政策的管理

作为微软正在努力降低公司总成本所做工作的一部分，SQL Server 2008 推出了陈述式管理架构（DMF），它是一个用于 SQL Server 数据库引擎的新的基于策略的管理框架。

（2）改进了安装

SQL Server 2008 对 SQL Server 的服务生命周期提供了显著的改进，它重新设计了安装、建立和配置架构。这些改进将计算机上的各个安装与 SQL Server 软件的配置分离开来，这使得公司和软件合作伙伴可以提供推荐的安装配置。

（3）加速开发过程

SQL Server 提供了集成的开发环境和更高级的数据提取，使开发人员可以创建下一代数据应用程序，同时简化了对数据的访问。

1）DO.NET 实体框架。

2）语言级集成查询能力，微软的语言级集成查询能力（LINQ）使开发人员可以通过使用管理程序语言，如 C#或 Visual Basic.NET，而不是 SQL 来对数据进行查询。

3）公共语言运行时（CLR）集成和 ADO.NET 对象服务。

ADO.NET 的对象服务层可以进行具体化检索、改变跟踪、实现作为公共语言运行时的数据的可持续性。开发人员可以通过使用由 ADO.NET 管理的 CLR 对象对数据库进行编程。

4）Transact-SQL 的改进。

SQL Server 2008 通过几个关键的改进增强了 Transact-SQL 编程人员的开发体验，增加了日期/时间数据类型——SQL Server 2008，推出了新的日期和时间数据类型：DATE、TIME、DATETIMEOFFSET、DATETIME2。新的数据类型使应用程序可以有单独的日期和时间类型，同时为用户定义的时间值的精度提供了较大的数据范围。

（4）增加了对移动设备的支持（偶尔连接工作方式）

有了移动设备和活动式工作人员，偶尔连接成了一种工作方式。SQL Server 2008 推出了一个统一的同步平台，使得在应用程序、数据存储和数据类型之间达到一致性同步。在与 Visual Studio 的合作下，SQL Server 2008 可以通过 ADO.NET 中提供的新的同步服务和 Visual Studio 中的脱机设计器快速地创建偶尔连接系统。SQL Server 2008 提供了支持，可以改变跟踪，使客户以最小的执行消耗进行功能强大的执行，以此来开发基于缓存的、基于同步的和基于通知的应用程序。

（5）非关系数据的强大支持

应用程序正在结合使用越来越多的数据类型，而不仅仅是过去数据库所支持的那些。SQL

Server 2008 基于过去对非关系数据的强大支持，提供了新的数据类型，使得开发人员和管理人员可以有效地存储和管理非结构化数据，如文档和图片等。还增加了对管理高级地理数据的支持。除了新的数据类型，SQL Server 2008 还提供了一系列对不同数据类型的服务，同时为数据平台提供了可靠性、安全性和易管理性。

- HIERARCHY ID。
- FileStream 数据。
- 集成的全文检索。
- 稀疏列。
- 大型的用户定义的类型。
- 地理信息。

3．智能的

商业智能（BI）作为大多数公司投资的关键领域，对于公司所有层面的用户来说，它是一个无价的信息源。SQL Server 2008 提供了一个全面的平台，为用户提供智能化。

（1）集成任何数据

公司继续投资于商业智能和数据仓库解决方案，以便从他们的数据中获取商业价值。SQL Server 2008 提供了一个全面的和可扩展的数据仓库平台，它可以用一个单独的分析存储进行强大的分析，以满足成千上万的用户在几兆字节数据中的需求。下面是 SQL Server 2008 在数据仓库方面的一些优点。

1）数据压缩。

2）备份压缩。

3）分区表并行。

4）星形连接查询优化器。

5）资源监控器。

6）分组设置。

7）捕获变更数据。

8）MERGE SQL 语句。

9）可扩展的集成服务。

（2）发送相应的报表

SQL Server 2008 提供了一个可扩展的商业智能基础设施，使得 IT 人员可以在整个公司内使用商业智能来管理报表以及任何规模和复杂度的分析。SQL Server 2008 使公司可以有效地以用户想要的格式和他们的地址发送相应的、个人的报表给成千上万的用户。通过交互发送用户需要的企业报表，获得报表服务的用户数目大大增加了。这使得用户可以获得对他们各自领域的洞察的相关信息的及时访问，使得他们可以做出更好、更快、更符合的决策。SQL Server 2008 使得所有的用户可以通过下面的报表改进之处来制作、管理和使用报表。

1）企业报表引擎。

2）新的报表设计器。

3）强大的可视化。

4）Microsoft Office 渲染。

5）Microsoft SharePoint® 集成。

（3）使用户获得全面的洞察力

及时访问准确信息，使用户快速对问题、甚至是非常复杂的问题做出反应，这是在线分析处理（Online Analytical Processing，OLAP）的前提。SQL Server 2008 基于 SQL Server 2005 强大的 OLAP 能力，为所有用户提供了更快的查询速度。这个性能的提升使得公司可以执行具有许多维度和聚合的非常复杂的分析。这个执行速度与 Microsoft Office 的深度集成相结合，使 SQL Server 2008 可以让所有用户获得全面的洞察力。SQL Server 分析服务具有下面的分析优势：

1）设计为可扩展的。

2）块计算。

3）回写到 MOLAP。

4）资源监控器。

5）预测分析。

3.2　SQL Server 2008 的安装

3.2.1　SQL Server 2008 的各个版本

SQL Server 2008 的各个版本见表 3-2。

表 3-2　SQL Server 2008 的各个版本

版　　本	说　　明
Datacenter（x86、x64 和 IA64）	SQL Server 2008 R2 Datacenter 建立在 SQL Server 2008 R2 Enterprise 基础之上，它提供了高性能的数据平台，这种平台可提供最高级别的可扩展性，以承载大量的应用程序工作负荷，支持虚拟化和合并，并管理组织的数据库基础结构，可帮助组织以经济高效的方式扩展其关键任务环境
Enterprise（x86、x64 和 IA64）	SQL Server 2008 R2 Enterprise 提供了一个综合的数据平台，这一平台提供了内置安全性、可用性、可伸缩性，并结合了稳定的商务智能功能，可帮助针对关键任务工作负荷实现最高的服务级别
Standard（x86 和 x64）	SQL Server 2008 R2 Standard 提供了一个全面的数据管理和商务智能平台，使部门和小型组织能够顺利运行其应用程序，可帮助以最少的 IT 资源获得高效的数据库管理。SQL Server Standard for Small Business 包含 SQL Server Standard 的所有技术组件和功能，可以在拥有 75 台或更少计算机的小型企业环境中运行
SQL Server Developer(x86、x64 和 IA64）	SQL Server Developer 支持开发人员构建基于 SQL Server 的任一种类型的应用程序，它包括 SQL Server Datacenter 的所有功能，但有许可限制，只能用做开发和测试系统，而不能用做生产服务器。SQL Server Developer 是构建和测试应用程序的人员的理想之选。可以升级 SQL Server Developer，以将其用于生产用途
SQL Server Workgroup（x86 和 x64）	SQL Server Workgroup 是运行分支位置数据库的理想选择，它提供一个可靠的数据管理和报告平台，其中包括安全的远程同步和管理功能
SQL Server Web（x86、x64）	对于为从小规模至大规模 Web 资产提供可扩展性和可管理性功能的 Web 宿主和网站来说，SQL Server Web 是一项拥有成本较低的选择
SQL Server Express（x86 和 x64） SQL Server Express with Tools（x86 和 x64） SQL Server Express with Advanced Services（x86 和 x64）	SQL Server Express 数据库平台基于 SQL Server，它也可用于替换 Microsoft Desktop Engine (MSDE)。SQL Server Express 与 Visual Studio 集成，使开发人员可以轻松开发功能丰富、存储安全，且部署快速的数据驱动应用程序 SQL Server Express 免费提供，且可以由 ISV（独立软件开发商）再次分发（视协议而定）。SQL Server Express 是学习和构建桌面及小型服务器应用程序的理想选择，也是独立软件供应商、非专业开发人员和热衷于构建客户端应用程序的人员的最佳选择。如果需要使用更高级的数据库功能，则可以将 SQL Server Express 无缝升级到更复杂的 SQL Server 版本

3.2.2　对软硬件的要求

SQL Server 2008 版本有很多，下面列出几个学习过程中常见的版本对软硬件的需求。

1. SQL Server 2008 Standard（32 位）

表 3-3 列出了 SQL Server 2008 Standard（32 位）对软硬件的要求。

表 3-3　SQL Server 2008 Standard（32 位）对软硬件的要求

组　件	要　　求
处理器	处理器类型：Pentium III 兼容处理器或速度更快的处理器 处理器速度：最低为 1.0 GHz；建议为 2.0 GHz 或更快
操作系统	Windows XP Professional SP3 Windows Vista SP2 Business（Enterprise、Ultimate） Windows 7 Professional （Enterprise 、Ultimate） Windows Server 2003　sp2 以上 Windows Server 2008　sp2 以上
内存	RAM： ● 最小为 1 GB ● 推荐为 4 GB 或更多 ● 最高为 64 GB
硬盘	2.0G 以上
框架	SQL Server 安装程序安装该产品所需的以下软件组件： ● .NET Framework 3.5 SP1 ● SQL Server Native Client ● SQL Server 安装程序支持文件
显示器	SQL Server 2008 图形工具需要使用 VGA 或更高的分辨率：分辨率至少为 1024x768 像素

2. SQL Server 2008 Standard（64 位）x64

表 3-4 列出了 SQL Server 2008 Standard（64 位）x64 对软硬件的要求。

表 3-4　SQL Server 2008 Standard（64 位）x64 对软硬件的要求

组　件	要　　求
处理器	处理器类型：最低为 AMD Opteron、AMD Athlon 64、支持 Intel EM64T 的 Intel Xeon 和支持 EM64T 的 Intel Pentium IV 处理器速度：最低为 1.4 GHz；建议为 2.0 GHz 或更快
操作系统	Windows XP Professional SP2 x64 Windows Vista SP2 x64 Business（Enterprise、Ultimate） Windows 7 x64 Professional （Enterprise 、Ultimate） Windows Server 2003 SP2 x64（Standard、Enterprise、Datacenter） Windows Server 2008　SP2 x64（Standard、Enterprise、Datacenter）
内存	RAM： ● 最小为 1 GB ● 推荐为 4 GB 或更多 ● 最高为 64 GB
硬盘	2.0G 以上
框架	SQL Server 安装程序安装该产品所需的以下软件组件： ● .NET Framework 3.5 SP1 ● SQL Server Native Client ● SQL Server 安装程序支持文件
显示器	SQL Server 2008 图形工具需要使用 VGA 或更高的分辨率：分辨率至少为 1024x768 像素

3. SQL Server 2008 Express（32 位）

表 3-5 列出了 SQL Server 2008 Express（32 位）对软硬件的要求。

表 3-5　SQL Server 2008 Express（32 位）对软硬件的要求

组　件	要　求
处理器	处理器类型：Pentium III 兼容处理器或速度更快的处理器 处理器速度：最低为 1.0 GHz；建议为 2.0 GHz 或更快
操作系统	Windows XP Home Edition SP3（Home、Professional、Media Center、Tablet） Windows Vista SP2 Home Basic（Home Premium、Business、Enterprise、Ultimate） Windows 7 Home Basic（Home Premium、Professional、Enterprise、Ultimate） Windows Server 2003 SP2 各版本/ Windows Server 2008 各版本
内存	RAM： ● 最小为 256 MB ● 推荐为 1GB ● 最高为 4GB
硬盘	2.0G 以上
框架	SQL Server 安装程序安装该产品所需的以下软件组件： ● .NET Framework 3.5 SP1 ● SQL Server Native Client ● SQL Server 安装程序支持文件
显示器	SQL Server 2008 图形工具需要使用至少为 1024x768 像素的分辨率

3.2.3　SQL Server 2008 的安装步骤

做好安装平台和安装项目的规划后，就可以进行 SQL Server 2008 的安装了。SQL Server 2008 安装向导基于 Windows Installer，与 SQL Server 2005 有很大不同的是它提供了一个功能树，用来安装所有 SQL Server 组件，包括计划、安装、维护、工具、资源、高级、选项等功能。下面是安装过程中所包含的内容，如图 3-2 所示。

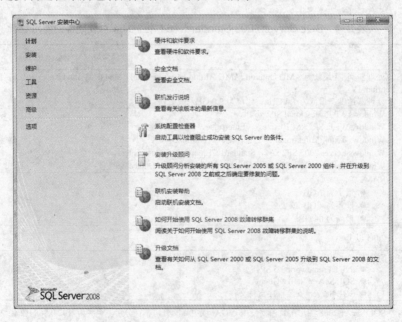

图 3-2　安装过程中所包含的内容

具体安装步骤如下：

1）选择"安装"功能，因为要创建 SQL Server 2008 的全新安装，单击"全新 SQL Server 2008 独立安装或向现有安装添加功能"选项，如图 3-3 所示。

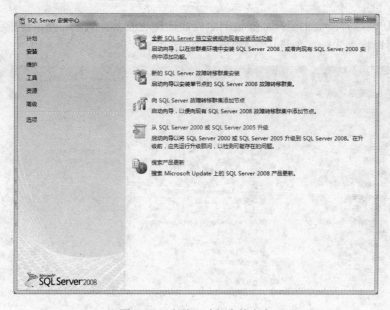

图 3-3 "安装"功能中的内容

2）系统进行安装程序支持规则检查，以确定安装 SQL Server 程序支持文件时可能发生的问题。必须更正所有的失败，安装程序才能继续。

3）在"产品密匙"页上选择相应的单选按钮，这些按钮指示是安装免费版本的 SQL Server，还是安装具有产品密匙的产品版本。

4）在"许可条款"页上阅读许可协议，然后选中相应的复选框，以接受许可条款和条件。

5）在"安装程序支持文件"页上单击"安装"按钮，安装程序支持文件。

6）系统配置检查器将在安装继续之前检验计算机的系统状态，如图 3-4 所示。

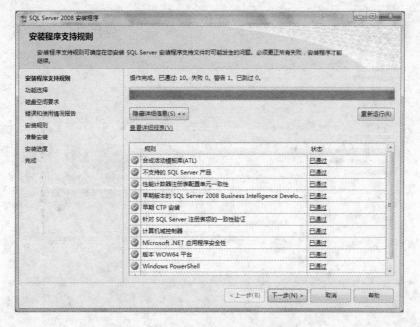

图 3-4 "安装程序支持规则"状态检查

7）在"功能选择"页上选择要安装的组件。选择功能名称后，右侧窗体中会显示每个组件的说明。可以根据实际需要选中一些功能，如图 3-5 所示。

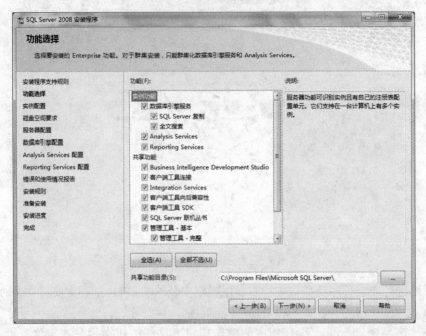

图 3-5　选择安装组件

8）在"实例配置"页上制定是安装默认实例，还是安装命名实例。对于默认实例，实例的名称和 ID 都是 MSSQLSERVER，如图 3-6 所示。也可以选"命名实例"重新命名来安装实例。

图 3-6　实例配置

9）在"磁盘空间要求"页指定功能所需的磁盘空间，然后将所需空间与可用磁盘空间进行比较。若空间不适合，则可以指定目录安装。

10）在"服务器配置"页上指定 SQL Server 服务的登录账户。可以为所有 SQL Server 服务分配相同的登录账户，也可以分别配置每个服务账户。还可以指定服务是自动启动、手动启动，还是禁用。Microsoft 建议对各服务账户进行单独配置，以便为每项服务提供最低特权，即向 SQL Server 服务授予它们完成各自任务所需的最低权限，如图 3-7 所示。

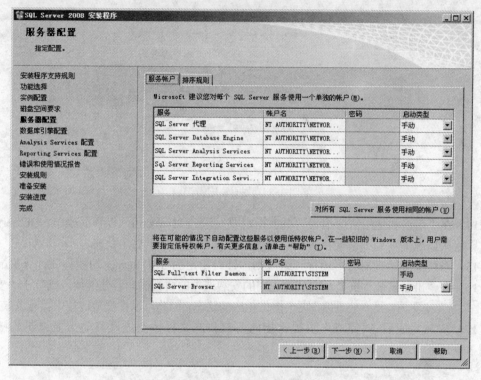

图 3-7　服务器配置

11）使用"数据库引擎配置"页指定登录数据库服务器的账户信息设置，如图 3-8 所示，该页主要指定身份认证模式。

- 安全模式：为 SQL Server 实例选择 Windows 身份验证或混合模式身份验证。如果选择"混合模式身份验证"，则必须为内置 SQL Server 系统管理员账户（SA）提供一个强密码。
- SQL Server 管理员：必须至少为 SQL Server 实例指定一个系统管理员。若要添加用以运行 SQL Server 安装程序账户，则要单击"添加当前用户"按钮。若要向系统管理员列表中添加账户或从中删除账户，则单击"添加…"或"删除…"按钮，然后编辑将拥有 SQL Server 实例的管理员特权的用户、组或计算机列表。

12）使用"Analysis Services 配置"页指定将拥有 Analysis Services 的管理员权限的用户或账户。

13）使用"Reporting Services 配置"页指定要创建的 Reporting Services 安装的类型，其中包括以下 3 个选项：本机默认配置、SharePoint 模式默认配置和未配置的 Reporting Services

安装。用安装向导默认模式即可。

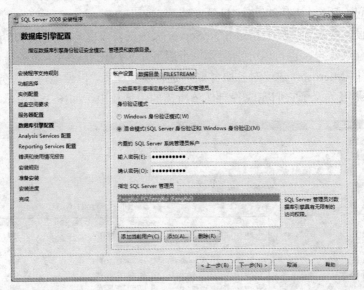

图 3-8　数据库引擎配置

14）在"错误和使用情况报告"页上指定要发送到 Microsoft，以帮助改善 SQL Server 的信息。默认情况下，用于错误报告和功能使用情况的选项处于启用状态。

15）系统配置检查器将再运行一组规则，针对指定的 SQL Server 功能验证计算机配置。

16）在"准备安装"页显示安装过程中的安装选项的树视图。若要继续，则单击"安装"按钮。在安装过程中，"安装进度"页会提供相应的状态，因此可以在安装过程中监视安装进度。

17）安装完成后，"完成"页提供指向安装日志文件摘要以及其他重要说明的链接，如图 3-9 所示。

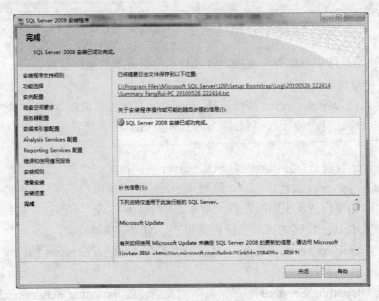

图 3-9　安装完成

3.2.4 SQL Server 2008 系统数据库和示例数据库

系统安装完成后，SQL Server 2008 自动建立两类数据库，即系统数据库和用户数据库。其中，系统数据库是 SQL Server 自己使用的数据库，存储有关数据库系统的信息；系统数据库是在 SQL Server 安装时被建立的。而用户数据库是由用户自己建立的数据库，存储用户使用的数据信息。

1. 系统数据库

SQL Server 2008 有 4 个系统数据库，分别是 Master、Model、MSDB 和 TempDB。

1）Master 数据库。Master 数据库是 SQL Server 的核心，如果该数据库被损坏，SQL Server 将无法正常工作。所以，定期备份 Master 数据库是非常重要的。Master 数据库中包含以下重要信息。

- 所有的登录名或用户 ID 所属的角色。
- 所有的系统配置设置（如数据排序信息、安全实现规则和默认语言等）。
- 服务器中的数据库名称及相关信息。
- 数据库的位置。
- SQL Server 如何被初始化？
- 用户存储下列信息的特殊的系统表。
- 如何使用缓存？
- 使用哪些字符集？
- 系统错误和警告消息。
- 程序集（一种特殊的 SQL Server 对象）。

2）Model 数据库。Model 数据库是一个比较特殊的系统数据库，用做在 SQL Server 实例上创建所有数据库的模板。当发出 CREATE DATABASE（创建数据库）语句时，将通过复制 Model 数据库中的内容来创建数据库的第一部分，剩余部分由空页填充。如果修改 Model 数据库，之后创建数据库都将继承这些修改。

3）MSDB 数据库。MSDB 数据库是 SQL Server 2008 代理服务使用的数据库，为代理程序的报警、任务调度和记录操作员的操作提供存储空间。

4）TempDB 数据库。TempDB 数据库是一个临时性的数据库，它为所有的临时表、临时存储过程及其他临时操作提供存储空间。TempDB 数据库由整个系统的所有数据库使用，不管用户使用哪个数据库，所建立的所有临时表和存储过程都存储在 TempDB 上，SQL Server 每次启动时，TempDB 数据库都会被重新建立。当用户与 SQL Server 断开连接时，其临时表和存储过程自动被删除。

注意：因为 TempDB 的大小是有限的，所以在使用它时必须小心，不要让 TempDB 被来自不好的存储过程中的数据填满。如果发生这种情况，不仅当前的处理不能继续，整个服务器都可能无法工作，从而影响到该服务器上的所有用户。

2. 示例数据库

在 SQL Server 2008 中，对应于 OLTP、数据仓储和 Analysis Service 解决方案，提供了 AdventureWorks、AdventureWorksDW、AdventureWorksAS 3 个示例数据库，可以作为学习 SQL

Server 的工具。默认情况下，SQL Server 2008 不安装示例数据库。如果需要，可以从微软网站下载安装。

下面一段文字（摘录自微软的文档资料）简要地给读者提供了 AdventureWorks 数据库相关的背景。

Adventure Works Cycles 是 AdventureWorks 示例数据库所基于的虚构的公司。该公司是一家大型跨国生产公司，主要生产金属和复合材料的自行车。该公司还拥有一些遍及其销售市场的地区性销售团队。

3.3　SQL Server 2008 组件和常用管理工具

3.3.1　SQL Server 2008 组件和服务

SQL Server 2008 是一个非常优秀的数据库软件和数据分析平台。通过它可以很方便地使用各种数据应用和服务，而且可以很容易地创建、管理和使用自己的数据应用和服务。SQL Server 2008 由关系数据库、复制服务、数据转化服务、通知服务、分析服务和报告服务等有层级地构成一个整体，通过管理工具集成管理。其主要部件组成架构如图 3-10 所示。

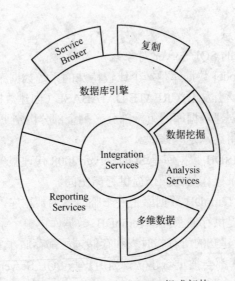

图 3-10　SQL Server 2008 组成架构

下面分别介绍各个组件和服务。

1. 数据库引擎组件

SQL Server 数据库引擎包括数据库引擎、复制、全文搜索以及用于管理关系数据和 XML 数据的工具。数据库引擎是 SQL Server 最核心的组件，提供用于存储、处理和保护数据的核心服务。利用数据库引擎可控制访问权限并快速处理事务，从而满足企业内大多数需要处理大量数据的应用要求。

使用数据库引擎创建用于联机事务处理或联机分析处理数据的关系数据库。这包括创建用于存储数据的表和用于查看、管理和保护数据安全的数据库对象（如索引、视图和存储过程等）。可以使用 SQL Server Management Studio 管理数据库对象，使用 SQL Server Profiler 捕获服务器事件。更多详细内容见 http://technet.microsoft.com/zh-cn/library/ms187875.aspx。

2. 报表服务组件

报表服务（Reporting Services，RS）包括用于创建、管理和部署表格报表、矩阵报表、图形报表以及自由格式报表的服务器和客户端组件。

Reporting Services 是基于服务器的报表平台，为各种数据源提供了完善的报表功能。Reporting Services 包含一整套可用于创建、管理和传送报表的工具，以及允许开发人员在自定义应用程序中集成或扩展数据和报表处理的 API。Reporting Services 工具在 Microsoft Visual Studio 环境中工作，并与 SQL Server 工具和组件完全集成。

使用 Reporting Services，可以从关系数据源、多维数据源和基于 XML 的数据源创建交互式、表格式、图形式或自由格式的报表。可以按需发布报表、计划报表处理或者评估报表。Reporting Services 还允许用户基于预定义模型创建即席报表，并且允许通过交互方式浏览模型中的数据。可以选择多种查看格式，将报表导出到其他应用程序以及订阅已发布的报表。创建的报表可以通过基于 Web 的连接进行查看，也可以作为 Microsoft Windows 应用程序或 SharePoint 站点的一部分进行查看。Reporting Services 为获取业务数据提供了一把钥匙。更多详细内容见 http://technet.microsoft.com/zh-cn/library/ms159106.aspx。

3. 分析服务组件

分析服务（Analysis Services，AS）是 SQL Server 2008 提供的微软商务智能解决方案之一，其中包括了多维数据模型和数据挖掘这两项在决策支持系统中的重要应用。利用分析服务，开发人员能够对多种不同的数据源和数据结构进行设计、创建和管理，从数据中分析规律、获取知识。

Analysis Services—多维数据，可提供对此统一数据模型上生成的大量数据的快速、直观、由上而下分析，也可使用数据仓库、数据集市、生产数据库和操作数据存储区，从而支持历史数据分析和实时数据分析。

Analysis Services—数据挖掘，可以组合使用这些功能和工具，以发现数据中存在的趋势和模式，然后使用这些趋势和模式对业务难题做出明智决策。

4. 集成服务组件

集成服务（Integration Services，IS）是用于生成企业级数据集成和数据转换解决方案的平台。使用集成服务可解决复杂的业务问题，具体表现为复制或下载文件，发送电子邮件以响应事件，更新数据仓库，清除和挖掘数据以及管理 SQL Server 对象和数据。这些包可以独立使用，也可以与其他包一起使用，以满足复杂的业务需求。集成服务可以提取和转换来自多种源（如 XML 数据文件、平面文件和关系数据源等）的数据，然后将这些数据加载到一个或多个目标。

集成服务包含一组丰富的内置任务和转换，用于构造包的工具以及用于运行和管理包的集成服务。可以使用集成服务图形工具来创建解决方案，而无需编写一行代码；也可以对各种集成服务对象模型进行编程，通过编程方式创建包并编写自定义任务以及其他包对象的代码。更多详细内容见 http://technet.microsoft.com/zh-cn/library/ms141026.aspx。

5．复制服务

复制是一组技术，它将数据和数据库对象从一个数据库复制和分发到另一个数据库，然后在数据库间进行同步，以维持一致性。使用复制，可以在局域网和广域网、拨号连接、无线连接和 Internet 上将数据分发到不同位置，以及分发给远程或移动用户。

复制包括事务复制、合并复制和快照复制。利用这 3 种复制，SQL Server 提供功能强大且灵活的系统，以便使企业范围的数据同步。

除了复制以外，还可以使用 Microsoft Sync Framework 和 Sync Services for ADO.NET 来同步数据库。Sync Services for ADO.NET 提供了一个直观且灵活的 API，可用于生成面向脱机和协作应用场景的应用程序。

6．服务代理

SQL Server 服务代理（Service Broker）为消息和队列应用程序提供 SQL Server 数据库引擎本机支持，使开发人员可以轻松地创建使用数据库引擎组件在完全不同的数据库之间进行通信的复杂应用程序。开发人员可以使用 Service Broker 轻松生成可靠的分布式应用程序。

使用 Service Broker 的应用程序，开发人员无需编写复杂的内部通信和消息，即可跨多个数据库分发数据工作负荷。因为 Service Broker 会处理会话上下文中的通信路径，所以就减少了开发和测试工作，同时还提高了性能。例如，支持网站的前端数据库可以记录信息并将进程密集型任务发送到后端数据库以进行排队。Service Broker 确保在事务上下文中管理所有任务，以确保可靠性和技术一致性。

7．通知服务

通知服务（Notification Services）是用来开发和部署消息、通知的应用程序。可以让管理员使用 XML 定义各种事件。此后，事件发生时，SQL Server 便会立刻通知订阅者（如数据库管理员和应用程序开发人员等），并进行相关处理工作。

8．全文检索服务

全文检索服务可以快速、灵活地为数据库中的文本数据创建基于关键字的查询索引，从而可以提供企业级的搜索功能，使用户可以高效地检索存储在数据库中的 char、nchar 、varchar、nvarchar、text、ntext 等数据类型列中的文本数据。其在搜索性能、可管理性和功能上得到显著增强，可以为任意大小的应用程序提供强大的搜索功能。

在 SQL Server 2008 中已经内建有全文检索的搜索引擎，所以不需要额外加装 Microsoft Search 服务。

3.3.2　SQL Server 2008 常用管理工具

1．SQL Server 配置管理器

SQL Server 配置管理器为 SQL Server 服务、服务器协议、客户端协议和客户端别名提供基本配置管理。

SQL Server 配置管理器是一种工具，用于管理与 SQL Server 相关联的服务、配置 SQL Server 使用的网络协议以及从 SQL Server 客户端计算机管理网络连接配置。SQL Server 配置管理器是一种可以通过"开始"菜单访问的 Microsoft 管理控制台管理单元，也可以将其添加到任何其他 Microsoft 管理控制台的显示界面中。Microsoft 管理控制台 (mmc.exe) 使用 Windows System32 文件夹中的 SQL Server Manager10.msc 文件打开 SQL Server 配置管理器。

（1）启动 SQL Server 配置管理器

从"开始"菜单中选择"所有程序"→"Microsoft SQL Server 2008"→"配置工具"→"SQL Server 配置管理器"命令启动 SQL Server 配置管理器，如图 3-11 所示。

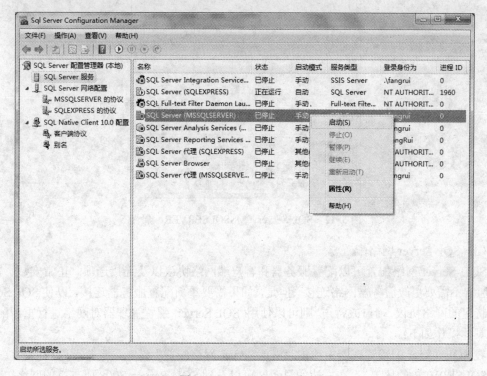

图 3-11　SQL Server 服务

（2）启动 SQL Server 服务

SQL Server 服务包括 SQL Server 数据库服务器服务、服务器代理、全文检索、报表服务和分析服务等。使用配置管理器可以启动、暂停、恢复或停止这些服务，还可以查看或更改服务属性。具体操作如下：

在 SQL Server 配置管理器中单击"SQL Server 服务"选项，在右边列表中可以看到本地所有的 SQL Server 服务，包括不同实例（如果有的话）的服务。如果要启动、停止、暂停或重启这些 SQL Server 服务，在对应的服务上的右键快捷菜单里选择相应的按钮即可，如图 3-12 所示。

如果要查看或更改 SQL Server 服务属性，右击服务名称，在弹出的快捷菜单里选择"属性"即可，如图 3-12 所示。

注意：使用 SQL Server 工具（如 SQL Server 配置管理器等）来更改 SQL Server 或 SQL Server 代理服务使用的账户，或更改账户的密码。除了更改账户名以外，SQL Server 配置管理器还可以执行其他配置，如在 Windows 注册表中设置权限，以使新的账户可以读取 SQL Server 设置。其他工具（如 Windows 服务控制管理器等）可以更改账户名，但不能更改关联的设置。如果服务不能访问注册表的 SQL Server 部分，该服务可能无法正确启动。

图 3-12 SQL Server（MSSQLSERVER）属性

（3）SQL Server 网络配置

SQL Server 网络配置可以配置服务器和客户端网络协议以及连接选项。正常安装、启用后，通常不需要更改服务器网络连接。但是，如果需要重新配置服务器连接，以使 SQL Server 侦听特定的网络协议、端口或管道，则可以使用 SQL Server 配置管理器对网络进行重新配置。

具体操作如下：

在 SQL Server 配置管理器中单击"SQL Server 网络配置"选项，选择要管理的协议——"MSSQLSERVER 的协议"，在右边的显示区可以看到 SQL Server 2008 所支持的网络协议及其状态。如果要改变（启用或禁用）协议的状态，在右键快捷菜单里选取相应的选项即可。如果要查看该协议的属性，在右键快捷菜单中选取"属性"即可，如图 3-13 所示。

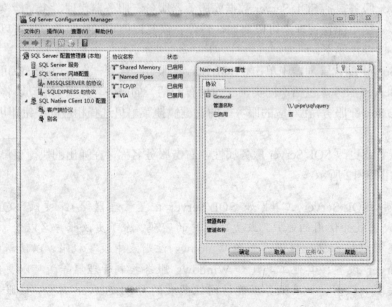

图 3-13 SQL Server 网络配置

（4）SQL Native Client 10.0 配置

SQL Native Client 10.0 配置是指运行客户端程序的计算机网络配置。配置的过程与服务器端相似，可参考图 3-14 所示进行 SQL Server 网络配置。

图 3-14　SQL Server Management Studio 登录界面

注意：无论 SQL Server 使用什么协议，只有服务器端和客户端都使用相同的协议，才能进行正常通信。因此，为 SQL Server 2008 配置协议，必须分服务器端和客户端，并且保证其一致性。默认正常安装时，两端启用的是 TCP/IP。

2. SQL Server 管理平台

SQL Server Management Studio 是一种集成环境，用于访问、配置、控制、管理和开发 SQL Server 的所有组件。SQL Server Management Studio 将一组多样化的图形工具与多种功能齐全的脚本编辑器组合在一起，可为各种技术级别的开发人员和管理人员提供对 SQL Server 的访问。

SQL Server Management Studio 将早期版本的 SQL Server 中所包含的企业管理器、查询分析器和 Analysis Manager 功能整合到单一的环境中。此外，SQL Server Management Studio 还可以和 SQL Server 的所有组件协同工作。例如，Reporting Services、Integration Services 和 SQL Server Compact 3.5 SP1。开发人员可以获得熟悉的体验，而数据库管理人员可获得功能齐全的单一实用工具，其中包含易于使用的图形工具和丰富的脚本撰写功能。

（1）启动 SQL Server Management Studio

注意：在启动 SQL Server Management Studio 之前，请先开启"SQL Server（MSSQLSERVER）"服务，如图 3-12 所示。

从"开始"菜单中选择"所有程序"→"Microsoft SQL Server 2008"→"SQL Server Management Studio"命令，在图 3-14 所示的"连接到服务器"对话框中指定要连接的服务器类型、服务器名称和服务器的身份验证方式，然后单击"连接"按钮，启动 SQL Server Management Studio。

（2）SQL Server Management Studio 的常用功能

- 支持 SQL Server 的多数管理任务。
- 用于 SQL Server 数据库引擎管理和创作的单一集成环境。
- 用于管理 SQL Server 数据库引擎、Analysis Services、Reporting Services、Notification Services 以及 SQL Server Compact 3.5 SP1 中的对象的新管理对话框，使用这些对话框可以立即执行操作，将操作发送到代码编辑器或将其编写为脚本，以供以后执行。
- 非模式以及大小可调的对话框允许在打开某一对话框的情况下访问多个工具。
- 在 Management Studio 环境之间导出或导入 SQL Server Management Studio 服务器注册。
- 保存或打印由 SQL Server Profiler 生成的 XML 显示计划或死锁文件，然后进行查看，或将其发送给管理员，以进行分析。
- 新的错误和信息性消息框提供了详细信息，使您可以向 Microsoft 发送有关消息的注释，将消息复制到剪贴板，还可以通过电子邮件轻松地将消息发送给支持组。
- 集成的 Web 浏览器可以快速浏览 MSDN 或联机帮助。
- SQL Server Management Studio 教程可以帮助充分利用许多新功能，并可以快速提高效率。
- 具有筛选和自动刷新功能的新活动监视器。
- 集成的数据库邮件接口。

（3）新的脚本撰写功能

SQL Server Management Studio 的代码编辑器组件包含集成的脚本编辑器，用来撰写 Transact-SQL、MDX、DMX、XML/A 和 XML 脚本。主要功能包括：

- 工作时显示动态帮助，以便快速访问相关的信息。
- 一套功能齐全的模板可用于创建自定义模板。
- 可以编写查询或脚本，而无需连接到服务器。
- 支持撰写 SQLCMD 查询和脚本。
- 用于查看 XML 结果的新接口。
- 用于解决方案和脚本项目的集成源代码管理。随着脚本的演化，可以存储和维护脚本的副本。
- 用于 MDX 语句的 Microsoft IntelliSense 支持。

（4）SQL Server Management Studio 中的工具窗口

SQL Server Management Studio 为所有开发和管理阶段提供了很多功能强大的工具窗口。某些工具可用于任何 SQL Server 组件，而其他一些工具则只能用于某些组件。表 3-6 表示了可以用于所有 SQL Server 组件的工具。

表 3-6　可以用于所有 SQL Server 组件的工具

工　具	用　途
使用对象资源管理器	浏览服务器、创建和定位对象、管理数据源以及查看日志。可以从"视图"菜单访问该工具
管理已注册的服务器	存储经常访问的服务器的连接信息。可以从"视图"菜单访问该工具
使用解决方案资源管理器	在称为 SQL Server 脚本的项目中存储并组织脚本及相关连接信息。可以将几个 SQL Server 脚本存储为解决方案，并使用源代码管理工具管理随时间演进的脚本。可以从"视图"菜单访问该工具
使用 SQL Server Management Studio 模板	基于现有模板创建查询。还可以创建自定义查询，或改变现有模板，以使它适合自己的需要。可以从"视图"菜单访问该工具
动态帮助	单击组件或类型代码时，显示相关帮助主题的列表

3．SQL Server 分析器

SQL Server Profiler 是 SQL 跟踪的图形用户界面，用于监视数据库引擎或 Analysis Services 的实例。可以捕获有关每个事件的数据，并将其保存到文件或表中供以后分析。例如，可以对生产环境进行监视，了解哪些存储过程由于执行速度太慢影响了性能。

若要运行 SQL Server Profiler，请在"开始"菜单上依次指向"所有程序"、Microsoft SQL Server 2008 和"性能工具"，然后单击 SQL Server Profiler。可以新建跟踪，如图 3-15 所示。

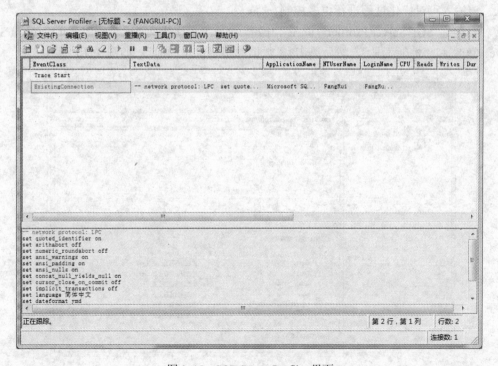

图 3-15　SQL Server Profiler 界面

SQL Server Profiler 可显示 SQL Server 如何在内部解析查询。这就使管理员能够准确查看

提交到服务器的 Transact-SQL 语句或多维表达式，以及服务器是如何访问数据库或多维数据集，以返回结果集的。

使用 SQL Server Profiler 可以执行下列操作：

- 创建基于可重用模板的跟踪。
- 当跟踪运行时，监视跟踪结果。
- 将跟踪结果存储在表中。
- 根据需要启动、停止、暂停和修改跟踪结果。
- 重播跟踪结果。

使用 SQL Server Profiler 只监视感兴趣的事件。如果跟踪变得太大，可以基于所需的信息进行筛选，以便只收集部分事件数据。监视过多事件会增加服务器和监视进程的开销，并且可能导致跟踪文件或跟踪表变得很大，特别是当监视进程持续很长时间的情况。

4. 数据库引擎优化顾问

使用数据库引擎优化顾问可以优化数据库，以改进查询处理。数据库引擎优化顾问检查指定数据库中处理查询的方式，然后建议如何通过修改物理设计结构（如索引、索引视图和分区等）来改善查询处理性能。

它取代了 Microsoft SQL Server 2000 中的索引优化向导，并提供了许多新增功能。例如，数据库引擎优化顾问提供两个用户界面：图形用户界面（GUI）和 dta 命令提示实用工具。使用 GUI 可以方便快捷地查看优化会话结果，而使用 dta 实用工具则可以轻松地将数据库引擎优化顾问功能并入脚本中，从而实现自动优化。此外，数据库引擎优化顾问可以接受 XML 输入，该输入可对优化过程进行更多控制。

若要运行 SQL Server Profiler，请在"开始"菜单上依次指向"所有程序"、Microsoft SQL Server 2008 和"性能工具"，然后单击 "数据库引擎优化顾问"，如图 3-16 所示。

图 3-16　数据库引擎优化顾问界面

5. 商务智能开发平台

Business Intelligence Development Studio 是 Analysis Services、Reporting Services 和 Integration Services 解决方案的 IDE。Business Intelligence Development Studio 的安装需要 Internet Explorer 6 SP1 或更高版本。

Business Intelligence Development Studio 是包含了专用于 SQL Server 商业智能的其他项目类型的 Microsoft Visual Studio 2008。Business Intelligence Development Studio 是用于开发商业解决方案的主要环境，其中包括 Analysis Services、Integration Services 和 Reporting Services 项目。每个项目类型都提供了用于创建商业智能解决方案所需对象的模板，并提供了用于处理这些对象的各种设计器、工具和向导。

注意： Business Intelligence Development Studio 是一个用于 Analysis Services、Integration Services 和 Reporting Services 项目的 32 位开发环境，并非设计用于在 Itanium 64 位体系结构上运行，也不安装在 Itanium 服务器上。

Business Intelligence Development Studio 包含了一组用于解决方案开发和项目管理的各个阶段的窗口。例如，Business Intelligence Development Studio 包含了一些允许将多个项目作为一个单元进行管理，并允许查看和修改项目中对象的属性的窗口。这些窗口可用于 Business Intelligence Development Studio 中的所有项目类型。

图 3-17 所示的关系图显示了 Business Intelligence Development Studio 中使用默认配置的窗口。

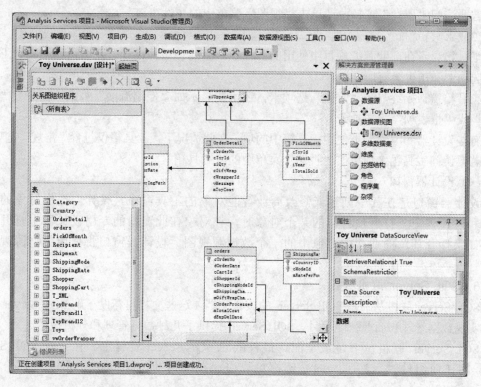

图 3-17　Business Intelligence Development Studio 界面

Business Intelligence Development Studio 包括以下 4 个主窗口。

（1）解决方案资源管理器

可以在解决方案资源管理器窗口中管理某个解决方案中所有不同的项目。解决方案资源管理器视图将该活动解决方案显示为一个或多个项目的逻辑容器，并包含与这个（些）项目相关联的所有项。可以直接从该视图打开项目项，进行修改及执行其他管理任务。由于不同的项目存储项的方式各不相同，因此解决方案资源管理器中的文件夹结构无需反映出解决方案内所列项的实际物理存储。

在解决方案资源管理器中，可以创建空解决方案，然后将新的或现有的项目添加到解决方案中。如果没有先创建解决方案，就创建了新项目，则 Business Intelligence Development Studio 还会自动创建解决方案。解决方案中包含了项目时，树视图将包括特定于项目的对象的节点。例如，Analysis Services 项目包括一个"维度"节点，Integration Services 项目包括一个"包"节点，报表模型项目包括一个"报表"节点。

若要访问解决方案资源管理器，请单击"视图"菜单中的"解决方案资源管理器"。

（2）属性窗口

属性窗口列出对象的属性。使用该窗口可查看和更改在编辑器和设计器中打开的对象（如包等）的属性。还可以使用属性窗口编辑和查看文件、项目和解决方案属性。

属性窗口的字段中嵌入了不同类型的控件，单击这些控件便可将其打开。编辑控件的类型取决于具体属性。这些编辑字段包括编辑框、下拉列表和指向自定义对话框的链接。灰显的属性为只读属性。

若要访问"属性"窗口，请单击"视图"菜单中的属性窗口。

（3）工具箱窗口

工具箱显示在商业智能项目中使用的各种项。当前使用的设计器或编辑器不同，工具箱中的选项卡和项也会有所不同。

工具箱窗口始终显示"常规"选项卡，还可能显示如"控制流项"、"维护任务"、"数据流源"或"报表项"等选项卡。

有些设计器和编辑器不使用工具箱中的项。在此情况下，工具箱仅包含"常规"选项卡。

若要访问工具箱，请单击"视图"菜单中的"工具箱"。

（4）设计器窗口

设计器窗口是在其中创建或修改商业智能对象的工具窗口。设计器提供对象的代码视图和设计视图。打开项目中的某个对象时，该对象在此窗口的专用设计器中打开。例如，如果打开任意商业智能对象中的一个数据源视图，设计器窗口将使用数据源视图设计器打开。

6. SQL Server 联机丛书

SQL Server 联机丛书是 SQL Server 的核心文档。这些文档可帮助了解 SQL Server 以及如何实现数据管理和商业智能项目。SQL Server 提供了几种数据管理和分析技术。

SQL Server 联机丛书是最全面、最权威的 SQL Server 资料集。在运行 SQL Server 2008 的任何组件时，按下〈F1〉键都可以启动在线帮助，获得联机丛书，如图 3-18 所示。

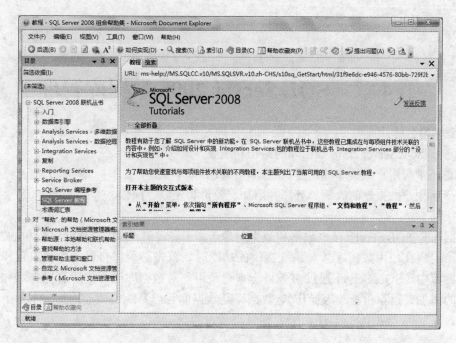

图 3-18　SQL Server 2008 组合帮助集

3.4　本章小结

本章介绍了 SQL Server 2008 的相关知识，其内容主要包括 SQL Server 2008 的发展、版本体系和新特性，SQL Server 2008 的安装，以及 SQL Server 2008 的主要管理工具。

3.5　思考题

1. 简述 SQL Server 的发展史。
2. 简述 SQL Server 2008 的新特性。
3. 简述 SQL Server 2008 的安装过程。
4. SQL Server 2008 提供了哪些实用工具，并说明其主要用途。

第 4 章　SQL Server 2008 数据库管理

本章学习目标:

● 理解 SQL Server 2008 数据库的结构和组成。
● 熟练掌握用户数据库的创建、删除和修改等基本操作。
● 了解用户数据库的收缩、分离和附加、备份和还原等操作。

数据库是 SQL Server 存放数据和数据对象（如表、索引、视图、存储过程和触发器等）的容器。用户在使用数据库管理系统提供的功能时，首先必须将自己的数据放置和保存到用户数据库中。SQL Server 通过事务日志来记录用户对数据库进行的所有操作（如对数据库执行的添加、删除和修改等操作）。数据库是数据库管理系统的核心内容。本章主要介绍 SQL Server 2008 数据库的创建、配置和管理等内容。

4.1　SQL Server 2008 数据库结构

数据库包括两方面的含义：一方面，描述信息的数据存在数据库中，并由 DBMS 统一管理，这种组织形式是数据库的逻辑结构；另一方面，描述信息的数据以文件的形式存储在物理磁盘上，由操作系统进行统一管理，这种组织形式是数据库的物理结构。

4.1.1　数据库的逻辑结构

数据库的逻辑结构主要应用于面向用户的数据组织和管理。从逻辑的角度，数据库由若干个用户可视的对象构成，如表、视图和索引等。由于这些对象存在于数据库中，因此也叫数据库对象。用户利用这些数据库对象存储或读取数据库中的数据。在不同的应用程序中可以直接或间接地复用这些数据库对象来进行数据的存储或查询操作。

SQL Server 数据库内含的数据库对象有数据库关系图、表、视图、约束、角色、存储过程、函数和触发器等。通过 SQL Server 2008 对象资源管理器，可以查看当前数据库内的各种数据库对象，如图 4-1 所示。

在对象资源器的树形结构中看到数据库下一级的是数据库名，它是编程人员直接引用的名称。在数据库名的右键快捷菜单中单击"属性"命令，在弹出的窗口中可以找到数据库逻辑名。逻辑名是数据库管理系统使用的名称，在后面创建数据库时要使用到。

图 4-1　数据库对象资源管理器

4.1.2 数据库的物理结构

数据库的物理结构主要应用于面向计算机操作系统的数据组织和管理，如数据文件、表和视图的数据组织方式，磁盘空间的利用和回收，文本和图形数据的有效存储等。它的表现形式是操作系统的物理文件。一个数据库由一个或多个磁盘上的文件组成，对用户是透明的。数据库物理文件名是操作系统使用的。SQL Server 2008 将数据库映射成一组操作系统文件，数据和日志信息分别存储在不同的文件中。

在 SQL Server 2008 中，数据库是由数据库文件和事务日志文件组成的。一个数据库至少应包含一个数据库文件和一个事务日志文件。

1．数据库文件

数据库文件（Database File）是存放数据库数据和数据库对象的文件。一个数据库可以有一个或多个数据库文件，一个数据库文件只属于一个数据库。当有多个数据库文件时，有一个文件被定义为主数据库文件（Primary Database File），扩展名为.mdf，它用来存储数据库的启动信息和部分或全部数据。一个数据库只能有一个主数据库文件。其他数据库文件被称为次数据库文件（Secondary Database File），扩展名为.ndf，用来存储主文件没有存储的其他数据。

采用多个数据库文件来存储数据的优点体现在以下两方面：

1）数据库文件可以不断扩充，不受操作系统文件大小的限制。

2）可以将数据库文件存储在不同的硬盘中，这样可以同时对几个硬盘做数据存取，提高数据处理的效率。对于服务器型的计算机尤为有用。

数据库文件的结构按照层次可划分为页和区。一页是一块 8KB 的连续磁盘空间。页有 8 种类型，即数据页、索引页、文本/图像页、全局分配表和共享全局映射表、页可用空间、索引分配映射表、大容量更改映射表和差异更改映射表。

区是 SQL Server 分配给表和索引的基本单位，每个区由 8 个页组成，大小为 64KB。区有统一区和混合区两种类型。统一区只能由一个单一的数据库对象拥有，混合区中每个页都可以分配给不同的数据库对象。这样，不满 8 个数据页的数据尽量存放在混合区，以便节省空间，提高存储空间的使用效率。

2．事务日志文件

事务日志文件（Transaction Log File）是用来记录数据库更新情况的文件，扩展名为.ldf。例如，使用 INSERT、UPDATE、DELETE 等对数据库进行的操作都会记录在此文件中，而如 SELECT 等对数据库内容不会有影响的操作则不会记录。一个数据库可以有一个或多个事务日志文件。

SQL Server 中采用"Write-Ahead（提前写）"的事务方式工作，即对数据库的修改先写入事务日志中，再写入数据库。其具体操作是：系统先将更改操作写入事务日志中，再更改存储在计算机缓存中的数据。为了提高执行效率，此更改不会立即写入到硬盘中的数据库，而是由系统以固定的时间间隔执行 CHECKPOINT 命令，将更改过的数据批量写入硬盘。SQL Server 有一个特点，即它在执行数据更改时会设置一个开始点和一个结束点，如果尚未到达结束点就因某种原因使操作中断，则在 SQL Server 重新启动时会自动恢复已修改的数据，使其返回未被修改的状态。由此可见，当数据库遭到破坏时，可以用事务日志恢复数据库的内容。

3．文件组

文件组（File Group）是将多个数据库文件集合起来形成的一个整体。每个文件组有一个组名。与数据库文件一样，文件组也分为主文件组（Primary File Group）和次文件组（Secondary File Group）。一个文件只能存在于一个文件组中，一个文件组也只能被一个数据库使用。主文件组中包含了所有的系统表。当建立数据库时，主文件组包括主数据库文件和未指定组的其他文件。在次文件组中可以指定一个默认文件组，那么在创建数据库对象时如果没有指定将其放在哪一个文件组中，就会将它放在默认文件组中。如果没有指定默认文件组，则主文件组为默认文件组。

注意：事务日志文件不属于任何文件组，日志文件最小为 512 KB，但最好不要小于 1MB。

在考虑数据库的空间分配时，需要了解如下规则：

1）所有数据库都包含一个主数据库文件与一个或多个事务日志文件。此外，还可以包含零个或多个辅助数据库文件。实际的文件都有两个名称：操作系统管理的物理文件名和数据库管理系统管理的逻辑文件名（在数据库管理系统中使用的、用在 Transact-SQL 语句中的名字）。数据库文件和事务日志文件的默认存放位置为 Program Files\Microsoft SQL Server\MSSQL\Data。

2）在创建用户数据库时，包含系统表的 Model 数据库自动被复制到新建数据库中。

3）在 SQL Server 2008 中，数据的存储单位是页（Page）。一页是一块 8KB 的连续磁盘空间。页是存储数据的最小单位。页的大小决定了数据库表的一行数据大小的上限。

4）在 SQL Server 2008 中，不允许表中的一行数据存储在不同页上，即行不能跨页存储。

5）在 SQL Server 2008 中，一行数据的大小（即各列所占空间的和）不能超过 8060B。

根据数据页的大小和行不能跨页存储的规则，可以估算出一个数据表所需要的大致空间。例如，假设一个数据表有 10000 行数据，每行 3000B。则每个数据页可以存放两行数据，此表需要的空间为（10000 / 2）× 8KB＝40MB。

4.1.3 数据库的其他属性

在定义数据库时，除了要指定数据库的名字之外，还要定义数据库的数据库文件和事务日志文件的如下属性。

（1）文件名及其位置

每个数据库的数据库文件和事务日志文件都具有一个逻辑文件名和物理存放位置（包括物理文件名）。一般情况下，如果有多个数据库文件，为了获得更好的性能，建议将文件分散存储在多个磁盘上，便于提高数据存取的并发性。

（2）初始大小

可以指定每个数据库文件和事务日志文件的初始大小，最小都是 512KB。在指定主数据库文件的初始大小时，其大小不能小于 Model 数据库主文件的大小，因为系统是将 Model 数据库的主数据库文件的内容复制到用户数据库的主数据库文件中的。

（3）增长方式

如果需要，可以指定文件是否自动增长。该选项的默认设置为自动增长，即当数据库的初始空间用完后，系统自动地扩大数据库空间，目的是为了防止由于数据库空间用完而造成的不能插入新数据或不能进行数据操作的错误。

（4）最大空间

文件的最大空间指的是文件增长的最大空间限制。默认情况是无限制。建议用户设定允许文件增长的最大空间，因为如果用户没有设定最大空间并且设置了文件自动增长，则文件将会无限制增长，直到磁盘空间用完为止。

4.2 SQL Server 2008 数据库基本管理

在 SQL Server 2008 中，所有类型的数据库管理操作都有两种执行方式：一种是使用 SQL Server Management Studio 的对象资源管理器，以图形化的方式完成对数据库的管理；另一种是使用 T-SQL 或系统的存储过程，以命令方式完成对数据库的管理。

4.2.1 创建用户数据库

1. 创建用户数据库的准备工作

在创建数据库前要对数据库进行规划，如数据库名、数据库的大小、数据库的增量等。如果数据库开始没有规划好，到项目实际运行时再去修改数据库的参数，往往会带来一些意想不到的麻烦。

在规划数据库时，通常考虑以下几个问题：

1）数据库的逻辑结构，包括数据库名和数据库所有者。

2）数据库的物理结构，包括数据库文件和事务日志文件的逻辑名、物理名、初始大小、增长方式及最大容量。一般增量按照固定大小来设定，以固定时间内可能增长的空间大小作为增长步长，尽量不要用百分比作为增长方式。

3）数据库的用户，包括用户权限和数量问题。

4）数据库的性能，包括数据库的大小与硬件配置的平衡、是否使用文件组等。

5）数据库的维护，包括数据库的备份和还原。

本书中的示例均采用 ToyUniverse（玩具商店）数据库，其参数见表 4-1。

表 4-1 ToyUniverse 数据库中的参数

选 项		参 数
数据库名称		ToyUniverse
数据库文件	逻辑文件名	ToyUniverse_Data
	物理文件名	D:\SQL2008\DataBase\ToyUniverse_Data.MDF
	初始大小	10MB
	最大容量	不受限制
	增长量	5MB
事务日志文件	逻辑文件名	ToyUniverse_Log
	物理文件名	D:\SQL2008\DataBase\ToyUniverse_Log.LDF
	初始大小	10MB
	最大容量	2000MB
	增长量	10%

2. 使用 T-SQL 语句创建用户数据库

使用 T-SQL 创建数据库的语句为 CREATE DATABASE。对于经验丰富的编程用户，这种方式比较直接和高效。

在 SQL Server Management Studio 中，单击标准工具栏中的"新建查询"按钮，启动 SQL 编辑器窗口，如图 4-2 所示。在光标处输入创建数据库的 T-SQL 语句，单击"执行"按钮。SQL 编辑器提交用户输入的 T-SQL 语句，发送到服务器端，先查错，后编译执行，并返回执行结果。

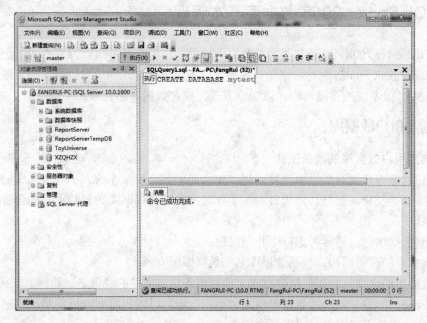

图 4-2　SQL 编辑器

【例 4-1】　用 CREATE DATABASE 语句创建一个数据库，数据库名为 mytest，其他项均采用默认设置。

使用语句如下：

CREATE DATABASE mytest

创建名为 mytest 的数据库，并创建相应的主数据库文件和事务日志文件。因为该语句没有 <filespec> 项，所以主数据库文件的大小为 Model 数据库主文件的大小，事务日志文件的大小为 Model 数据库事务日志文件的大小。因为没有指定 MAXSIZE，所以文件可以增长到填满所有可用的磁盘空间为止。

【例 4-2】　用 CREATE DATABASE 语句创建一个数据库，数据库名为 ToyUniverse，此数据库包含一个数据库文件和一个事务日志文件。具体参数见表 4-1。

完成上述要求的 T-SQL 语句为

USE master
GO
CREATE DATABASE ToyUniverse
ON PRIMARY
(

```
        NAME = ToyUniverse_Data,
        FILENAME='D:\SQL2008\DataBase\ToyUniverse_Data.MDF',
        SIZE = 10,
        MAXSIZE = UNLIMITED,
        FILEGROWTH = 5
)
LOG ON
(
        NAME = ToyUniverse_Log,
        FILENAME='D:\SQL2008\DataBase\ToyUniverse_Log.LDF',
        SIZE = 10,
        MAXSIZE = 2000,
        FILEGROWTH = 10%
)
GO
```

经归纳，上述语句的语法格式为

```
CREATE DATABASE database_name
ON
    { [PRIMARY ]
     (   NAME = logical_file_name ,
         FILENAME = { 'os_file_name' | 'filestream_path' }
         [ , SIZE = size [ KB | MB | GB | TB ] ]
         [ , MAXSIZE = { max_size [ KB | MB | GB | TB ] | UNLIMITED } ]
         [ , FILEGROWTH = growth_increment [ KB | MB | GB | TB | % ] ]
    ) } [ ,...n ]
LOG ON
    { [PRIMARY ]
     (   NAME = logical_file_name ,
         FILENAME = { 'os_file_name' | 'filestream_path' }
         [ , SIZE = size [ KB | MB | GB | TB ] ]
         [ , MAXSIZE = { max_size [ KB | MB | GB | TB ] | UNLIMITED } ]
         [ , FILEGROWTH = growth_increment [ KB | MB | GB | TB | % ] ]
    ) } [ ,...n ]
```

语法格式中各参数的说明如下：

database_name：数据库名称，不能超过 128 个字符。由于系统会在其后添加 5 个字符的逻辑后缀，因此实际能指定的字符数为 123 个。

ON：指明数据库文件和文件组的明确定义。

PRIMARY：指明主数据库文件或主文件组。主文件组的第一个文件被认为是主数据库文件，其中包含了数据库的逻辑启动信息和数据库的系统表。如果没有 PRIMARY 项，则在 CREATE DATABASE 命令中列出的第一个文件将被默认为主数据库文件。

n：占位符，表明可以指定多个类似的对象。

LOG ON：指明事务日志文件的明确定义。如果没有 LOG ON 选项，则系统会自动产生一个文件名前缀与数据库名相同，容量为所有数据库文件容量 1/4 的事务日志文件。

NAME：指定文件在 SQL Server 中的逻辑名称。当用 FOR ATTACH 选项时，就不需要使用 NAME 选项了。

FILENAME：指定文件在操作系统中存储的路径和文件名称。

SIZE：指定数据库文件的初始大小。如果没有指定主文件的大小，则 SQL Server 默认其与模板数据库中的主文件大小一致，其他数据库文件和事务日志文件则默认为 1 MB。指定大小的数字 size 可以使用 KB、MB、GB 和 TB 为后缀，默认的后缀是 MB。size 中不能使用小数，其最小值为 512 KB，默认值为 1MB。

MAXSIZE：指定文件的最大容量。如果没有指定 MAXSIZE，则文件可以不断增长，直到充满磁盘。

UNLIMITED：指明文件无容量限制。

FILEGROWTH：指定文件每次增容时增加的容量大小。增加量可以用确定的数量（以 KB、MB、GB 或 TB 为后缀）或被增容文件的百分比（以%为后缀）来表示。默认后缀为 MB。如果没有指定 FILEGROWTH，则默认值为 10%，每次扩容的最小值为 64 KB。CREATE DATABASE 命令在 SQL Server 中执行时使用模板数据库来初始化新建的数据库（使用 FOR ATTACH 选项时除外）。在模板数据库中的所有用户定义的对象和数据库的设置都会被复制到新数据库中。

每个数据库都有一个所有者（Database Owner，DBO），创建数据库的用户被默认为数据库所有者。可以通过 sp_changedbowner 系统存储过程来更改数据库所有者。

提示：如果 SQL Server 服务还没有启动，应先启动 SQL Server 服务，然后再在 SQL 编辑器中执行代码。

3. 使用对象资源管理器创建用户数据库

在 SQL Server Management Studio 中，利用图形化方法创建数据库（参数见表 4-1）的步骤如下：

1）如果 SQL Server 服务还没有启动，应先启动 SQL Server 服务，然后打开 SQL Server Management Studio。使用"Windows 身份验证"或"SQL Server 身份验证"模式登录到 SQL Server 2008 的数据库实例中。

2）展开数据库实例，在"数据库"节点上单击鼠标右键，或者在任何一个数据库名上单击鼠标右键，在弹出的快捷菜单中选择"新建数据库"命令，如图 4-3 所示。

3）在弹出的如图 4-4 所示的"新建数据库"窗口中的"数据库名称"文本框中输入数据库名，如本例的"ToyUniverse"。"所有者"采用默认值。对数据库文件和事务日志文件参数值的设定参照表 4-1。

默认第一个指定的文件为主数据库文件。主数据库文件的默认逻辑文件名是以数据库名作为主数据库文件名，最好加上"_Data"。例如，如果数据库的名字为 ToyUniverse，则主数据库文件的逻辑文件名为 ToyUniverse_Data。主数据库文件的默认存储位置在 SQL Server 2008 安装目录的 data 子目录下，默认的物理文件名为"数据库名.MDF"。例如，上述"ToyUniverse"数据库的主数据库文件的默认物理文件名就为 ToyUniverse.MDF。可以修改这个文件名。主数据库文件默认的初始大小为 1MB。若要更改数据库文件的存储位置，可单击"路径"栏中的按钮，弹出查找数据库文件窗口，用户可在此窗口中设置数据库文件的物理存储位置和物理文件名。

文件命名要符合 SQL Server 2008 的命名规则：长度在 1～128 个字符之间；名称的第一个字符必须是字母或"_"、"@"、"#"中的任意字符；中文名称不能包含空格，也不要包含 SQL Server 2008 的保留字（如 master 等）。

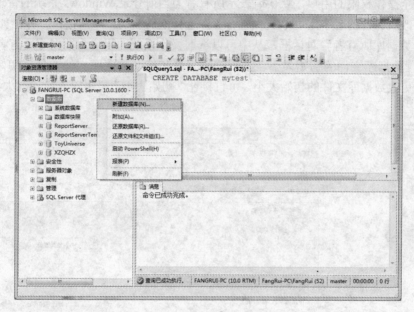

图 4-3　新建用户数据库

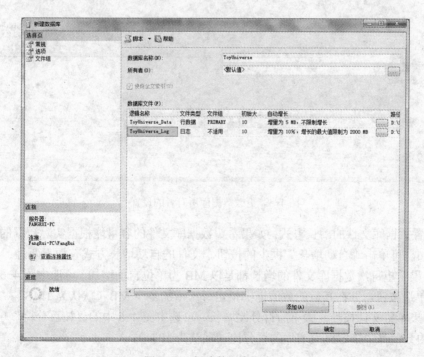

图 4-4　"新建数据库"窗口

提示：可以添加多个数据库文件，从第 2 个开始均为辅助数据库文件。

如果希望使用辅助数据库文件，则可单击"添加"按钮设定辅助数据库文件的逻辑文件名、物理存储位置和初始大小。这些文件的扩展名均为.NDF。

4）设置所有者。在"所有者"选择框中可以选择数据库的所有者。数据库的所有者是对数据库有完全操作权限的用户，默认值表示所有者为当前登录 Windows 系统的管理员账户。如果需要更改所有者的名字，可单击"所有者"选择框后面的"…"按钮，弹出如图 4-5 所示的"选择数据库所有者"对话框，从中可以选取操作系统的用户为数据库所有者。

5）设置数据库文件的初始大小。主数据库文件和辅助数据库文件的默认初始大小均为1MB。若要更改数据库文件的初始大小，可直接在"初始大小"栏中输入希望的大小（以 MB 为单位）。

图 4-5　更改数据库所有者的设置

6）设置数据库文件的增长方式：如果希望数据库文件的容量能根据实际数据的需要由系统自动增加，可单击"自动增长"框中的按钮。文件的自动增长方式有如下两种：

① 如果希望每次数据库文件的增长都是以 MB 为单位自动增加，可选中图 4-6 中的"按MB(M)"单选按钮，并在其后的数值框中指定每次增加多少 MB（默认为 1MB）。

② 如果希望文件按当前大小的百分比增长，可选中图 4-6 中的"按百分比"单选按钮，并在其后的数值框中指定每次增加的百分比（默认为 10%）。

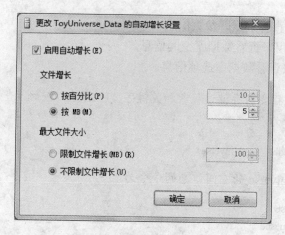

图 4-6　更改数据库文件自动增长的设置

还可以设置数据库文件的大小是否有上限，若允许文件的增长没有限制，可选中"不限制文件增长"单选按钮，系统默认本选项。注意，没有上限的含义是数据库文件增长只受磁盘空间的限制。若要使文件的增长有限制，可选中"限制文件增长(MB)"单选按钮，并在后边的数值框中输入一个最大值，表示当文件增长到此上限值时将不再增长。

7）如果需要更改新建数据库的默认选项，可选择"选项"页，在该页中可以修改排序规则、恢复模式、兼容级别、恢复选项和游标选项等数据库选项。

8）如果需要对新建数据库添加文件组，可以选择"文件组"页，在该页中单击"添加"按钮可以添加其他的文件组。

9）当完成新建数据库各个选项的设置后单击"确定"按钮，SQL Server 数据库引擎会依据用户的设置完成数据库的创建。这时，在"SQL Server Management Studio"的"数据库"节点下就可以看见新创建的数据库了。

4.2.2　修改用户数据库

在数据库创建之后，还可以用 T-SQL 语句和 SQL Server Management Studio 来查看和修改数据库的配置信息。

1. 使用 T-SQL 语句修改用户数据库

（1）选择数据库

在 SQL Server 服务器上可以存在多个用户数据库，用户只有连接上所要使用的数据库，才能对该数据库中的数据进行操作。默认情况下，用户连接在 Master 系统数据库上。用户在连接 SQL Server 服务器时需要指定连接的数据库，或在不同的数据库之间进行切换。可以在 SQL 编辑器中通过下列命令来完成：

USE database_name

其中 database_name 为要使用的数据库的名称。例如，USE ToyUniverse。

（2）查看数据库属性

数据库的属性信息保存在系统数据库和系统数据表中，可以通过系统存储过程来获取相关的数据库属性信息。以下存储过程分别用来查看不同的信息。

1）sp_helpdb 用来查看数据库参数信息。

2）sp_spaceuesed 用来查看数据库空间信息。

3）sp_options 用来查看数据库选项信息。

注意：执行存储过程要在存储过程前加关键字"EXEC"。例如，查看数据库 ToyUniverse 的相关参数信息的命令为

    EXEC sp_helpdb ToyUniverse。

查看数据库 ToyUniverse 的空间信息的命令为

    USE ToyUniverse
    EXEC sp_spaceuesed

（3）修改数据库

可以使用 ALTER DATABASE 语句修改数据库及存储该数据库的文件组和文件的属性信息。

【例 4-3】 为数据库 ToyUniverse 添加一个数据库文件 ToyUniverse_Data2 和一个事务日志文件 ToyUniverse_Log2。

具体的语句如下：

```
ALTER DATABASE ToyUniverse
ADD FILE
(
    NAME = ToyUniverse_Data2,
    FILENAME='D:\SQL2008\DataBase\ToyUniverse_Data2.NDF',
    SIZE = 5,
    MAXSIZE = UNLIMITED,
    FILEGROWTH = 5
)
GO
ALTER DATABASE ToyUniverse
ADD LOG FILE
(
    NAME = ToyUniverse_Log2,
    FILENAME='D:\SQL2008\DataBase\ToyUniverse_Log2.LDF',
    SIZE = 10,
    MAXSIZE = 2000,
    FILEGROWTH = 10%
)
GO
```

【例 4-4】 修改数据库 ToyUniverse 的数据库文件 ToyUniverse_Data2 的属性，将其初始大小改为 10MB，最大容量改为 1000MB，增长量改为 10MB。

具体的语句如下：

```
ALTER DATABASE ToyUniverse
MODIFY   FILE
(
```

```
                NAME = ToyUniverse_Data2,
                SIZE = 10,
                MAXSIZE = 1000,
                FILEGROWTH = 10
            )
            GO
```

经归纳，上述语句的语法格式为

```
ALTER DATABASE database_name
    ADD FILE <filespec> [ ,...n ]      [ TO FILEGROUP { filegroup_name } ]
    | ADD LOG FILE <filespec> [ ,...n ]
    | REMOVE FILE logical_file_name
    | MODIFY FILE <filespec>
    | ADD FILEGROUP filegroup_name
    | REMOVE FILEGROUP filegroup_name
    |MODIFY FILEGROUP   filegroup_name { <filegroup_updatability_option> | DEFAULT |
NAME = new_filegroup_name }
```

语法格式中各参数的说明如下：

ADD FILE ：向数据库添加新的数据库文件。

ADD LOG FILE：向数据库添加新的事务日志文件。

REMOVE FILE：从 SQL Server 的数据库实例中删除逻辑文件说明并删除物理文件。除非文件为空，否则无法删除文件。

MODIFY FILE：指定要修改的文件。一次只能更改一个 <filespec> 属性。必须在 <filespec> 中指定 NAME，以标示要修改的文件。如果指定了 SIZE，那么新大小必须比文件当前大小要大。

若要修改数据库文件或事务日志文件的逻辑名称，请在 NAME 子句中指定要重命名的逻辑文件名，并在 NEWNAME 子句中指定文件的新逻辑名称。例如，MODIFY FILE (NAME = logical_file_name, NEWNAME = new_logical_name)。

若要将数据库文件或事务日志文件移至新位置，请在 NAME 子句中指定当前的逻辑文件名，并在 FILENAME 子句中指定新路径和操作系统文件名。例如，MODIFY FILE (NAME = logical_file_name, FILENAME = ' new_path/os_file_name ')。

ADD FILEGROUP：向数据库添加新的文件组。

REMOVE FILEGROUP：从数据库中删除文件组。除非文件组为空，否则无法将其删除。首先从文件组中删除所有文件。

MODIFY FILEGROUP filegroup_name { <filegroup_updatability_option> | DEFAULT | NAME = new_filegroup_name }：通过将状态设置为 READ_ONLY 或 READ_WRITE、将文件组设置为数据库的默认文件组或者更改文件组名称来修改文件组。

● <filegroup_updatability_option>：对文件组设置只读或读/写属性。

● DEFAULT：将默认数据库文件组改为 filegroup_name。数据库中只能有一个文件组作为默认文件组。

● NAME = new_filegroup_name：将文件组名称改为 new_filegroup_name。

2. 使用对象资源管理器修改用户数据库

如果想查看或修改数据库的配置信息，可打开 SQL Server Management Studio，在"对象资源管理器"窗口中展开数据库实例下的"数据库"节点，然后选中要查看或修改的数据库，单击鼠标右键，从弹出的快捷菜单中选择"属性"命令，如图 4-7 所示。

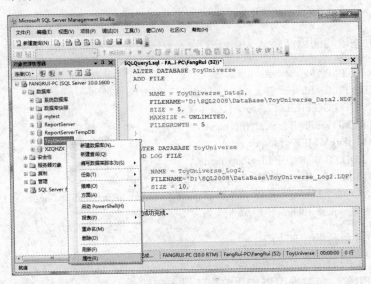

图 4-7 选择"属性"命令

打开"数据库属性"窗口，如图 4-8 所示。窗口中包括常规、文件、文件组、选项、更改跟踪、权限、扩展属性、镜像和事务日志传送 9 个页，可以在不同的页中设置相关的选项。

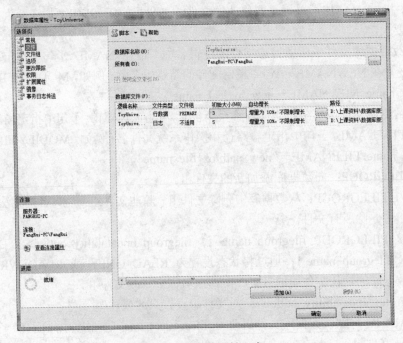

图 4-8 "数据库属性"窗口

- "常规"页：使用此页可以查看所选数据库的常规属性信息，此页一般是不能修改的，它标示出了数据库的基本属性，如数据库备份情况、数据库状态和数据库所有者等。
- "文件"页：使用此页可以查看或修改所选数据库的数据库文件和事务日志文件的属性。
- "文件组"页：使用此页可以查看文件组，或添加新的文件组。
- "选项"页：使用此页可以查看或修改所选数据库的选项，包括所选数据库的排序规则、恢复模式和兼容级别等信息。
- "更改跟踪"页：使用此页可以查看或修改所选数据库的更改跟踪设置，启用或禁用数据库的更改跟踪。必须拥有修改数据库的权限，才能启用更改跟踪。
- "权限"页：使用此页可以查看设置对象的权限，包括用户、角色和权限等信息。
- "扩展属性"页：在此页中可以通过使用扩展属性向数据库对象添加自定义属性。使用此页可以查看或修改所选对象的扩展属性。
- "镜像"页：使用此页可以查看或设置镜像的主体服务器、镜像服务器和见证服务器。开始镜像前，必须先配置安全性。
- "事务日志传送"页：使用此页可以配置和修改数据库的日志传送属性。

在某些情况下，数据库管理员（DBA）为了对数据库进行维护，不希望其他用户访问数据库，那么 DBA 就需要设置访问数据库的用户数或用户角色。可以在"选项"页的"限制访问"下拉列表框中设置用户的访问限制，如图 4-9 所示。其中的 3 个选项说明如下。

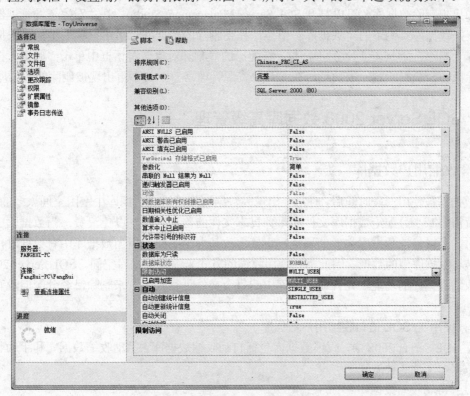

图 4-9　限制用户访问数据库

- "MULTI_USER"表示多用户访问，允许多个用户同时访问数据库（默认值）。
- "SINGLE_USER"表示单用户访问，只能有一个用户访问数据库，其他用户被中断访问。
- "RESTRICTED_USER"表示限制用户访问，只有数据库所有者（dbowner）、数据库创建者（dbcreater）、系统管理员（sysadmin）3个角色可以访问数据库。

4.2.3 删除用户数据库

注意：数据库一旦被删除，即永久被删除。文件和其数据都将从服务器磁盘中删除，所以删除前要做好备份，慎重操作。

1. 使用 T-SQL 语句删除用户数据库

使用 T-SQL 删除数据库的语句为 DROP DATABASE。对于经验丰富的编程用户，这种方式更直接、更高效。例如：

```
DROP DATABASE database_name
```

说明：database_name 指的是要删除的数据库的名称。

2. 使用对象资源管理器删除用户数据库

如果想删除数据库，可以打开 SQL Server Management Studio，在"对象资源管理器"窗口中展开数据库实例下的"数据库"节点，在要删除的数据库上单击鼠标右键，在快捷菜单中选择"删除"命令（可参考图 4-7）。在弹出的"删除对象"对话框中单击"确定"按钮执行删除操作。数据库删除成功后，在"对象资源管理器"中将不再出现被删除的数据库。

4.3 SQL Server 2008 数据库高级管理

4.3.1 收缩用户数据库

数据库被使用一段时间后，时常会出现因数据删除而造成数据库中空闲空间太多的情况，这时就需要减少分配给数据库文件和事务日志文件的磁盘空间，以免浪费。当数据库中没有数据时，可以修改数据库文件的属性，直接更改其占用空间。但当数据库中有数据时，这样做会破坏数据库中的数据，因此需要使用收缩的方式来缩减数据库空间。SQL Server 2008 提供了收缩数据库的功能，允许对数据库中的每个文件进行收缩，来删除已经分配但没有使用的页。

1. 使用 T-SQL 语句收缩用户数据库

在 SQL Server 2008 中，收缩数据库包括自动收缩数据库、手动收缩数据库和手动收缩指定的数据库文件 3 种方式。

（1）自动收缩数据库

语法如下：

```
ALTER DATABASE database_name
SET AUTO_SHRINK { ON | OFF }
```

各参数说明如下。

1）database_name：要收缩的数据库的名称。

2）ON ：将数据库设为自动收缩。

3）OFF：将数据库设为不自动收缩。

注意：数据库文件和事务日志文件都可以自动收缩。只有在数据库设置为 SIMPLE 恢复模式或事务日志文件已备份时，AUTO_SHRINK 才可减小事务日志文件的大小。当设置为 OFF 时，在定期检查未使用空间的过程中，数据库文件不会自动收缩。

当文件中超过 25%的部分包含未使用的空间时，AUTO_SHRINK 选项将导致文件收缩。文件将收缩至未使用空间占文件大小的 25%，或收缩至文件创建时的大小，以两者中较大者为准。不能收缩只读数据库。

（2）手动收缩数据库和指定的数据库文件

使用 DBCC SHRINKDATABASE 和 DBCC SHRINKFILE 命令可以收缩数据库。其中 DBCC SHRINKDATABASE 命令是对数据库进行收缩，DBCC SHRINKFILE 命令是对数据库中指定的文件进行收缩。

在使用 DBCC SHRINKDATABASE 语句时，无法将整个数据库收缩得比其初始大小更小。因此，如果数据库创建时的大小为 10 MB，后来增长到 100 MB，则该数据库最小只能收缩到 10 MB，即使已经删除数据库的所有数据，也是如此。

但是，使用 DBCC SHRINKFILE 语句时，可以将各个数据库文件收缩得比其初始大小更小。必须对每个文件分别进行收缩，而不能尝试收缩整个数据库。

1）DBCC SHRINKDATABASE 命令的语法如下：

```
DBCC SHRINKDATABASE (database_name [, target_percent]
[, {NOTRUNCATE | TRUNCATEONLY}] )
```

各参数说明如下。

database_name：要收缩的数据库的名称。

target_percent：数据库收缩后，数据库文件中的可用空间百分比。

NOTRUNCATE：通过将已分配的页从文件末尾移动到文件前面的未分配页来压缩数据库文件中的数据。文件末尾的可用空间不会返回给操作系统，文件的物理大小也不会更改。因此，指定 NOTRUNCATE 时，数据库看起来并未收缩。指定 NOTRUNCATE 时，target_percent 是可选参数。NOTRUNCATE 只适用于数据库文件，事务日志文件不受影响。

TRUNCATEONLY：将文件末尾的所有可用空间释放给操作系统，但不在文件内部执行任何页移动。数据库文件只收缩到最近分配的区。如果与 TRUNCATEONLY 一起指定，将忽略 target_percent。TRUNCATEONLY 只适用于数据库文件，事务日志文件不受影响。

【例 4-5】 收缩数据库 ToyUniverse 的大小，使得数据库中的文件有 20%的可用空间。具体的语句为

DBCC SHRINKDATABASE （ToyUniverse，20）

2）DBCC SHRINKFILE 命令用于收缩当前数据库中的文件。其语法如下：

DBCC SHRINKFILE ({file_name | file_id }
{ [, target_size] | [, {EMPTYFILE | NOTRUNCATE | TRUNCATEONLY}] })

各参数说明如下。

file_name ：要收缩的文件的逻辑名称。

file_id ：要收缩的文件的标志（ID）号。若要获得文件 ID，请使用 FILE_IDEX 系统函数，或查询当前数据库中的 sys.database_files 目录视图。

target_size ：用整数表示文件大小（默认后缀为 MB）。如果未指定，则 DBCC SHRINKFILE 将文件大小减小到默认文件大小。默认大小为创建文件时指定的大小。

EMPTYFILE ：将指定文件中的所有数据迁移到同一文件组的其他文件中。由于数据库引擎不再允许将数据放在空文件内，因此可以使用 ALTER DATABASE 语句来删除该文件。

NOTRUNCATE ：在指定或不指定 target_size 的情况下，将已分配的页从数据文件的末尾移动到该文件前面的未分配页。文件末尾的可用空间不会返回给操作系统，文件的物理大小也不会更改。因此，指定 NOTRUNCATE 时，文件看起来并未收缩。NOTRUNCATE 只适用于数据库文件，事务日志文件不受影响。

TRUNCATEONLY ：将文件末尾的所有可用空间释放给操作系统，但不在文件内部执行任何页移动。数据文件只收缩到最后分配的区。如果随 TRUNCATEONLY 一起指定了 target_size，则会忽略该参数。TRUNCATEONLY 只适用于数据库文件。

注意： 可以使用 DBCC SHRINKFILE target_size 减小空文件的默认大小。例如，如果创建一个 5 MB 的文件，然后在文件仍然为空时将文件收缩为 3MB，则默认文件大小将设置为 3 MB。这只适用于永远不会包含数据的空文件。如果指定了 target_size，则 DBCC SHRINKFILE 会尝试将文件收缩到指定大小，它会将要释放的文件部分中的已使用页重新定位到保留的文件部分中的可用空间。例如，如果数据文件为 10 MB，则 target_size 为 8 的 DBCC SHRINKFILE 操作会将文件最后 2MB 中所有的已使用页重新分配到文件前 8MB 中的任何未分配页中。DBCC SHRINKFILE 不会将文件收缩到小于存储文件中的数据所需要的大小。例如，如果需要使用 10MB 数据文件中的 7MB，则 target_size 为 6 的 DBCC SHRINKFILE 语句只能将该文件收缩到 7 MB，而不能收缩到 6 MB。

【例 4-6】 将数据库 ToyUniverse 中名为 ToyUniverse_Data 的数据库文件收缩到 7MB。具体的语句为

DBCC SHRINKFILE （ToyUniverse_Data，7）

2. 使用对象资源管理器收缩用户数据库

（1）自动收缩用户数据库

打开"数据库属性"窗口，选择"选项"页，单击"自动收缩"下拉列表框，选择"True"，就可以设定数据库为自动收缩，如图 4-10 所示。以后，DBMS 会定期检查每个数据库的空间使用情况，并自动收缩数据库的大小。

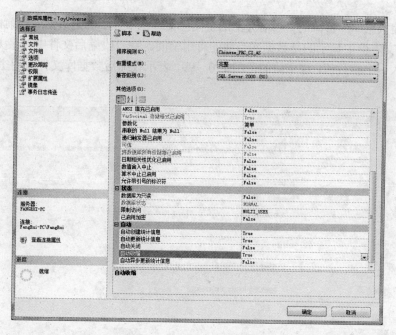

图 4-10　设置自动收缩数据库

（2）手动收缩用户数据库

选择要收缩的数据库，单击鼠标右键，在弹出的快捷菜单中选择"任务"→"收缩"→"数据库"命令，如图 4-11 所示，打开"收缩数据库"窗口，如图 4-12 所示。

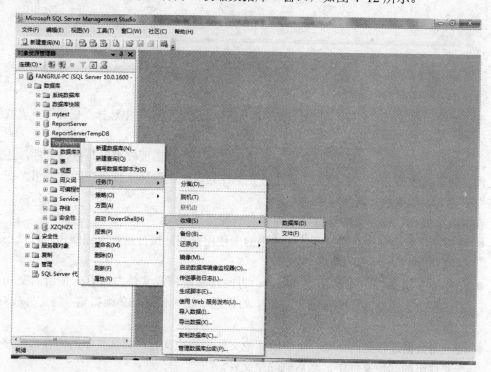

图 4-11　手动收缩数据库

在"收缩数据库"窗口的"当前分配的空间"文本框中显示的是数据库当前占用的空间，"可用空间"文本框中显示的是数据库当前的可用空间。在"收缩后文件中的最大可用空间"数值框中输入一个整数值，这个值的范围是 0～99，表示收缩后数据库文件可用空间的最大百分比。

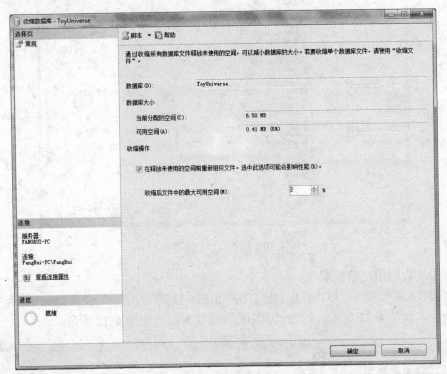

图 4-12 "收缩数据库"窗口

（3）手动收缩数据库文件

选择要收缩的数据库文件，单击鼠标右键，在弹出的快捷菜单中选择"任务"→"收缩"→"文件"命令，打开"收缩文件"窗口，如图 4-13 所示。

在"收缩文件"窗口的"文件类型"下拉列表框中选择需要收缩的是数据文件，还是日志文件。如果是数据文件，可以在"文件组"下拉列表框中选择文件所在的文件组，在"文件名"下拉列表框中选择需要收缩的文件。

在"收缩操作"选项组中可选择下列任意一种操作模式。

● 释放未使用的空间：直接释放文件中的未使用空间。执行这种收缩操作，可以不用移动数据。

● 在释放未使用的空间前重新组织页：为操作系统释放文件中所有未使用的空间，并尝试将数据重新定位到未分配的页。如果选中这种模式，必须指定"将文件收缩到"的值。

● 通过将数据迁移到同一文件组中的其他文件来清空文件：将文件中的所有数据移至同一文件组的其他文件中，然后删除空文件。

完成设定后，单击"确定"按钮，执行收缩文件任务。

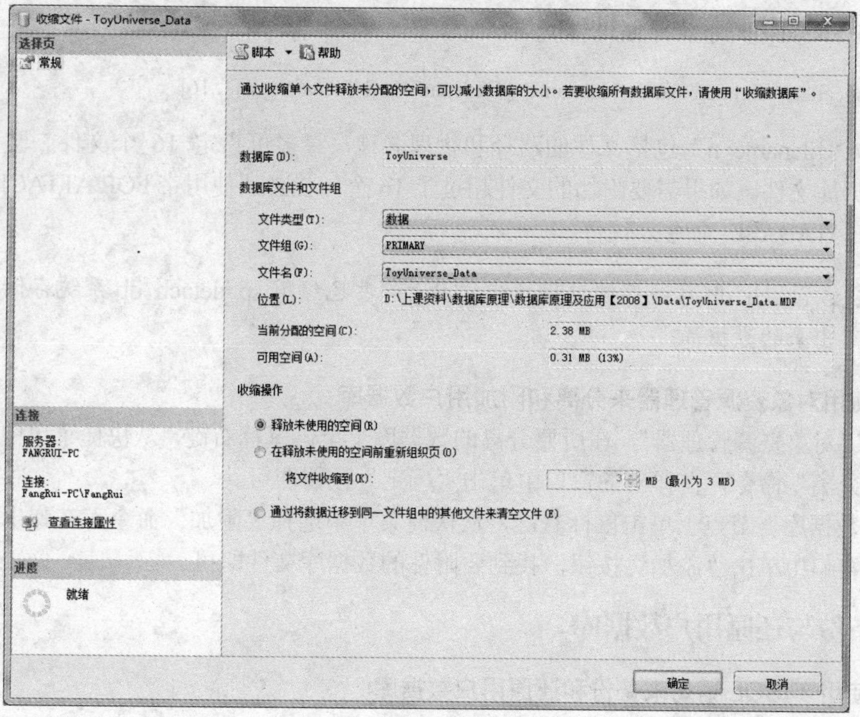

图 4-13 "收缩文件"窗口

4.3.2 分离与附加用户数据库

在 SQL Server 中可以使用"分离"和"附加"的方法来迁移数据库。分离数据库是从服务器中移去逻辑数据库，数据库将不再受 DBMS 管理，但不会将操作系统中的数据库文件和事务日志文件删除。附加数据库可以很方便地在 SQL Server 2008 的服务器之间利用分离后的数据库文件和事务日志文件组织成新的数据库，并保持分离时数据库的状态。

1. 使用系统存储过程来分离和附加用户数据库

使用系统存储过程 sp_detach_db 来分离数据库，用 sp_attach_db 来附加数据库。

1）sp_detach_db 系统存储过程的语法如下：

```
sp_detach_db [@dbname =] 'database_name' [, [@skipchecks =] 'skipchecks']
```

其中，[@skipchecks =] 'skipchecks' 子句中 skipchecks 的值为 True 或 False。当 skipchecks 的值为 True 时，指定在执行此过程之前不需要对数据库中的所有表执行 UPDATE STATISTICS 命令；当 skipchecks 的值为 False 时，则需要执行 UPDATE STATISTICS 命令。

【例 4-7】 分离用户数据库 ToyUniverse，来移动或备份数据库。

具体语句如下：

```
USE master
GO
EXEC sp_detach_db @dbname = 'ToyUniverse'
GO
```

2）sp_attach_db 系统存储过程的语法如下：

> sp_attach_db [@dbname =] 'dbname', [@filename1 =] 'filename_n' [,...16]

其中，"filename_n" 包括文件的路径和物理名称，最多可指定 16 个文件。文件中必须包含主数据库文件。如果需要附加的文件超过了 16 个，就必须使用带 FOR ATTACH 子句的 CREATE DATABASE 命令来代替。

注意：sp_attach_db 系统存储过程只能作用于那些已经用 sp_detach_db 系统存储过程从服务器中分离出来的数据库。

2. 使用对象资源管理器来分离和附加用户数据库

打开 "对象资源管理器"，在所要分离的数据库上单击鼠标右键，从快捷菜单中选择 "任务" → "分离" 命令，在弹出的窗口中单击 "确定" 按钮即可。

在 "数据库" 节点上单击鼠标右键，从快捷菜单中选择 "附加" 命令，在弹出的 "附加数据库" 窗口中单击 "添加" 按钮，找到要附件的数据库文件即可。

4.3.3　备份与还原用户数据库

1. 使用 T-SQL 语句来备份和还原用户数据库

使用 T-SQL 备份和还原数据库的语句如下：

> BACKUP DATABASE { database_name | @database_name_var }
>   TO <backup_device> [,...n]
>
> RESTORE DATABASE database_name
>   FROM <backup_device> [,...n]
>
> BACKUP LOG { database_name | @database_name_var }
>   TO <backup_device> [,...n]

部分参数说明如下。

DATABASE：指定备份一个完整数据库。如果指定了一个文件和文件组的列表，则仅备份该列表中的文件和文件组。在进行完整数据库备份或差异数据库备份的过程中，SQL Server 会备份足够多的事务日志，以便在还原备份时生成一个一致的数据库。

LOG：指定仅备份事务日志。该日志从上一次成功执行的日志备份到当前日志的末尾。必须创建完整备份，才能创建第一个日志备份。通过在 RESTORE LOG 语句中指定 WITH STOPAT、STOPATMARK 或 STOPBEF-OREMARK，可以将日志备份还原到备份中的某一特定时间或事务。

{ database_name | @database_name_var }：备份事务日志、部分数据库或完整的数据库时所用的源数据库。如果作为变量 (@database_name_var) 提供，则可以将此名称指定为字符串常量 (@database_name_var = database name)，或指定为字符串数据类型（ntext 或 text 数据类型除外）的变量。

【例 4-8】 备份完整数据库。下面的示例是将 ToyUniverse 数据库备份到磁盘文件。

```
USE     master
GO
BACKUP DATABASE ToyUniverse
TO DISK = 'E:\SQLServerBackups\ToyUniverse.bak'
    WITH FORMAT;
GO
```

【例 4-9】 还原完整数据库。下面的示例是从 ToyUniverseBackups 逻辑备份设备还原完整数据库。

```
USE     master
GO
RESTORE DATABASE ToyUniverse FROM ToyUniverseBackups
GO
```

【例 4-10】 使用 BACKUP 和 RESTORE 语句复制数据库。下面的示例是使用 BACKUP 和 RESTORE 语句创建 AdventureWorks 数据库的副本。MOVE 语句使数据库文件和事务日志文件还原到指定的位置。RESTORE FILELISTONLY 语句用于确定待还原数据库内的文件数及名称。该数据库的新副本称为 TestDB。

```
BACKUP DATABASE AdventureWorks
    TO AdventureWorksBackups ;

RESTORE FILELISTONLY
    FROM AdventureWorksBackups ;

RESTORE DATABASE TestDB
    FROM AdventureWorksBackups
    WITH MOVE 'AdventureWorks_Data' TO 'D:\MySQLServer\testdb.mdf',
    MOVE 'AdventureWorks_Log' TO 'D:\MySQLServer\testdb.ldf';
GO
```

2. 使用对象资源管理器备份用户数据库

使用对象资源管理器备份用户数据库的具体步骤如下:

1）连接到相应的 Microsoft SQL Server 数据库实例之后，在对象资源管理器中单击服务器名称以展开服务器树。展开"数据库"节点，然后选择用户数据库，或再展开"系统数据库"节点，选择系统数据库。

2）右键单击所选择的数据库，在弹出的快捷菜单中选择"任务"→"备份"命令，打开"备份数据库"窗口，如图 4-14 所示。

3）在"数据库"下拉列表框中，验证数据库的名称。也可以从列表中选择其他数据库。

4）可以对任意恢复模式执行数据库备份。

5）在"备份类型"下拉列表框中选择"完整"。注意，创建了完整数据库备份后，可以创建差异数据库备份。还可以根据需要选择"仅复制备份"复选框创建仅复制备份。"仅复制备份"是独立于常规 SQL Server 备份序列的 SQL Server 备份。

6）可以接受"名称"文本框中建议的默认备份集名称，也可以为备份集输入其他名称。

还可以在"说明"文本框中输入备份集的说明。

7）完成设定后，单击"确定"按钮，执行备份任务。

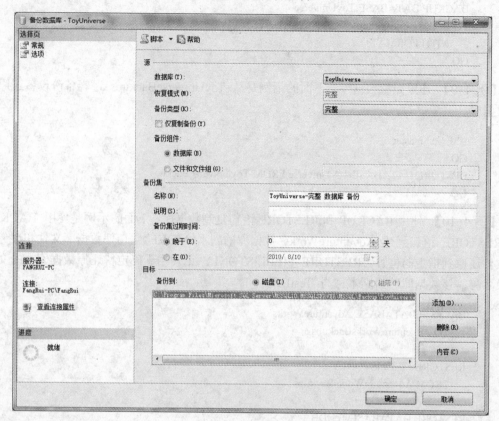

图 4-14　备份数据库

4.3.4　数据库快照

1. 数据库快照的作用

数据库快照是在 Microsoft SQL Server 2005 中新增的功能。只有 SQL Server 2005 Enterprise Edition 和更高的版本才提供数据库快照功能。所有恢复模式都支持数据库快照。

数据库快照是数据库（源数据库）的只读、静态视图。多个快照可以位于一个源数据库中，并且可以作为数据库始终驻留在同一服务器实例上。创建快照时，每个数据库快照在事务上与源数据库一致。在创建数据库快照时，源数据库通常会有打开的事务，在快照可以使用之前，打开的事务会回滚，以使数据库快照在事务上与源数据库取得一致。在被数据库所有者显式删除之前，快照始终存在。

客户端可以查询数据库快照，这对基于创建快照时的数据编写报表是很有用的。而且，如果以后源数据库损坏了，还可以将源数据库恢复到它创建快照时的状态。丢失的数据仅限于创建快照后数据库更新的数据。与用户数据库的默认行为不同，数据库快照是通过将 ALLOW_SNAPSHOT_ISOLATION 数据库选项设置为 ON 而创建的，不需要考虑主数据库或模型系统数据库中该选项的设置。

2. 创建用户数据库快照

任何能创建数据库的用户都可以创建数据库快照。创建快照的唯一方式是使用 T-SQL。

根据源数据库的当前大小，确保有足够的磁盘空间存放数据库快照。数据库快照的最大大小为创建快照时源数据库的大小。

在 CREATE DATABASE 语句中使用 AS SNAPSHOT OF 子句对数据文件创建快照。创建快照需要指定源数据库的每个数据库文件的逻辑名称。

注意：创建数据库快照时，CREATE DATABASE 语句中不允许有日志文件、脱机文件、还原文件和不起作用的文件。

【例 4-11】 对 ToyUniverse 数据库创建快照。快照名称为 ToyUniverse_dbss_1800，其稀疏文件的名称为 ToyUniverse_data_1800.ss，"1800" 指明了创建时间为 6 P.M.（即 18:00）。

```
CREATE DATABASE ToyUniverse_dbss_1800 ON
( NAME = ToyUniverse _Data, FILENAME =
' D:\SQL2008\DataBase\ ToyUniverse _data_1800.ss' )
AS SNAPSHOT OF ToyUniverse;
GO
```

注意：示例中随意使用了扩展名 .ss。

3. 删除用户数据库快照

在数据库中，任何具有 DROP DATABASE 权限的用户都可以使用 T-SQL 删除数据库快照。删除数据库快照会终止所有到此快照的用户连接。

【例 4-12】 删除名为 ToyUniverse_dbss_1800 的数据库快照，而不影响源数据库。

具体语句如下：

```
DROP DATABASE ToyUniverse _data_1800.ss
GO
```

4.4 本章小结

本章介绍了 SQL Server 2008 数据库管理的相关知识，其内容主要包括数据库的结构、数据库的创建和管理。在 SQL Server 中，数据库主要包括数据库文件和事务日志文件。读者应该掌握数据库的结构和组成，数据库的创建和管理，以及数据库的收缩、分离和附加、备份和还原的方法。

4.5 思考题

1. 在 SQL Server 中有哪些类型的数据库？
2. 简述 SQL Server 中数据库的结构。
3. 创建用户数据库的方法有哪些？具体操作步骤是什么？

4. 收缩数据库的方法有哪些？

5. 简述数据库快照的优点。

6. SQL Server 数据库由哪两类文件组成？这些文件的作用是什么？推荐扩展名分别是什么？

7. SQL Server 数据库可以包含几个主数据库文件，几个辅助数据库文件，几个事务日志文件？

8. SQL Server 中的数据是按什么存储的？SQL Server 2008 中每个数据页的大小是多少？

9. 数据文件的初始大小如何估算？如果一个数据库表包含 20 000 行数据，每行的大小是 5000B，则此数据库表大约需要多少空间？

10. 用户创建数据库时，对数据库的初始大小有什么要求？

11. 用 CREATE DATABASE 语句创建符合如下条件的数据库：数据库名为 ToyUniverse；数据库文件的逻辑文件名为 ToyUniverse_Data，物理文件名为 ToyUniverse_Data.mdf，存放在"D:\Test"目录下（若 D 盘中无此目录，可先建立此目录，然后再创建数据库）；文件的初始大小为 5MB；增长方式为自动增长，每次增加 1MB；事务日志文件的逻辑文件名为 ToyUniverse_Log，物理文件名为 ToyUniverse_Log.Lldf，也存放在"D:\Test"目录下；文件的初始大小为 2MB；增长方式为自动增长，每次增加 10%。创建完成后，在 SSMS 中查看数据库的选项。

12. 使用 SSMS 对第 11 题所建的 ToyUniverse 数据库进行如下扩展：增加一个新的数据库文件，文件的逻辑名为 ToyUniverse_Data2，物理名为 ToyUniverse_Data2．ndf，存放在"D:\Test"目录下，文件的初始大小为 2MB，不自动增长。

13. 用 SSMS 对扩展后的 ToyUniverse 数据库进行如下收缩：

1）收缩 ToyUniverse 数据库，使数据库中的空白空间为 60%。

2）将数据库文件 ToyUniverse_Date 的初始大小缩小为 3MB。

第 5 章　SQL Server 2008 数据表管理

本章学习目标:
- 熟练掌握数据表的创建、修改和删除方法。
- 熟练掌握表数据的插入、修改和删除方法。
- 熟悉数据表的约束及其使用。
- 熟悉数据表的索引及其使用。

5.1　数据表基础知识

5.1.1　数据表的基本概念

数据库是数据有组织的集合。数据库中包含有一个或多个数据表。表是数据库的基本构造块,同时,表是数据的集合,是用来存储数据和操作数据的逻辑结构。表由行和列组成。行被称为记录,是组织数据的单位;列被称为字段,每一列表示记录的一个属性。

表是由行和列组成的。创建表的过程主要就是定义表的列的过程,为此,应先了解表的列的属性。表的列名在同一个表中具有唯一性,同一列的数据属于同一种数据类型。除了用列名和数据类型来指定列的属性外,还可以定义其他属性,如 NULL 或 NOT NULL 属性和 IDENTITY 属性。在 SQL Server 2008 中,列名用中文名和英文名都可以。为了记忆和编程方便,建议取有意义的名字,不建议取中文名。例如,vToyName 表示玩具名称,是 VarChar 类型。

在 SQL Server 中,数据表被分为永久数据表和临时数据表两种。永久数据表在创建后一直存储在数据库文件中,除非用户删除,否则一直存在;而临时数据表在用户退出系统时自动删除。临时数据表又分为局部临时表和全局临时表。局部临时表只能由创建它的用户使用,在该用户连接断开时,它被自动删除;全局临时表对系统当前所有连接用户来说都是可用的,在使用它的一个会话结束时它被自动删除。在创建表时,系统根据表名来确定创建的是临时表还是永久表。临时表的表名以 "#" 开头,除此之外为永久表。局部临时表的表名由 "#" 开头,全局临时表的表名由 "##" 开头。

5.1.2　数据类型

在 SQL Server 中,数据类型可以是系统提供的数据类型,也可以是用户自定义的数据类型。

1. SQL Server 2008 系统数据类型

在计算机中,数据有类型和长度两种特征。所谓数据类型,就是以数据的表现方式和存储方式来划分的数据的种类。在 SQL Server 中,每个变量、参数、表达式等都有数据类型。SQL Server 2008 提供的数据类型见表 5-1。

表 5-1　SQL Server 2008 提供的数据类型

数据类型分类	数 据 类 型	基 本 目 的
精确数值	BIT、INT、SMALLINT、TINYINT、BIGINT 、DECIMAL（p,s）、NUMERIC （p,s）	存储带或不带小数的精确数值
近似数值	FLOAT(p)、REAL	存储带小数或不带小数的数值
货币	MONEY、SMALLMONEY	存储带 4 位小数位的数值，专门用于货币值
日期和时间	DATE 、 TIME 、 DATETIME 、 SMALLDATETIME 、DATETIME2、DATETIMEOFFSET	存储时间和日期信息
字符	CHAR(n)、NCHAR(n)、VARCHAR(n)、VARCHAR(max)、NVARCHAR(n)、NVARCHAR(max) 、TEXT、NTEXT	存储基于可变长度的字符的值
二进制	BINARY(n)、VARBINARY(n)、VARBINARY(max)、IMAGE	存储二进制数据
特定数据类型	TIMESTAMP、TABLE、UNIQUEIDENTIFIER、CURSOR、SQL_VARIANT、XML、ROWVERSION	专门处理的、复杂的数据类型

（1）精确数值数据类型

精确数值数据类型用来存储没有小数位或有多个精确小数位的数值。使用任何算术运算符都可以操作这些数据类型中的数值，而不需要任何特殊处理。精确数值数据类型的存储也有精确的定义。表 5-2 列出了 SQL Server 2008 支持的精确数值数据类型。

表 5-2　SQL Server 2008 支持的精确数值数据类型

数 据 类 型	存储长度/B	取 值 范 围	说 明
BIT	1	0 或者 1	如果输入 0 或 1 以外的值，将被视为 1
INT	4	$-2^{31} \sim 2^{31}-1$	正、负整数
SMALLINT	2	$-32768 \sim 32767$	正、负整数
TINYINT	1	$0 \sim 255$	正整数
BIGINT	8	$-2^{63} \sim 2^{63}-1$	大范围的正、负整数
DECIMAL（p,s）	5～17	$-10^{38}+1 \sim 10^{38}-1$	最大可存储 38 位十进制数
NUMERIC（p,s）	5～17	$-10^{38}+1 \sim 10^{38}-1$	与 DECIMAL 等价

其中 p 表示可供存储的值的总位数（不包括小数点），默认值为 18；s 表示小数点后的位数，默认值为 0。例如，decimal （15,5），表示共有 15 位数，其中整数 10 位，小数 5 位。存储 1～9 位需要 5B；存储 10～19 位需要 9B；存储 20～28 位需要 13B；存储 29～38 位需要 17B。

（2）近似数值数据类型

近似数值数据类型用来存储十进制值，但其值只能精确到数据类型定义中指定的精度，不能保证小数点右边的所有数字都没有正确存储，所以就有误差。由于这些数据类型是不精确的，所以很少使用。只有在精度数据类型不够大时，才考虑使用。表 5-3 列出了 SQL Server 2008 支持的近似数值数据类型。

表 5-3　SQL Server 2008 支持的近似数值数据类型

数 据 类 型	存储长度/B	取 值 范 围	说 明
FLOAT(p)	4 或 8	$1.79E+308 \sim -2.23E-308$、0 和 $2.23E-308 \sim 1.79E+308$	存储大型浮点数
REAL	4	$-3.40E+38 \sim -1.18E-38$、0 和 $1.18E-38 \sim 3.40E+38$	SQL-92 标准已被 float 替换

（3）货币数据类型

货币数据类型用于存储精确到 4 位小数位的货币值。表 5-4 列出了 SQL Server 2008 支持的货币数据类型。

表 5-4　SQL Server 2008 支持的货币数据类型

数 据 类 型	存储长度/B	取 值 范 围	说 明
MONEY	8	−922,337,203,685,477.5808～ 922,337,203,685,477.5807	存储大型货币值
SMALLMONEY	4	−214,748.3648～214,748.3647	存储小型货币值

（4）日期和时间数据类型

日期和时间数据类型用于存储日期和时间。表 5-5 列出了 SQL Server 2008 支持的日期和时间数据类型。

表 5-5　SQL Server 2008 支持的日期和时间数据类型

数 据 类 型	存储长度/B	取 值 范 围	精 度
DATE	3	0001-01-01～9999-12-31	1day
TIME	3～5	00:00:00.0000000 到 23:59:59.9999999	100ns
SMALLDATETIME	4	1900-01-01～2079-06-06	1min
DATETIME	8	1753-01-01～9999-12-31	0.00333s
DATETIME2	6～8	0001-01-01 00:00:00.0000000～9999-12-31 23:59:59.9999999	100ns
DATETIMEOFFSET	8～10	0001-01-01　00:00:00.0000000～9999-12-31　23:59:59.9999999 （以 UTC（世界协调时间）时间表示）	100ns

（5）字符数据类型

字符数据类型用于字符数据，每种字符占用 1B 或 2B，具体取决于该数据类型的编码方式。编码有 ANSI 和 Unicode 两种。其中 ANSI 编码使用一个字节来表示字符，Unicode 标准使用 2B 来表示字符。表 5-6 列出了 SQL Server 2008 支持的字符数据类型。使用 Unicode 标准的好处是因其使用 2B 做存储单位，其一个存储单位的容纳量就大大增加了，可以将全世界的语言文字都囊括在内，在一个数据列中就可以同时出现中文、英文、法文、德文等，而不会出现编码冲突。

表 5-6　SQL Server 2008 支持的字符数据类型

数 据 类 型	存储长度/B	取 值 范 围	说 明
CHAR(n)	1～8000	最多 8000 个字符	固定长度为 ANSI 数据类型
NCHAR(n)	2～8000	最多 4000 个字符	固定长度为 Unicode 数据类型
VARCHAR(n)	1～8000	最多 8000 个字符	可变长度为 ANSI 数据类型
VARCHAR(max)	最大 $2×2^{20}$	最多 1 073 741 824 个字符	可变长度为 ANSI 数据类型
NVARCHAR(n)	2～8000	最多 4000 个字符	可变长度为 Unicode 数据类型
NVARCHAR(max)	最大 $2×2^{20}$	最多 536 870 912 个字符	可变长度为 Unicode 数据类型
TEXT	最大 $2×2^{20}$	最多 1 073 741 824 个字符	可变长度为 ANSI 数据类型
NTEXT	最大 $2×2^{20}$	最多 536 870 912 个字符	可变长度为 Unicode 数据类型

说明： 可变长度数据类型具有变动长度的特性，因为 VARCHAR 数据类型的存储长度为实际数值长度，若输入数据的字符数小于 n，则系统不会在其后添加空格来填满设定好的空间。反之，固定长度的类型如果输入字符长度比定义长度小，则会在其后添加空格来填满长度。

（6）二进制数据类型

二进制数据类型存储的是由 0、1 组成的文件。表 5-7 列出了 SQL Server 2008 支持的二进制数据类型。

表 5-7　SQL Server 2008 支持的二进制数据类型

数　据　类　型	存储长度/B	说　　明
BINARY(n)	1～8000	存储固定大小的二进制数据
VARBINARY(n)	1～8000	存储可变大小的二进制数据
VARBINARY(max)	最大 $2×2^{20}$	存储可变大小的二进制数据
IMAGE	最大 $2×2^{20}$	存储可变大小的二进制数据

说明： 在 Microsoft SQL Server 的未来版本中将删除 ntext、text 和 image 数据类型。尽量避免在新开发工作中使用这些数据类型，并考虑修改当前使用这些数据类型的应用程序。请改用 nvarchar(max)、varchar(max) 和 varbinary(max)。

（7）特定数据类型

除了上述的数据类型外，SQL Server 2008 还提供了集中特殊的数据类型。表 5-8 描述了几种特殊的数据类型。

表 5-8　特殊的数据类型

数　据　类　型	说　　明
TABLE	用于存储结果集，以进行后续处理。table 主要用于临时存储一组作为表值函数的结果集返回的行。table 变量可用于函数、存储过程和批处理
ROWVERSION	这是公开数据库中自动生成的唯一二进制数字的数据类型。rowversion 通常用做给表行加版本戳的机制。存储大小为 8B。rowversion 数据类型只是递增的数字，不保留日期或时间。若要记录日期或时间，请使用 datetime2 数据类型
TIMESTAMP	timestamp 的数据类型为 rowversion 数据类型的同义词，不推荐使用 timestamp 语法
UNIQUEIDENTIFIER	这是一个 16B 的 GUID（全球唯一标识符），用来全局标示数据库、实例和服务器中的一行
CURSOR	这是变量或存储过程 OUTPUT 参数的一种数据类型，这些参数包含对游标的引用
SQL_VARIANT	用于存储 SQL Server 支持的各种数据类型（不包括 text、ntext、image、timestamp 和 sql_variant）的值
XML	存储 XML 数据的数据类型，可以在列中或者 xml 类型的变量中存储 xml 实例

说明： 后续版本的 Microsoft SQL Server 将删除该功能。尽量避免在新的开发工作中使用该功能，并着手修改当前还在使用该功能的应用程序。

2. SQL Server 2008 用户自定义数据类型

除了系统提供的数据类型外，用户还可以根据需要在系统数据类型的基础上定制数据类型。当定义数据类型时，需要指定该数据类型的名称、基数据类型和是否为空。自定义数据类型可以保证数据的完整性，使开发团队保证数据的一致性。例如，可以定义 18 位的身份证号码是一个自定义数据类型，定义好后，其他人直接选用即可。

（1）用 T-SQL 语句创建用户自定义数据类型

使用 CREATE TYPE 语句创建用户自定义数据类型的语法格式如下：

```
CREATE TYPE type_name
{
    FROM base_type
    [ ( precision [ , scale ] ) ]
    [ NULL | NOT NULL ]
} [ ; ]
```

各参数说明如下。

type_name：指定用户定义的数据类型的名称。

base_type：指定相应的系统提供的数据类型的名称及定义。不能使用 TIMESTAMP 等特殊数据类型。

precision：指定用户自定义的数据类型的精度。

scale：对于 decimal 或 numeric，其值为非负整数，指示十进制数字的小数点右边最多可保留多少位，它必须小于或等于精度值。

NULL | NOT NULL：指定此类型是否可容纳空值。如果未指定，则默认值为 NULL。用户自定义的数据类型的名称在数据库中应是唯一的，但不同名称的用户自定义数据类型可以有相同的类型定义。在使用 CREATE TABLE 命令时，用户自定义数据类型的 NULL 属性可以被改变，但其长度定义不能更改。

【例 5-1】 定义身份证号码数据类型。

```
CREATE TYPE [dbo].[cIDCard] FROM [char](18) NOT NULL
```

（2）用对象资源管理器创建用户自定义数据类型

用对象资源管理器创建用户自定义数据类型的方法是：在对象资源管理器中选择要创建用户自定义类型的数据库，在展开的"可编程性"→"类型"→"用户定义数据类型"上单击鼠标右键，选择"新建用户定义数据类型"选项（见图 5-1），就会弹出如图 5-2 所示

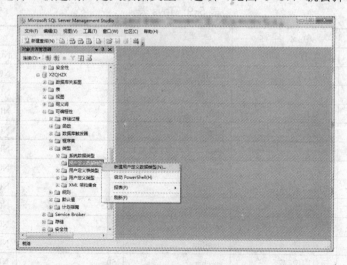

图 5-1　新建用户定义数据类型

的"新建用户定义数据类型"对话框。可以在其中设置要定义的数据类型的名称、继承的系统数据类型、是否允许 NULL 值等属性。单击"确定"按钮，用户自定义数据类型对象便添加到数据库中。

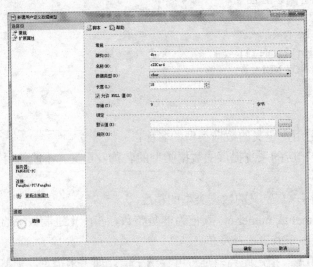

图 5-2 "新建用户定义数据类型"对话框

5.2 数据表的创建和管理

在使用数据库的过程中，接触最多的就是数据库中的表。表是数据存储的地方，是数据库中最重要的部分。管理好表，也就管理好了数据库。本节将介绍如何创建和管理数据库中的表。

首先在前面创建的 ToyUniverse 数据库中创建 Toys（玩具）表（见表 5-9）、OrderDetail（订单细节）表（见表 5-10）、Orders（订单）表（见表 5-11）和 ToyBrand（玩具商标）表（见表 5-12）。

表 5-9 Toys 表

列（属性）名	中文名称	类型	宽度	是否允许为空
cToyId（PK）	玩具 ID	char	6	NOT NULL
vToyName	玩具名称	varchar	20	NOT NULL
vToyDescription	玩具描述	varchar	250	NULL
cCategoryId	种类 ID	char	3	NULL
mToyRate	玩具价格	money		NOT NULL
cBrandId（FK）	商标 ID	char	3	NULL
imPhoto	照片	image		NULL
siToyQoh	数量	smallint		NOT NULL
siLowerAge	最低年龄	smallint		NOT NULL
siUpperAge	最大年龄	smallint		NOT NULL
siToyWeight	玩具重量	smallint		NULL
vToyImgPath	玩具图像路径	varchar	50	NULL

表 5-10　OrderDetail 表

列（属性）名	中文名称	类型	宽度	是否允许为空
cOrderNo（PK）	订单编号	char	6	NOT NULL
cToyId（PK）	玩具 ID	char	6	NOT NULL
siQty	数量	smallint		NOT NULL
cGiftWrap	礼品包装	char	1	NULL
cWrapperId	包装 ID	char	3	NULL
vMessage	信息	varchar	256	NULL
mToyCost	玩具价值	money		NULL

表 5-11　Orders 表

列（属性）名	中文名称	类型	宽度	是否允许为空
cOrderNo（PK）	订单编号	char	6	NOT NULL
dOrderDate	订单日期	datetime		NOT NULL
cCartId（FK）	购物车 ID	char	6	NOT NULL
cShopperId（FK）	购物者 ID	char	6	NOT NULL
cShippingModeId	运货方式 ID	char	2	NULL
mShippingCharges	运货费用	money		NULL
mGiftWrapCharges	礼品包装费用	money		NULL
COrderProcessed	订单处理	char	1	NULL
mTotalCost	总价	money		NULL
dExpDelDate	运到日期	datetime		NULL

表 5-12　ToyBrand 表

列（属性）名	中文名称	类型	宽度	是否允许为空
cBrandId（PK）	商标 ID	char	3	NOT NULL
cBrandName	商标名称	char	20	NOT NULL

5.2.1　列的属性

表的列名在同一个表中具有唯一性，同一列的数据属于同一种数据类型。除了用列名和数据类型来指定列的属性外，还可以定义其他属性，如 NULL 或 NOT NULL 属性和 IDENTITY 属性。

1. NULL 或 NOT NULL

如果表的某一列被指定具有 NULL 属性，那么就允许在插入数据时省略该列的值。反之，如果表的某一列被指定具有 NOT NULL 属性，那么就不允许在没有指定列默认值的情况下插入省略该列值的数据行。在 SQL Server 中，列的默认属性是 NOT NULL。

2. IDENTITY

IDENTITY 属性可以使表的列包含系统自动生成的数字。这种数字在表中可以唯一标示表的每一行，即表中的每一行数据在指定为 IDENTITY 属性的列上的数字均不相同。指定了

IDENTITY 属性的列称为 IDENTITY 列。当用 IDENTITY 属性定义一个列时，可以指定一个初始值和一个增量。插入数据到含有 IDENTITY 列的表中时，初始值在插入第一行数据时使用，以后就由 SQL Server 根据上一次使用的 IDENTITY 值加上增量得到新的 IDENTITY 值。如果不指定初始值和增量值，则其默认值均为 1。

IDENTITY 属性适用于 INT、SMALLINT、TINYINT、DECIMAL（P,0）、NUMERIC（P,0）数据类型的列。

注意：一个列不能同时具有 NULL 属性和 IDENTITY 属性，只能二者选其一。

5.2.2 创建表

1. 使用 T-SQL 语句创建表

下面来看两个例子。

【例 5-2】 创建如表 5-12 所示的玩具商标表。

```
CREATE TABLE ToyBrand (
    cBrandId        char(3)     NOT NULL ,
    cBrandName      char(20)    NOT NULL,
    PRIMARY KEY(cBrandId)                            --创建主键
)
```

【例 5-3】 创建如表 5-9 所示的玩具表。

```
CREATE TABLE Toys (
    cToyId              char (6)        PRIMARY KEY,                --定义主键
    vToyName            varchar (20)    NOT NULL ,
    vToyDescription     varchar (250)   NULL ,
    cCategoryId         char (3)        NULL ,
    mToyRate            money           NOT NULL ,
    cBrandId            char (3)        REFERENCES ToyBrand(cBrandId)   , --定义外键
    imPhoto             image           NULL ,
    siToyQoh            smallint        NOT NULL ,
    siLowerAge          smallint        NOT NULL ,
    siUpperAge          smallint        NOT NULL ,
    siToyWeight         smallint        NULL ,
    vToyImgPath         varchar (50)    NULL
)
```

有关表 5-10、表 5-11，请读者自行创建。

创建表 SQL 的语法格式为

```
CREATE TABLE [database_name.[owner].| owner.] table_name
    ( {<column_definition> | column_name AS computed_column_expression |
    <table_constraint>} [,...n] )
    [ON {filegroup | DEFAULT} ]
    [TEXTIMAGE_ON {filegroup | DEFAULT} ]
```

```
<column_definition> ::= { column_name data_type }
        [ [ DEFAULT constant_expression ]
        | [ IDENTITY [(seed, increment ) [NOT FOR REPLICATION] ] ] ]
        [ ROWGUIDCOL ]
        [ COLLATE < collation_name > ]
        [ <column_constraint>] [ ...n]
```

各参数说明如下。

database_name：指定新建的表属于哪个数据库。如果不指定数据库名，就会将所创建的表存放在当前数据库中。

owner：指定数据库所有者的用户名。

table_name：指定新建的表的名称，最长不超过 128 个字符。

对数据库来说，database_name.owner_name.object_name 应该是唯一的。

column_name：指定新建表的名称，最长不超过 128 个字符。

computed_column_expression：指定计算列（Computed Column）的列值的表达式。表达式可以是列名、常量、变量、函数等或它们的组合。所谓计算列，是一个虚拟的列，它的值并不实际存储在表中，而是通过对同一个表中其他列进行某种计算而得到的结果。

ON {filegroup | DEFAULT}：指定存储表的文件组名。如果使用了 DEFAULT 选项或省略了 ON 子句，则新建的表会存储在默认文件组中。

TEXTIMAGE_ON：指定 TEXT、NTEXT 和 IMAGE 列的数据存储的文件组。如果无此子句，这些类型的数据就和表一起存储在相同的文件组中。

data_type：指定列的数据类型。

DEFAULT：指定列的默认值。当输入数据时，如果用户没有指定列值，系统就会用设定的默认值作为列值。如果该列没有指定默认值但允许 NULL 值，则 NULL 值就会作为默认值。其中默认值可以为常数、NULL 值、SQL Server 内部函数（如 GETDATE()函数）和 NILADIC 函数等。

constant_expression：列默认值的常量表达式，可以为一个常量或系统函数或 NULL。

IDENTITY：指定列为 IDENTITY 列。一个表中只能有一个 IDENTITY 列。

seed：指定 IDENTITY 列的初始值。

increment：指定 IDENTITY 列的增量。

NOT FOR REPLICATION：指定列的 IDENTITY 属性，在把从其他表中复制的数据插入到表中时不发生作用，使得复制的数据行保持原来的列值。

ROWGUIDCOL：指定列为全球唯一鉴别行号列（ROWGUIDCOL 是 Row Global Unique Identifier Column 的缩写）。此列的数据类型必须为 UNIQUEIDENTIFIER 类型。一个表中数据类型为 UNIQUEIDENTIFIER 的列中只能有一个列被定义为 ROWGUIDCOL 列。ROWGUIDCOL 属性不会使列值具有唯一性，也不会自动生成一个新的数值给插入的行，需要在 INSERT 语句中使用 NEWID()函数或指定列的默认值为 NEWID()函数。

COLLATE：指明表使用的校验方式。

column_constraint 和 table_constraint：指定列约束和表约束，下一节将介绍其具体定义。

其余参数将在后面的章节中逐步讲述。

注意： 一个表至少有一列，但最多不超过 1024 列。每个数据库中最多可以创建 200 万个表。表在存储时使用的计量单位是盘区（Extent）。一个盘区分为 8 个数据页，每页为 8KB。在创建新表时，会分配给它一个初始值为一个盘区的存储空间。当增加表的存储空间时，以盘区为单位增加。

2．使用表设计器创建表

在对象资源管理器中使用表设计器的步骤如下：

如果 SQL Server 还没有启动，应先启动 SQL Server，打开 SQL Server Management Studio，依次展开，选择要创建表的数据库，在"表"上单击鼠标右键，在右键快捷菜单中选择"新建表"命令，右边窗口打开如图 5-3 所示的表设计器。

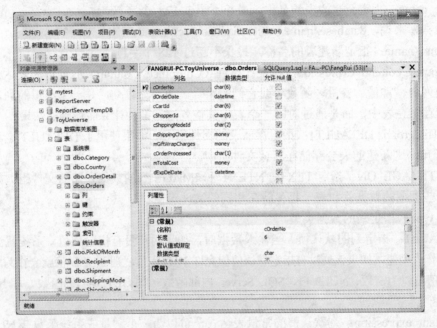

图 5-3　表设计器

在表设计器中输入或选取表的列名、数据类型、精度、默认值等属性。建议列名要取得有意义，尽量不要用中文，在列名的开头带上数据类型代码，紧接着的第一个字母大写，以便识别，如 cToy。常用的数据类型代码见表 5-13。

表 5-13　常用的数据类型代码

数 据 类 型	代　　码	范　　围	用 于 存 储
int	i	$-2^{31}\sim2^{31}$	整型数据（所有的数）
float	f	$-1.79E+308\sim1.79E+308$	浮点精度数
money	m	$-2^{63}\sim2^{63}-1$	货币数据
datetime	d	January 1,1753 到 December 31, 9999	日期和时间数据
char(n)	c	n 个字符，n 可以为 1～8000	字符型数据
varchar(n)	v	n 个字符，n 可以为 1～8000	字符型数据
smallint	si	$-2^{15}\sim2^{15}-1$	整型数据

数 据 类 型	代　码	范　　围	用 于 存 储
text	t	最大长度为 2^31 − 1 个字符	字符型数据
tinyint	ti	0～255	整型数据
bit	bt	0 或 1	整型数据 0 或 1
image	im	最大长度为 2^31 − 1B	用可变长度的二进制数据来存储图像

在数据类型中选择字段的数据类型。可以选择系统提供的数据类型，也可以使用用户定义的数据类型，如果此数据库中有用户定义的数据类型，则这些类型会自动列在下拉列表中，指定字段的长度或精度。对于 char、varchar、nchar、nvarchar、binary 和 varbinary 等数据类型，要在"长度"列中输入一个数字，用以指定字段的长度。对于 decimal 和 numeric 类型，还应在窗口下边的"精度"部分输入 p（数字位数）的值，在"小数位数"部分输入 q 的值（小数位数）。

指定字段是否允许为空。如果不允许空值，则把"允许空"列中的复选框清除掉，这相当于不允许为空（NOT NULL 约束）。

设置字段的自动编号属性。对于数据类型为整型类型的字段，可以设置自动编号属性，即此列的值让系统自动生成，而不需要用户输入。具有自动编号属性的列可用于作为无主键属性的表的主键。

设置自动编号属性的方法是：单击窗口下边的"标识规范"，然后单击右边出现的下三角按钮，在下拉框中选择"是"（启动自动编号属性）。启动自动编号属性后，字段的"允许空"复选框自动被清除掉。然后在"标识种子"框中输入自动编号的初始值，在"标识递增量"中输入自动编号的增量值。

对于具有自动编号属性的字段，在输入数据时不必为其提供任何值，每当在表中插入记录时，系统会自动为其产生一个值。例如，如果设置一个具有自动编号属性的列并且指定其标识种子值为 100，标识递增量为 5，则插入第 1 条记录时，此字段的值为 100；插入第 2 条记录时，此字段的值为 105；插入第 3 条记录时，此字段的值为 110，依此类推。

定义表的主键。选中要定义主键的列，然后单击"设置主键"（钥匙形状）按钮。设置好主键后，会在列名的左边出现一把钥匙，标识主键已创建成功。注意，如果是定义由多列组成的复合主键，则必须同时选中这些列（通过在选列的过程中按住〈Ctrl〉键实现），然后再单击"设置主键"按钮。

把所有的列设置好后，单击"保存"按钮，在弹出的对话框中输入表的名字，表即创建完成。

3. 创建临时表

可以用 CREATE TABLE 命令创建局部作用的或全局作用的临时表。其语法与创建一般表基本相同，只是在局部临时表的表名前要使用符号"#"，在全局临时表的表名前要使用符号"##"，以便与一般的表相区别。由于 SQL Server 将临时表的表名存储到 Tempdb 数据库中 sysobjects 表中时，会自动在其后面添加一个系统产生的 12 位的数字后缀。因此，临时表的表名最长只能指定 116 个字符，以不超过 128 个字符的命名限制。

【例 5-4】 创建一个局部临时表 test123。

```
CREATE TABLE #test123 (
```

```
test_id SMALLINT ,
test_name CHAR(10) ,
)
```

提示：当用户断开连接时没有除去临时表，SQL Server 将自动除去临时表。在 SQL Server 2000 中，临时表的许多传统用途可由具有 table 数据类型的变量替换。

5.2.3 管理表

当表创建好后，可能需要对表的列、约束等属性进行添加、删除或修改，这就需要修改表结构。

1. 用 ALTER TABLE 命令修改表结构

通过更改、添加、除去列和约束，或者通过启用或禁用约束和触发器来更改表的定义。

【例 5-5】 更改表，以添加新列。添加一个允许空值的列，而且没有通过 DEFAULT 定义提供值。各行的新列中的值将为 NULL。

```
CREATE TABLE test_exa ( column_a   INT)                  --创建一个只有一列的新表
GO
ALTER TABLE test_exa   ADD   column_b VARCHAR(20) NULL   --为新表添加一列
GO
EXEC sp_help test_exa                                    --查看 test_exa 表的结构
GO
DROP TABLE test_exa                                      --删除 test_exa 表
GO
```

【例 5-6】 更改表，以除去列。修改表，以删除一列。

```
CREATE TABLE test_exb ( column_a  INT, column_b  VARCHAR(20) NULL)
GO
ALTER TABLE test_exb DROP COLUMN column_b               --删除列 column_b
GO
EXEC sp_help test_exb
GO
DROP TABLE test_exb
GO
```

提示：sp_help 是报告有关数据库对象、用户定义数据类型的信息。

用 ALTER TABLE 命令修改表结构的基本语法如下：

```
ALTER TABLE table          { [ALTER COLUMN column_name
                          { new_data_type [ (precision[, scale] ) ]
                          [ COLLATE < collation_name > ] [ NULL | NOT NULL ]
                          | {ADD | DROP} ROWGUIDCOL } ]
                          | ADD
                          { [ <column_definition> ]
                          | column_name AS computed_column_expression}[,...n]
```

```
| [WITH CHECK | WITH NOCHECK] ADD
{ <table_constraint> }[,...n]
| DROP
{ [CONSTRAINT] constraint_name | COLUMN column_name
}[,...n]
| {CHECK | NOCHECK} CONSTRAINT
{ALL | constraint_name[,...n]}
| {ENABLE | DISABLE} TRIGGER
{ALL | trigger_name[,...n]} }
```

各参数说明如下：

table：指定要修改的表的名称。如果表不在当前数据库中或表不属于当前的用户，就必须指明其所属的数据库名称和所有者名称。

ALTER COLUMN：指定要更改的列。要更改的列不能是：

● 数据类型为 text、image、ntext 或 timestamp 的列。

● 表的 ROWGUIDCOL 列。

● 计算列或用于计算列中的列。

● 被复制列。

● 用在索引中的列，除非该列数据类型是 varchar、nvarchar 或 varbinary，数据类型没有更改，而且新列大小等于或者大于旧列大小。

● 用在由 CREATE STATISTICS 语句创建的统计中的列。首先用 DROP STATISTICS 语句删除统计。由查询优化器自动生成的统计会由 ALTER COLUMN 自动除去。

● 用在 PRIMARY KEY 或[FOREIGN KEY] REFERENCES 约束中的列。

● 用在 CHECK 或 UNIQUE 约束中的列，除非用在 CHECK 或 UNIQUE 约束中的可变长度列的长度允许更改。

● 有相关联的默认值的列，除非在不更改数据类型的情况下允许更改列的长度、精度或小数位数。

new_data_type：指定新的数据类型名称，其使用标准如下。

● 列的原数据类型可以转换为新的数据类型。

● 新的数据类型不能为 TIMESTAMP。

● 新的数据类型允许列为 NULL 值。

● 如果原来的列是 IDENTITY 列，则新的数据类型应支持 IDENTITY 特性。

● 当前的 SET ARITHABORT 设置，将被视为处于 ON 状态。

precision：指定新数据类型的位数。

scale：指定新数据类型的小数位数。

NULL | NOT NULL：指明列是否允许 NULL 值。如果添加列到表中时，指定它为 NOT NULL，则必须指定此列的默认值。选择此项后，new_data_type [(precision [, scale])]选项就必须指定，即使 precision 和 scale 选项均不变，当前的数据类型也需要指出来。

WITH CHECK | WITH NOCHECK：指定已经存在于表中的数据是否需要使用新添加的或刚启用的 FOREIGN KEY 约束或 CHECK 约束来验证。如果不指定，WITH CHECK 作为新添加约束的默认选项，WITH NOCHECK 作为启用旧约束的默认选项。

{ADD | DROP} ROWGUIDCOL：添加或删除列的 ROWGUIDCOL 属性。ROWGUIDCOL 属性只能指定给一个 UNIQUEIDENTIFIER 列。

ADD：添加一个或多个列、计算列或表约束的定义。

computed_column_expression：计算列的计算表达式。

DROP { [CONSTRAINT] constraint_name | COLUMN column_name }：指定要删除的约束或列的名称。处于下列情况的列不能删除：

- 用于复制的列。
- 用于索引的列。
- 用于 CHECK FOREIGN KEY UNIQUE 或 PRIMARY KEY 约束的列。
- 定义了默认约束或绑定了一个默认值对象的列。
- 绑定了规则（Rule）的列。

{ CHECK | NOCHECK} CONSTRAINT：启用或禁用 FOREIGN KEY 或 CHECK 约束。

ALL：使用 NOCHECK 选项禁用所有的约束，或使用 CHECK 选项启用所有的约束。

{ENABLE | DISABLE} TRIGGER：启用或禁用触发器。

ALL：启用或禁用选项针对所有的触发器。

trigger_name：指定触发器名称。

其他参数与创建表和约束中所讲的相同。

2．利用表设计器修改表

在对象资源管理器中选择要进行改动的表，单击鼠标右键，从快捷菜单中选择"设计"选项，则会出现如图 5-3 所示的修改表结构对话框。

可以在图 5-3 所示的对话框中修改列的数据类型、名称等属性或添加、删除列，也可以指定表的主关键字约束。具体步骤和设计表时的步骤差不多。

单击表设计器工具栏中的"管理索引和键"图标，出现如图 5-4 所示的"索引/键"对话框。可以在其中编辑设置各种索引和键值的属性。

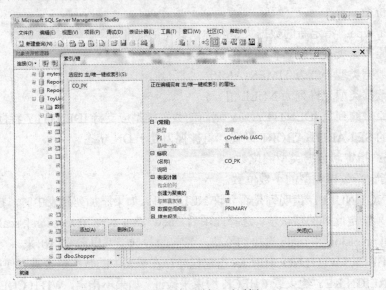

图 5-4 "索引/键"对话框

3. 用存储过程 sp_rename 修改表名和列名

sp_rename 存储过程可以修改当前数据库中用户对象的名称，如表、列、索引和存储过程等。其语法如下：

```
sp_rename
    [@objname =] 'object_name',
    [@newname =] 'new_name'
    [, [@objtype =] 'object_type']
```

其中，[@objtype =] 'object_type'是要改名的对象的类型，其值可以为 'COLUMN'、'DATABASE'、'INDEX'、'USERDATATYPE'、'OBJECT'。值 'OBJECT' 指代了系统表 sysobjects 中的所有对象，如表、视图、存储过程、触发器、规则和约束等。'OBJECT' 值为默认值。

【例 5-7】 更改 orders 表的名称为 p_orders。

```
exec sp_rename 'orders', 'p_orders'
```

【例 5-8】 更改 orders 表的列 cOrderNo 的名称为 product_id。

```
exec sp_rename 'orders.[ cOrderNo]', 'product_id', 'column'
```

4. 删除表

（1）用 DROP TABLE 命令删除表

DROP TABLE 命令可以删除一个表和表中的数据及其与表有关的所有索引、触发器、约束、许可对象（与表相关的视图和存储过程需要用 DROP VIEW 和 DROP PROCEDURE 命令来删除）。

DROP TABLE 命令的语法如下：

```
DROP TABLE table_name
```

如果要删除的表不在当前数据库中，则应在 table_name 中指明其所属数据库和用户名。在删除一个表之前要先删除与此表相关联的表中的外关键字约束。当删除表后，绑定的规则或默认值会自动松绑。

注意：不能删除系统表。

（2）用对象资源管理器删除表

在对象资源管理器中用右键单击要删除的表，从快捷菜单中选择"删除"选项，则会出现删除对象对话框，单击"确定"按钮，即可删除表。单击"显示依赖关系"按钮，即会出现显示相关性的对话框。它列出了表所依靠的对象和依赖于表的对象。当有对象依赖于表时，就不能删除表。

5.3 数据完整性和约束

数据库中的数据是从外界输入的，而数据的输入由于种种原因，会发生输入无效或错误信息。保证输入的数据符合规定，成为了数据库系统，尤其是多用户的关系数据库系统首要关注的问题。数据完整性因此而提出。本节将讲述数据完整性的概念，以及其在 SQL Server 中的实现方法。

数据完整性是指数据的精确性和可靠性，它是应防止数据库中存在不符合语义规定的数据和防止因错误信息的输入/输出造成无效操作或错误信息而提出的。数据完整性分为 4 类：实体完整性、域完整性、引用完整性和用户定义的完整性。

SQL Server 提供了一些工具来帮助用户实现数据完整性，最主要的是约束（Constraint）和触发器（Trigger）。其中，触发器将在后面章节中介绍。

5.3.1 数据完整性

数据完整性是指数据库中存储的数据是有意义的或正确的。关系模型中的数据完整性规则是对关系的某种约束条件。它的数据完整性约束主要包括 4 大类：实体完整性、引用完整性、域完整性和用户自定义完整性。

1. 实体完整性

实体完整性指的是关系数据库中所有的表都必须有主键，而且表中不允许存在如下记录。

1）无主键值的记录。

2）主键值相同的记录。

因为若记录设有主键值，则此记录在表中一定是无意义的。前边说过，关系模型中的每一行记录都对应客观存在的一个实例。关系模型中使用主键作为记录的唯一标识，主键所包含的属性称为关系的主属性，其他的非主键属性称为非主属性。在关系数据库中，主属性不能取空值。关系数据库中的空值是特殊的标量常数，它既不是"0"，也不是没有值，它代表未定义的或者有意义但目前还处于未知状态的值。数据库中的空值用"NULL"表示。在 SQL Server 中，可以通过建立 PRIMARY KEY 约束、UNIQUE 约束、唯一索引和列的 IDENTITY 属性等措施来实施实体完整性。

2. 引用完整性

引用完整性有时也称为参照完整性。现实世界中的实体之间往往存在着某种关系在关系模型中，实体以及实体之间的关系在关系数据库中都用关系来表示，这样就自然存在着关系（实体）与关系（实体）之间的引用关系。引用完整性用来描述实体之间的关系。这种限制一个表中某列的取值受另一个表的某列的取值范围约束的特点就称为引用完整性。在关系数据库中通常用外键（Foreign Key，有时也称外部关键字）来实现引用完整性。

3. 域完整性

域完整性或语义完整性，确保了只有在某一合法范围内的值才能存储到一列中。可以通过限制数据类型、值的范围和数据格式来实施域完整性。在 SQL Server 中可以通过默认值、FOREIGN KEY、CHECK 等约束来实施域完整性。

4. 用户自定义完整性

任何关系数据库系统都应该支持实体完整性、引用完整性和域完整性。除此之外，不同的数据库应用系统根据其应用环境的不同，往往还需要一些特殊的约束条件，用户自定义完整性就是针对某一具体应用领域定义的数据约束条件，它反映了某一具体应用所涉及的数据必须要满足应用语义的要求。

5.3.2 约束

约束（Constraint）是 Microsoft SQL Server 提供的自动保持数据库完整性的一种方法，定义了可输入表或表的单个列中的数据的限制条件。在 SQL Server 中有 5 种约束：主关键字约束（Primary Key Constraint）、外关键字约束（Foreign Key Constraint）、唯一性约束（Unique Constraint）、检查约束（Check Constraint）和默认约束（Default Constraint）。

1. 主关键字约束

主关键字约束（主键约束）指定表的一列或几列的组合的值在表中具有唯一性，即能唯一地指定一行记录。每个表中只能有一列被指定为主关键字，且 IMAGE 和 TEXT 类型的字段都不能被指定为主关键字，也不允许指定主关键字列有 NULL 属性。

主键约束用于确保实体完整性。

可以在创建表的时候定义主键约束，也可以在以后改变表的时候添加。当定义主键约束时，需要指定约束名。如果未指定，SQL Server 会自动为该约束分配一个名字。

如果将主键约束定义在一个已经包含数据的列上，那么，该列中已经存在的数据将被检查。如果发现了任何重复的值，那么，主键约束将被拒绝。

语法如下：

```
CONSTRAINT constraint_name
PRIMARY KEY [CLUSTERED | NONCLUSTERED]
(column_name1[, column_name2,…,column_name16])
```

各参数说明如下：

constraint_name：指定约束名。约束名在数据库中应是唯一的。如果不指定，则系统会自动生成一个约束名。

CLUSTERED | NONCLUSTERED：指定索引类别，CLUSTERED 为默认值。其具体信息请参见索引的相关内容。

column_name：指定组成主关键字的列名。主关键字最多由 16 个列组成。

【例 5-9】 创建订单（Orders）表，订单编号（cOrderNo）为主键。

```
CREATE TABLE Orders
(
    cOrderNo CHAR(6) CONSTRAINT pkOrderNo PRIMARY   KEY CLUSTERED,
    …
)
```

上述命令创建了表 Orders，其中 cOrderNo 是主关键字。约束名是 pkOrderNo。

也可以在表创建完毕之后创建主关键字，命令如下：

```
ALTER TABLE Orders
ADD CONSTRAINT pkOrderNo PRIMARY KEY CLUSTERED   (cOrderNo)
```

上述语句在表 Orders 的列 cOrderNo 上创建了 PRIMARY KEY 约束 pkOrderNo。

【例 5-10】 创建订单细节（OrderDetail）表，订单编号（cOrderNo）和玩具 ID（cToyId）

为组合主键。

```
CREATE TABLE OrderDetail
(
        cOrderNo CHAR(6) NOT NULL,
        …
        CONSTRAINT pkOrderDetail PRIMARY KEY (cOrderNo, cToyId)
)
```

如果要在图形下创建主键，则在表设计器中创建，具体参考 5.2.2 节中的使用表设计器创建表，如图 5-3 所示。

2. 外关键字约束

外关键字约束（外键约束）定义了表之间的关系。当一个表中的数据依赖于另一个表中的数据时，可以使用外键约束避免两个表之间的不一致性。当一个表中的一个列或多个列的组合和其他表中的主关键字定义相同时，就可以将这些列或列的组合定义为外关键字，并设定它适合与哪个表中的哪些列相关联。这样，当在定义主关键字约束的表中更新列值时，从表中与之相关联的外关键字列也将被相应地做相同的更新（前提是设置了级联更新）。外关键字约束的作用还体现在，当向含有外关键字的表插入数据时，如果与之相关联的表的列中无与插入的外关键字列值相同的值时，系统就会拒绝插入数据。

外键约束实施了引用完整性。

与主关键字相同，不能使用一个定义为 TEXT 或 IMAGE 数据类型的列创建外关键字。外关键字最多由 16 个列组成。

语法如下：

```
CONSTRAINT constraint_name
FOREIGN KEY (column_name1[, column_name2,…,column_name16])
REFERENCES ref_table [ (ref_column1[,ref_column2,…, ref_column16] )]
[ ON DELETE { CASCADE | NO ACTION } ]
[ ON UPDATE { CASCADE | NO ACTION } ] ]
[ NOT FOR REPLICATION ]
```

各参数说明如下。

REFERENCES：指定要建立关联的表的信息。

ref_table：指定要建立关联的表的名称。

ref_column：指定要建立关联的表中的相关列的名称。

ON DELETE {CASCADE | NO ACTION}：指定在删除表中数据时，对关联表所做的相关操作。在子表中有数据行与父表中的对应数据行相关联的情况下，如果指定了值 CASCADE，则在删除父表数据行时会将子表中对应的数据行删除；如果指定的是 NO ACTION，则 SQL Server 会产生一个错误，并将父表中的删除操作回滚。NO ACTION 是默认值。这就是级联删除开关。

ON UPDATE {CASCADE | NO ACTION}：指定在更新表中数据时，对关联表所做的相关操作。在子表中有数据行与父表中的对应数据行相关联的情况下，如果指定了值 CASCADE，则在更新父表数据行时会将子表中对应的数据行更新；如果指定的是 NO ACTION，则 SQL

Server 会产生一个错误，并将父表中的更新操作回滚。NO ACTION 是默认值。这就是级联更新开关。

NOT FOR REPLICATION：指定列的外关键字约束在把从其他表中复制的数据插入到表中时不发生作用。

注意：临时表不能指定外关键字约束。

【例 5-11】 创建订单细节（OrderDetail）表，订单编号（cOrderNo）和玩具 ID（cToyId）为组合主键。同时，它们又是外键，和订单表的订单编号、玩具表的玩具 ID 相关联。

```
CREATE TABLE OrderDetail
(
    cOrderNo CHAR(6) REFERENCES Orders (cOrderNo), /*省略部分关键字，行级约束*/
    cToyId    CHAR(6) NOT NULL,
    …
    CONSTRAINT pkOrderDetail PRIMARY KEY (cOrderNo, cToyId) ,
    FOREIGN KEY (cToyId)    REFERENCES      Toys (cToyId)    /*表级约束*/
)
```

如果 OrderDetail 表已经存在，且没有定义外关键字，则可以用 ALTER TABLE 命令修改表，其语法如下：

```
ALTER TABLE OrderDetail
ADD CONSTRAINT fkOrderNo FOREIGN KEY (cOrderNo) REFERENCES Orders (cOrderNo)
ALTER TABLE OrderDetail
ADD CONSTRAINT fkToyId FOREIGN KEY (cToyId ) REFERENCES Toys(cToyId )
```

上述命令修改了 OrderDetail 表，并在其上添加了外键约束。

如果要在图形下创建外键，就在表设计器中创建。具体方法是：打开表设计器，选择需要设置外键的列，单击鼠标右键，在弹出的快捷菜单中选择"关系"命令，如图 5-5 所示。

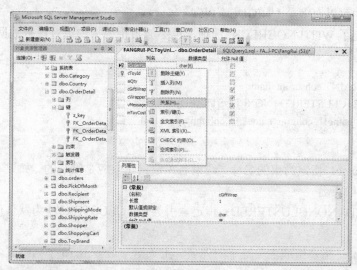

图 5-5　创建外键

之后，系统弹出"外键关系"对话框，如图 5-6 所示。在"外键关系"对话框中单击"添加"按钮，增加新的外键关系。在右边"表和列规范"的"…"按钮弹出框中选择主键表和主键，以及外键表和外键即可。

图 5-6　创建外键约束

3．唯一性约束

唯一性约束指定一个或多个列的组合的值具有唯一性，以防止在列中输入重复的值。唯一性约束指定的列可以有 NULL 属性。由于主关键字值是具有唯一性的，因此主关键字列不能再设定唯一性约束。唯一性约束最多由 16 个列组成。

创建 UNIQUE 约束的规则有

1）它可以创建在列级，也可以创建在表级。

2）它不允许一个表中有两行取相同的非空值。

3）一个表中可以有多个 UNIQUE 约束。

4）即使指定了 WITH NOCHECK 选项，也不能阻止根据约束对现有数据进行的检查。

语法如下：

    CONSTRAINT constraint_name
    UNIQUE [CLUSTERED | NONCLUSTERED]
    (column_name1[, column_name2,…,column_name16])

各参数说明如下。

constraint_name：指定约束的名称。约束名在数据库中应是唯一的。如果不指定，则系统会自动生成一个约束名。

CLUSTERED | NONCLUSTERED：指定索引类别，CLUSTERED 为默认值。其具体信息请参见索引的相关内容。

column_name：指定组成主关键字的列名。主关键字最多由 16 个列组成。

【例 5-12】　创建国家（Country）表，指定国家不能重复，ID 号为主键。

138

```
CREATE TABLE Country
(
        cCountryId CHAR(3) PRIMARY KEY, /*省略部分关键字，行级约束，没有指定约束名*/
        cCountry CHAR(25) NOT NULL UNIQUE    /*行级约束，没有指定约束名*/
)
```

也可以在表格创建完毕之后，通过改变表格来创建 UNIQUE 约束。

```
ALTER TABLE Country
ADD CONSTRIANT unqCountry UNIQUE (cCountry)    /*表级约束*/
```

上述命令修改了表 Country，并在 cCountry 上创建了 UNIQUE 约束 unqCountry。

如果要在图形下创建外键，则在表设计器中创建。具体方法是：打开表设计器，选择需要设置外键的列，单击鼠标右键，在弹出的快捷菜单中选择"索引/键"命令，如图 5-5 所示。之后，系统弹出"索引/键"对话框，如图 5-7 所示。在"索引/键"对话框中单击"添加"按钮，增加新的唯一键或索引关系。在右边"常规"的"是唯一的"下拉列表框中选"是"即可。

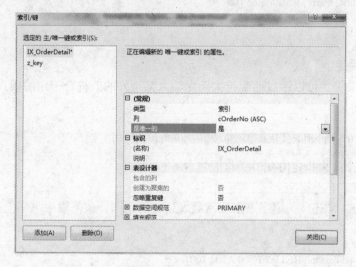

图 5-7   创建唯一性约束

4．检查约束

检查约束通过限制插入列中的值来实施域完整性。可以在一列上定义多个检查约束。它们按照定义的次序被实施。当约束被定义成表级时，单一的检查约束可以应用到多列。

语法如下：

```
CONSTRAINT constraint_name
CHECK [NOT FOR REPLICATION]
(logical_expression)
```

各参数说明如下。

constraint_name：指定约束的名称。约束名在数据库中应是唯一的。如果不指定，则系统会自动生成一个约束名。

NOT FOR REPLICATION：指定检查约束在把从其他表中复制的数据插入到表中时不发

生作用。

logical_expression：指定逻辑条件表达式对列进行检查的检查条件。它可以是任何包含下面元素的表达式：算术运算符、关系运算符，或者如 IN、LIKE 和 BETWEEN 这样的关键字。返回值为 True 或 False。

CHECK 约束可以连同下列关键字或命令一起指定。

（1）IN 关键字

使用 IN 关键字可以确保键入的值被限制在一个常数表达式列表中。

例如，下列命令在表 Shopper 的列 cCity 上创建了 CHECK 约束 chkCity，这样就能将输入限制在合法的城市中。

```
CREATE TABLE Shopper
(
…
        cCity CHAR(15) NOT NULL CONSTRAINT chkCity CHECK(cCity IN ('Boston', 'Chicago','Dallas','New York', 'Paris','Washington'))
…
)
```

（2）LIKE 关键字

使用 LIKE 关键字可以通过通配符来确保输入某一列的值符合一定的模式。

例如，

```
CHECK (cShopperId   LIKE '[0-9][0-9][0-9][0-9] [0-9][0-9]')
```

上述 CHECK 约束指定[0-9][0-9]只能包含 6 位数值。

（3）BETWEEN 关键字

可以通过 BETWEEN 关键字来指明常数表达式的范围。该范围中包括上限值和下限值。

例如，

```
CHECK (siToyQoh BETWEEN 0 AND 100)
```

上述 CHECK 约束指定了属性 siToyQoh 的值只能在 0～100 之间。

创建 CHECK 约束时应遵循的规则有

1）它可以在列级或表级创建。

2）它用来限制可以插入到该列的值。

3）它可以包含用户自定义的搜索条件。

4）它不能包含子查询。

5）如果创建时指定了 WITH NOCHECK 选项，就不检查已有数据了。

6）它可以引用同一表中的其他列。

【例 5-13】 创建购物者（Shopper）表，把购物者的城市限定在 Boston、Chicago、 Dallas、New York、Paris、Washington 这几个城市。

```
CREATE TABLE Shopper
(
```

...
　　　　cCity CHAR(15) NOT NULL CONSTRAINT chkCity CHECK(cCity IN ('Boston', 'Chicago','
Dallas','New York', 'Paris','Washington'))
　　　　...
　　　　)

如果表已经存在，且没有指定 CHECK 约束，它可以通过 ALTER TABLE 命令来指定，
其语法如下：

　　　　ALTER TABLE Shopper
　　　　ADD CONSTRAINT chkCity CHECK(cCity IN ('Boston', 'Chicago','Dallas','New York',
'Paris','Washington'))

注意： 对计算列不能做除检查约束外的任何约束。

如果要在图形下创建 CHECK 检查约束，就在表设计器中创建。具体方法是：打开表设
计器，选择需要设置检查的列，单击鼠标右键，在弹出的快捷菜单中选择"CHECK 约束"命
令，如图 5-5 所示。之后，系统弹出"CHECK 约束"对话框。在"CHECK 约束"对话框中
单击"添加"按钮，增加新的唯一键或索引关系。在右边"常规"的"表达式"后面写上表
达式即可，如图 5-8 所示。

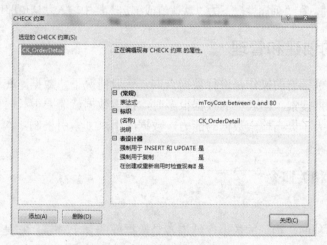

图 5-8　创建 CHECK 约束

5．默认约束

默认约束用于为某列指定一个常数值，这样用户就不需要为该列插入值了。只能在一列
上创建一个默认约束，且该列不能是 IDENTITY 列。

默认约束通过定义列的默认值或使用数据库的默认值对象绑定表的列，来指定列的默认
值。SQL Server 推荐使用默认约束，而不使用定义默认值的方式来指定列的默认值。

语法如下：

　　　　CONSTRAINT constraint_name
　　　　DEFAULT constant_expression [FOR column_name]

各参数说明如下：

constraint_name：指定约束的名称。约束名在数据库中应是唯一的。如果不指定，则系统会自动生成一个约束名。

constant_expression：指定一个表达式，该表达式只包含常数值，且可以包含 NULL。

[FOR column_name]：指定在哪个字段上创建默认值。

【例 5-14】 在 Shopper 的 cCity 属性上创建 DEFAULT 约束。如果没有指定城市，则属性 cCity 将默认包含"Chicago"。

```
CREATE TABLE Shopper
(
…
cCity char(15) DEFAULT 'Chicago',
…
)
```

如果表已经创建，但没有指定默认表，则可以用 ALTER TABLE 命令来指定默认表。语法如下：

```
ALTER TABLE Shopper
ADD CONSTRAINT defCity DEFAULT 'Chicago' FOR cCity
```

如果要在图形下创建 DEFAULT 约束，就在表设计器中创建。具体方法是：打开表设计器，选择需要设置检查的列，在"列属性"下的"默认值或绑定"栏中输入默认值即可，如图 5-3 所示。

5.4 表索引的创建和管理

用户对数据库最频繁的操作是进行数据查询。一般情况下，数据库在进行查询操作时需要对整个表进行数据搜索。当表中的数据很多时，搜索数据就需要很长时间，这就造成了服务器的资源浪费。为了提高检索数据的能力，数据库引入了索引机制。本节将介绍索引的概念及其创建与管理。

5.4.1 表索引的相关概念

1．定义

索引是一个单独的、物理的数据库结构，是数据库的一个对象，它是某个表中一列或若干列的集合，是相应的指向表中物理标示这些值的数据页的逻辑指针清单。索引是依赖于表建立的，它提供了数据库中编排表中数据的内部方法。一个表的存储由两部分组成：一部分用来存放表的数据页面；另一部分用来存放索引页面。索引就存放在索引页面上。通常，索引页面相对于数据页面来说要小得多。当进行数据检索时，系统先搜索索引页面，从中找到所需数据的指针，再直接通过指针从数据页面中读取数据。在某种程度上，可以把数据库看做一本书，把索引看做书的目录，通过目录查找书中的信息较没有目录的书方便、快捷。所以，要提高数据检索速度，可以使用索引。索引也可以用于实现行的唯一性。

索引和关键字及约束有较大的联系。关键字可以分为两类：一类是逻辑关键字；另一类是物理关键字，它用来定义索引的列，即索引。

2．索引的结构

（1）索引的 B-树结构

SQL Server 中的索引是以 B-树结构来维护的，如图 5-9 所示。B-树是一个多层次、自维护的结构。一个 B-树包括一个顶层，称为根节点（Root Node）；0 到多个中间层（Intermediate）；一个底层（Level 0），底层中包括若干叶子节点（Leaf Node）。在图 5-9 中，每个方框代表一个索引页，索引列的宽度越大，B-树的深度越深，即层次越多，读取记录所要访问的索引页就越多。也就是说，数据查询的性能将随索引列层次数目的增加而降低。图 5-9 所示索引的 B-树结构在 SQL Server 的数据库中按存储结构的不同将索引分为两类：聚集索引（Clustered Index）和非聚集索引（Nonclustered Index）。

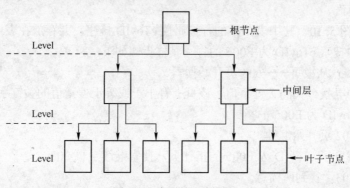

图 5-9　索引的 B-树结构

（2）聚集索引

聚集索引对表的物理数据页中的数据按列进行排序，然后再重新存储到磁盘上，即聚集索引与数据是混为一体的，它的叶子节点中存储的是实际的数据。由于聚集索引对表中的数据一一进行了排序，因此用聚集索引查找数据很快。但由于聚集索引将表中的所有数据完全重新排列了，所以它所需要的空间也就特别大，大概相当于表中数据所占空间的 120%。表的数据行只能以一种排序方式存储在磁盘上，所以一个表只能有一个聚集索引。

（3）非聚集索引

非聚集索引具有与表的数据完全分离的结构。使用非聚集索引不用将物理数据页中的数据按列排序。非聚集索引的叶子节点中存储了组成非聚集索引的关键字的值和行定位器。行定位器的结构和存储内容取决于数据的存储方式。如果数据是以聚集索引方式存储的，则行定位器中存储的是聚集索引的索引键；如果数据不是以聚集索引方式存储的，这种方式又称为堆存储方式（Heap Structure），则行定位器存储的是指向数据行的指针。非聚集索引将行定位器按关键字的值用一定的方式排序，这个顺序与表的行在数据页中的排序是不匹配的。由于非聚集索引使用索引页存储，因此它比聚集索引需要更多的存储空间且检索效率较低，但一个表只能建一个聚集索引，当用户需要建立多个索引时就需要使用非聚集索引了。从理论上讲，一个表最多可以建 249 个非聚集索引。

3．索引的工作原理

（1）聚集索引如何工作

聚集索引是把数据在物理上进行排序。因为每张表中只能创建一个聚集索引，所以要将其创建在唯一值百分比最高、且不常被修改的属性上。

在聚集索引中，数据存储在 B-树的叶子节点层。B-树的结构类似于一个文件柜。表的数据页就像在文件柜中按字母顺序存储的文件夹，数据行就像存储在文件夹中的文档。

当 SQL Server 使用聚集索引搜索某个值时，须遵循下列步骤：

1）SQL Server 从表 sysindexes 中获得根页的地址。

2）将搜索值和根页中的关键字值进行比较。

3）找到包含小于或等于搜索值的最大关键字值的那一页。

4）页指针指到索引的下一层。

5）重复步骤 3）、4），直到到达数据页。

6）在数据页上搜索数据行，直到找到搜索值为止。如果没有在数据页上找到搜索值，则查询不返回任何行。

例如，考虑图 5-10，其中表 Toy 的行按属性 cToyID 排序，并存放在表中。

在图 5-10 中搜索 cToyID 为 E006 的行，具体步骤如下：

1）SQL Server 从根页——603 页开始搜索。

2）在该页中寻找最大的关键字值，该页上有小于或等于搜索值的关键字值。也就是说，该页包含指向 cToyID 为 E005 的指针。

3）搜索从 602 页开始继续。

4）在这里找到了 cToyID 为 E005 的指针页，搜索继续至页 203。

5）搜索页 203，找到所需行。

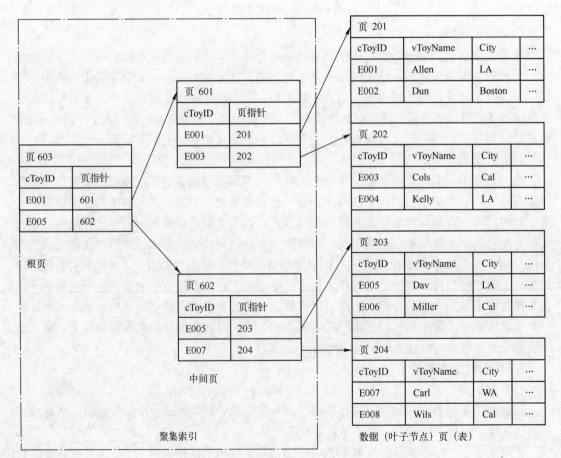

图 5-10　聚集索引的工作原理

（2）非聚集索引如何工作

非聚集索引行的物理顺序和索引顺序不同，它通常创建在用于连接、WHERE 子句和其值频繁修改的列上。当给出 CREATE INDEX 命令时，默认情况下，SQL Server 创建非聚集索引。每张表中最多可以有 249 个非聚集索引。

数据按随机顺序存放，但逻辑顺序在索引中指定。数据行可能随机分布在整个表中。非聚集索引树包含经过排序的索引关键字，索引的叶子节点层包含指向数据页和数据页中行号的指针。

当 SQL Server 使用非聚集索引搜索值时，须遵循以下步骤：

1）SQL Server 从 sysindexes 表中获取根页的地址。

2）将搜索值和根页中的关键字值比较。

3）找到小于或等于搜索值的最大关键字值所在的页。

4）页指针指到索引的下一层。

5）重复步骤 3）、4），直到到达数据页。

6）搜索叶子节点页上的行，以寻找指定值。若未找到匹配的值，则说明表中不包含匹配行。

7）若找到了匹配行，则指针指到数据页及表中的行号（Eid），从而检索到了所需的行。

例如，考虑图 5-11，其中表 Toy 的行按属性 cToyID 排序，并存放在表中。

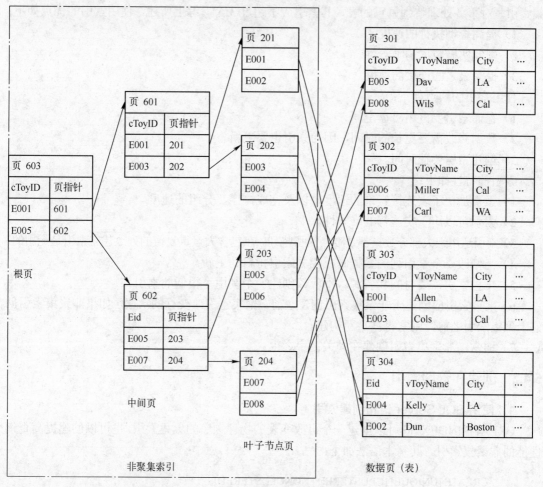

图 5-11 非聚集索引的工作原理

在图 5-11 中搜索 cToyID 为 E006 的行，具体步骤如下：

1）SQL Server 从根页——603 页开始搜索。

2）在该页中搜索最大的关键字值，该页中有小于或等于搜索值的关键字值。也就是说，该页包含指向 cToyID 为 E005 的指针。

3）搜索从 602 页开始继续。

4）在这里找到了 cToyID 为 E005 的指针页，同时，搜索继续至 203 页。

5）搜索 203 页，以寻找指向特定行的指针。203 页也是索引的最后一页，或者说是叶子节点页。

6）然后，搜索转到表的 302 页，以寻找特定行。

4．索引与系统的性能

索引可以加快数据检索的速度，但它会使数据的插入、删除和更新变慢。尤其是聚集索引，数据是按照逻辑顺序存放在一定的物理位置，当变更数据时，根据新的数据顺序，需要将许多数据进行物理位置的移动，这将增加系统的负担。对非聚集索引，数据更新时也需要更新索引页，这也需要占用系统时间。因此，在一个表中使用太多的索引，会影响数据库的性能。对于一个经常会改变的表，应该尽量限制表只使用一个聚集索引和不超过 3~4 个非聚集索引。对事务处理特别繁重的表，其索引应不超过 3 个。综上所述，使用索引的优点如下：

1）提高查询执行的速度。

2）强制实施数据的唯一性。

3）提高表之间连接的速度。

使用索引的缺点如下：

1）存储索引要占用磁盘空间。

2）数据修改需要更长的时间，因为索引也要更新。

3）创建索引要花时间。

索引的特性如下：

1）索引加快了表连接查询的速度，以及完成排序、分组的速度。

2）索引可以用于实施行的唯一性。

3）索引适用于大部分数据都是唯一的那些列。在包含大量重复值的列上建立索引是无用的。

4）当修改一个索引列的数据时，相关索引将自动更新。

5）维护索引需要时间和资源。不应该创建一个利用率很低的索引。

6）聚集索引应创建于非聚集索引创建之前。聚集索引改变行的次序，如果非聚集索引创建于聚集索引之前，则它将被重新构建。

7）通常，非聚集索引创建在外关键字之上。

5.4.2　创建和管理索引

1．使用 SQL Server 语句创建索引

CREATE INDEX 既可以创建一个可改变表的物理顺序的聚集索引，也可以创建提高查询性能的非聚集索引。其基本语法如下：

```
CREATE [UNIQUE] [CLUSTERED | NONCLUSTERED]
    INDEX index_name ON {table | view} column [ ASC | DESC ] [,...n])
```

[WITH [PAD_INDEX] [[,] FILLFACTOR = fillfactor][[,] IGNORE_DUP_KEY]
[[,] DROP_EXISTING] [[,] STATISTICS_NORECOMPUTE]
[[,] SORT_IN_TEMPDB]]

各参数说明如下。

UNIQUE：创建一个唯一索引，即索引的键值不重复。在列包含重复值时，不能建唯一索引。如要使用此选项，则应确定索引所包含的列均不允许 NULL 值，否则在使用时会经常出错。

CLUSTERED：指明创建的索引为聚集索引。如果此选项缺省，则创建的索引为非聚集索引。

NONCLUSTERED：指明创建的索引为非聚集索引。其索引数据页中包含了指向数据库中实际的表数据页的指针。

index_name：指定所创建的索引的名称。索引的名称在一个表中应是唯一的，但在同一数据库或不同数据库中可以重复。

table：指定创建索引的表的名称。必要时，还应指明数据库名称和所有者名称。

view：指定创建索引的视图的名称。视图必须是使用 SCHEMABINDING 选项定义过的，其具体信息请参见"创建视图"章节。

ASC | DESC：指定特定的索引列的排序方式。默认值是升序（ASC）。

column：指定被索引的列。如果使用两个或两个以上的列组成一个索引，则称为复合索引。一个索引中最多可以指定 16 个列，但列的数据类型的长度和不能超过 900B。

PAD_INDEX：指定填充索引的内部节点的行数，至少应大于等于两行。PAD_INDEX 选项只有在 FILLFACTOR 选项指定后才起作用。因为 PAD_INDEX 使用与 FILLFACTOR 相同的百分比。缺省时，SQL Server 确保每个索引页至少有能容纳一条最大索引行数据的空闲空间。如果 FILLFACTOR 指定的百分比不够容纳一行数据，SQL Server 会自动内部更改百分比。

FILLFACTOR = fillfactor：FILLFACTOR 称为填充因子，它指定创建索引时，每个索引页的数据占索引页大小的百分比，fillfactor 的值为 1～100。它其实同时指出了索引页保留的自由空间占索引页大小的百分比，即 100-fillfactor。对于那些频繁进行大量数据插入或删除的表，在建索引时应该为将来生成的索引数据预留较大的空间，即将 fillfactor 设得较小，否则，索引页会因数据的插入而很快填满，并产生分页，而分页会大大增加系统的开销。但如果设得过小，又会浪费大量的磁盘空间，降低查询性能。因此，对于此类表通常设一个大约为 10 的 fillfactor。而对于数据不更改的、高并发的、只读的表，fillfactor 可以设到 95 以上乃至 100。

如果没有指定此选项，SQL Server 默认其值为 0。0 是个特殊值，与其他小 FILLFACTOR 值（如 1，2）的意义不同，其叶子节点页被完全填满，而在索引页中还有一些空间。可以用存储过程 Sp_configure 来改变默认的 FILLFACTOR 值。

IGNORE_DUP_KEY：此选项控制了当往包含于一个唯一约束中的列里插入重复数据时，SQL Server 所做的反应。当选择此选项时，SQL Server 返回一个错误信息，跳过此行数据的插入，继续执行下面的插入数据的操作；当没选择此选项时，SQL Server 不仅会返回一个错误信息，还会回滚（Rolls Back）整个 INSERT 语句。

DROP_EXISTING：指定要删除并重新创建聚集索引。删除聚集索引会导致所有的非聚集索引被重建，因为需要用行指针来替换聚集索引键。如果再重建聚集索引，那么非聚集索引又会再重建一次，以便用聚集索引键来替换行指针。使用 DROP_EXISTING 选项，可以使非聚集索引只重建一次。

STATISTICS_NORECOMPUTE：指定分布统计不自动更新。需要手动执行不带 NORECOMPUTE 子句的 UPDATESTATISTICS 命令。

SORT_IN_TEMPDB：指定用于创建索引的分类排序结果将被存储到 Tempdb 数据库中。如果 Tempdb 数据库和用户数据库位于不同的磁盘设备上，那么使用这一选项可以减少创建索引的时间，但它会增加创建索引所需的磁盘空间。

注意： 数据类型为 TEXT、NTEXT、IMAGE 或 BIT 的列不能作为索引的列。由于索引的宽度不能超过 900B，因此数据类型为 CHAR、VARCHAR、BINARY 和 VARBINARY 的列的列宽度超过了 900B，或数据类型为 NCHAR、NVARCHAR 的列的列宽度超过 450B 时，也不能作为索引的列。

在使用索引创建向导创建索引时，不能将计算机列包含在索引中，但在直接创建或使用 CREATE INDEX 命令创建索引时，则可以对计算机列创建索引，这在 SQL Server 2000 以前的版本中是不允许的。

【例 5-15】 为表 Orders 创建一个唯一聚集索引。

```
CREATE UNIQUE CLUSTERED INDEX idx_Order
ON Orders (cOrderNo)
```

【例 5-16】 为表 OrderDetail 创建一个复合索引。

```
CREATE   INDEX idx_OrderDetail
ON OrderDetail (cOrderNo, cToyID)
```

使用 sp_helpindex 命令来检验索引是否已经创建成功。
语法如下：

```
EXEC sp_helpindex  表名
```

这里，表名是要显示其索引信息的表的名字。

2. 用表设计器创建和编辑索引

如果要在图形下创建索引，须在表设计器中创建。具体方法是：打开表设计器，选择需要设置外键的列，单击鼠标右键，在弹出的快捷菜单中选择"索引/键"命令，如图 5-5 所示。之后，系统弹出"索引/键"对话框，如图 5-12 所示。在"索引/键"对话框中单击"添加"按钮，增加新的唯一键或索引关系。在右边"常规"的"类型"下拉列表框中选"索引"，在右边"常规"的"是唯一的"下拉列表框中选"是"，表示建唯一索引。后面一般都是建非聚集索引。聚集索引通常在建主键时已创建了。

【例 5-17】 更改 Orders 表中的索引 idx_orders 名称为 idx_orders_quantity。

```
exec sp_rename 'Orders.[ idx_orders]', 'idx_orders_quantity', 'index'
```

注意： 被确定为主键的字段，系统会自动把它建立成唯一聚集索引。

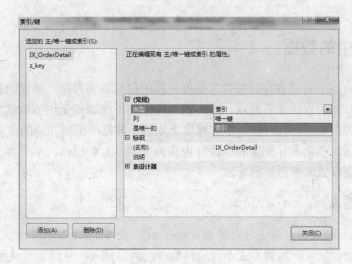

图 5-12　创建索引

3．删除索引

DROP INDEX 命令可以删除一个或多个当前数据库中的索引。

其语法如下：

> DROP INDEX 'tablename.indexname' [,...n]

DROP INDEX 命令不能删除由 CREATE TABLE 或 ALTER TABLE 命令创建的 PRIMARY KEY 或 UNIQUE 约束索引，也不能删除系统表中的索引。

【例 5-18】　删除表 OrderDetail 中的索引 idx_OrderDetail。

> DROP INDEX OrderDetail. idx_OrderDetail

如果要在图形下管理索引，则在对象资源管理器中展开要管理表的索引，单击鼠标右键，在快捷菜单上选择相应的命令来管理，如图 5-13 所示。

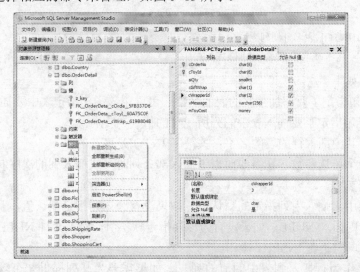

图 5-13　管理索引

5.5 管理表中的数据

创建表的目的在于利用表存储和管理数据。新的信息需要存储；错误的数据需要更新，以显示正确信息；旧的数据需要删除，因为数据库空间不应该被无用的数据占据。一个数据库能否保持信息的正确性、及时性，很大程度上依赖于数据库更新功能的强弱与实时。

数据库的更新包括插入、删除和修改（也称为更新）3 种操作。本节将分别讲述如何使用这些操作，以便有效地更新数据库。

5.5.1 数据的插入

在 SQL Server 2008 中可以通过对象浏览器在 SQL Server Management Studio 中查看数据库表的数据时添加数据，但这种方式不能应付数据的大量插入，这时需要使用 INSERT 语句来解决这个问题。INSERT 语句通常有两种形式：一种是插入一条记录；另一种是插入子查询的结果。后者可以一次插入多条记录。

1. INSERT 语句

下面举例说明如何插入单行数据。

【例 5-19】 插入数据到购物车信息表中，一次插入 3 条。

```
INSERT ShoppingCart (cCartId, cToyId, siQty)
VALUES('000001', '000001', 4), ('000001', '000002', 5), ('000001', '000003', 2)
```

> 运行结果如下：
> （所影响的行数为 3 行）

SQL Server 允许将部分数据插入到表中，这些表的某些列允许为 NULL 或允许分配默认值。INSERT 子句列出了要插入数据的列，只有那些允许为 NULL 值，或者有默认值的列不需要被列出。VALUES 子句提供了指定列的值。

其语法如下：

```
INSERT [INTO] 表名 [列列表]
VALUES 默认值 | 值列表 |select 语句
```

各参数说明如下。

INSERT 子句指定了要添加数据的表的名字。可以用该子句指定表中要插入数据的列。

VALUES 子句指定了要插入表中的列所包含的值。

表名是要向其中插入行的表的名字。关键字[INTO]是可选的。

列列表是一个可选参数。在需要向表中插入部分列时，或插入列的次序和表中定义的次序不同时使用该参数。

默认值子句用于插入为列指定的默认值。如果没有为该列指定默认值，且该列的特性被指定为 NULL，则插入 NULL。如果没有为该列指定默认值，且不允许 NULL 作为列值，将返回出错信息，同时拒绝 INSERT 操作。

值列表是要作为行插入到表中的值的列表。如果需要为某列提供一个默认值，可以用 DEFAULT 关键字来代替列名。列也可以是任何表达式。

Select 语句是一个嵌套的 SELECT 语句，可以使用该语句向表中插入一行或一系列行。例如，表 Sales 的结构见表 5-14。

表 5-14　表 Sales 的结构

属 性 名	类 型	长 度	特 性
cItemCode	字符	4	NOT NULL
cItemName	字符	20	NULL
iQtySold	整数		NULL
dSaleDate	日期时间	8	NOT NULL

如果需要将一行中所有的列值插入表 Sales，可使用如下语句：

INSERT Sales VALUES ('I005', 'Printer', 100, '2010-2-11')

如果需要将在 INSERT 子句中指定列名的行插入到表 Sales 中，可使用如下语句：

INSERT Sales (cItemCode, cItemName, iQtySold, dSaleDate)
　　VALUES ('I005', 'Printer', 100, '2010-2-11')

如果需要将一行插入到表 Sales 中，插入时在 INSERT 和 VALUES 子句中指定列次序和列值，可使用如下语句：

INSERT Sales (cItemName, cItemCode, iQtySold, dSaleDate)
　　VALUES ('Printer', 'I005', 100, '2010-2-11')

如果需要将一行插入到表 Sales 中，插入时不指定列 cItemName 中的项目名称值，可使用如下语句：

INSERT Sales VALUES ('I005', NULL, 100,'2010-2-11')

如果需要将一行插入到表 Sales 中，插入时为列 dSaleDate 指定默认值，可使用如下语句：

INSERT Sales VALUES ('I005', 'Printer', 100, DEFAULT)

提示：
- 数值的个数必须和表中或列列表中的属性个数相同。
- 插入信息的次序必须和插入列表中列出的属性次序相同。
- 信息的数据类型必须和表列中的数据类型匹配。
- 当插入 VARBINARY 类型的数据时，其尾部的 "0" 将被去掉。
- 当插入 VARCHAR 或 TEXT 类型的数据时，其后的空格将被去掉。如果插入一个只含空格的字符串，则会被认为插入了一个长度为零的字符串。
- IDENTITY 列不能指定数据，在 VALUES 列表中应跳过此列。
- 对字符类型的列，当插入数据，特别是插入字符串中含有数字字符以外的字符时，最好用引号将其括起来，否则容易出错。

2. SELECT INTO 语句
可以使用 SELECT INTO 命令将一个表的内容复制到另一个新表（数据库中不存在）。

SELECT INTO 语句用于创建一个新表，并用 SELECT 的结果集填充该表。

其语法如下：

```
SELECT  列列表
    INTO  新表名
       FROM  表名
       WHERE  条件
```

各参数说明如下。

列列表：指定了新表中要包含的列。

新表名：指定了要存储数据的新表的名字。

表名：指定了要从中检索数据的表的名字。

条件：是决定新表中应包含哪些行的条件。

【例 5-20】 根据表 Titles 创建一个叫 NewTitles 的新表，该表包括两列。

```
USE Pubs
SELECT title_id, title
INTO NewTitles
FROM Titles    WHERE Price > 15
```

> 运行结果如下：
> （所影响的行数为 8 行）

3. INSERT...SELECT 语句

可以使用 INSERT INTO 命令，从一个表向另一个已经存在的表添加数据。

其语法如下：

```
INSERT    [INTO] 表名 1
SELECT  列名
FROM  表名 2
[WHERE  条件]
```

各参数说明如下。

表名 1：指定了将要插入数据的表的名字。

列名：指定了需要从现有表复制到新表的列的名字。

表名 2：指定了从中复制数据的表。

条件：指定了插入的行要满足的条件。

【例 5-21】 将表 Toys 中的所有属性、所有行插入表 OldToys。

```
INSERT INTO OldToys
SELECT * FROM Toys
```

5.5.2 数据的更新

当顾客、客户等发生变化时，或机构维护的其他数据发生变化时，就会产生修改数据库中数据的需要。例如，如果一位客户修改了他的地址，或修改了其订货的数量，表中相关的行就需要被修改。

SQL Server 提供了 UPDATE 语句来进行修改数据。更新确保了任何时候都可以获得最新、最正确的信息。一行中的一栏是更新的最小单元。

表 Items 样例见表 5-15。

表 5-15　表 Items 样例

cItemCode	cItemName	iPrice	iQOH
I001	Monitor	5000	100
I002	Keyboards	3000	200
I003	Mouse	1500	50

```
UPDATE Items
SET iQOH = iQOH + 100
WHERE cItemCode='I003'
```

上述命令更新了表 Items 中 cItemCode 为 "I003" 的物品的 iQOH（现有物品数量）属性。其语法如下：

```
UPDATE 表名
SET 列名 = 值 [,列名 = 值]
FROM 表名
[WHERE 条件]
```

各参数说明如下

表名：指定了要修改的表的名字。

列名：指定了在特定表中所要修改的列。

值：指定了要赋给表列的值。表达式、列名、变量名等都是合法值，也可以使用 DEFAULT 和 NULL 关键字。

FROM 表名：指定了在 UPDATE 语句中使用的表。当表名中仅包含常数、变量和算术表达式时，不需要使用该项。

条件：指定了要更新的行。

例如，如果要增加表 Items 中所有物品的价格，代码如下：

```
UPDATE Items    SET iPrice = iPrice + 0.05
```

提示：

● 同一时刻只能对一张表进行更新。

● 如果一次更新违背了完整性约束，则所有的更新都将被回滚。也就是说，表没有发生任何变化。

还可以基于子查询实现数据更新。

【例 5-22】 使由 New Moon Books 出版的所有书籍的价格加倍。

该查询更新了 titles 表；其子查询引用了 publishers 表。

```
UPDATE titles
SET price = price * 2
```

153

```
WHERE pub_id IN
    (SELECT pub_id
     FROM publishers
     WHERE pub_name = 'New Moon Books')
```

提示：使用 UPDATE 更新数据时，会将被更新的原数据存放到事务处理日志中。如果所更新的表特别大，则有可能在命令尚未执行完时，就将事务处理日志填满了。这时，SQL Server 会生成错误信息，并将更新过的数据返回原样。解决此问题有两种办法：一种是加大事务处理日志的存储空间，但这似乎不大合算；另一种是分解更新语句的操作过程，并及时清理事务处理日志。例如，将更新命令分解为两个命令，在其间插入 BACKUP LOG 命令，将事务处理日志清除。

5.5.3 数据的删除

数据库中应当包含正确的、最新的信息。当数据不再有用时，就应当从数据库中删除。在数据库中，执行删除操作的最小单元为行。

例如，如果想从表 Items（见表 5-16）的 cItemName 中删除物品'Keyboards'，应给出以下命令：

表 5-16　表 Items

cItemCode	cItemName	iPrice	iQOH
I001	Monitor	5000	100
I002	Keyboards	3000	200
I003	Mouse	1500	50

```
DELETE Items
WHERE ItemCode = 'I002'
```

其语法如下：

```
DELETE [FROM] 表名
[FROM 表]
[WHERE 条件]
```

各参数说明如下。

表名：要从中删除行的表的名字。

表：设置删除条件所需的表的名字。

条件：指定了要删除的行应符合的条件。

有时须删除一个表的所有数据，使它成为空表，此时只要不带条件即可。

例如，删除玩具（Toys）表中所有的记录：

```
DELETE FROM Toys
```

如果要删除表中的所有数据，使用 TRUNCATE TABLE 命令比使用 DELETE 命令快得多。因为 DELETE 命令除了删除数据外，还会对所删除的数据在事务处理日志中做记录，以防止删除失败时可以使用事务处理日志来恢复数据；而 TRUNCATE TABLE 则只做删除与表有关的所有数据页的操作。使用 TRUNCATE TABLE 命令在功能上相当于使用不带 WHERE 子句的 DELETE 命令。但是，TRUNCATE TABLE 命令不能用于被别的表的外关键字依赖的表。

TRUNCATE TABLE 命令的语法如下：

    TRUNCATE TABLE table_name

注意：由于 TRUNCATE TABLE 命令不会对事务处理日志进行数据删除记录操作，因此不能激活触发器。

还可以使用带子查询的删除语句，子查询同样可以嵌套在 DELETE 语句中，用以构造执行删除操作的条件。

【例 5-23】 删除商业书籍的所有销售记录。

    USE Pubs
    DELETE sales WHERE title_id IN
        (SELECT title_id   FROM titles   WHERE type = 'business')

5.5.4 利用对象浏览器管理表中的数据

打开 SQL Server Management Studio，依次展开，选择要管理数据的表，在"表"上单击鼠标右键，在右键快捷菜单中选择"编辑前 200 行"命令，右边窗口如图 5-14 所示。

图 5-14　管理表数据

在如图 5-14 所示的表窗口中显示出当前表的数据。单击最后一行，可以添加新数据。也可以找到要修改的数据，直接修改表中已有的数据。

5.5.5　数据修改时的完整性检查

当对数据库中的数据进行增加、修改、删除操作时，数据库系统首先检查这些操作是否符合数据的完整性约束条件。如果符合条件，才进行真正的操作。反之，拒绝操作。

1．插入操作的完整性检查

（1）对实体完整性约束的检查

当向表中插入数据时，在实际插入数据之前，系统要检查所插入的数据的主键值是否与表中已有的数据的主键值重复，或者新插入数据的主键值是否为 NULL。如果有不符合主键约束条件的数据，则拒绝插入。

（2）对参照完整性约束的检查

当在有外键的子表中插入数据时，在实际插入数据之前，系统要检查新插入数据的外键值是否在它所引用的表中已经存在。若存在，则执行插入操作。否则，拒绝插入。

（3）对用户定义的完整性约束的检查

当插入数据时，在实际插入数据之前，系统会检查所插入的数据是否满足用户定义的完整性约束条件。只有当数据全部满足约束条件时才进行插入操作。例如，在 Toys 中，若有限制玩玩具人的年龄在 0～100 岁之间的约束，当在此表中插入数据时，若误将年龄输入为 200，则系统会拒绝插入此行数据。

2．更新操作的完整性检查

（1）对实体完整性约束的检查

当更改表的主键列的值时，系统要检查更改后的主键值是否会有重复，或更改后的值是否为 NULL。若有，则拒绝更新。

（2）对参照完整性约束的检查

当更改子表中的外键列数据时，系统会检查更改后的外键值是否在它所引用的列的已有值范围内，若不在已有值范围，则拒绝更新。

当更改主表中的主键列数据时，系统会检查此更新列的值在表中是否有对它的引用，若无，则执行更新数据的操作，若有，则分如下两种情况：

1）级联更新：将子表中的外键值与被更新的主键值一起更新。

2）限制更新：拒绝更新主表中的主键值，系统默认的设置是限制更新。

（3）对用户定义的完整性约束的检查

对更新列检查用户定义的完整性约束，若更新后的值不满足用户定义的完整性约束条件，则拒绝更新。

3．删除操作的完整性检查

（1）对实体完整性约束的检查

对表执行删除数据的操作时，无需进行实体完整性约束的检查。

（2）对参照完整性约束的检查

当在子表中删除数据时，无需进行参照完整性约束的检查。当在主表中删除数据时，在实际删除数据之前，系统要检查被删除数据的主键值是否在表中有对它的引用，若没有，则执行删除主表数据的操作；若有，则分如下两种情况：

1）级联删除：将和表中外键值与被删除数据的主键值相同的记录一起删除。

2）限制删除：拒绝删除主表中的记录。系统默认的设置是限制删除。

（3）对用户定义的完整性约束的检查

删除操作不需要检查用户定义的完整性。

5.6　本章小结

本章介绍了 SQL Server 2008 中表的相关知识，主要包括数据表的基础概念、数据表的创建和管理、表的约束和完整性、表的索引以及管理表中的数据。

通过本章的学习，应该掌握如下几点：

- 数据表的创建和管理。
- 完整性和约束的概念及其实施。
- 索引的工作原理及其使用。
- 表中数据的管理。

5.7　思考题

1．在 SQL Server 2008 中有哪些数据类型？

2．简述 SQL Server 2008 中约束的种类和完整性靠哪个约束来实现？

3．在 ToyUniverse 数据库中，分别用对象资源管理器和 SQL 语句创建附录 ToyUniverse 物理模型中的表，并分别为它们创建索引，实施完整性约束。

4．向 3 题中创建的表中插入一定的测试数据，并管理它们。

5.8　过程考核 2：数据库的基本设计和实现

1．目的

目的是加深对数据库系统需求分析的实现。在过程考核 1 的基础上，要求学生在指导教师的帮助下用脚本独自完成创建数据库、表、表约束和索引等过程，规范开发文档的编制。

2．要求

1）了解数据库（SQL Server）内部工作过程和数据的组织机制。

2）掌握创建数据库、表、表约束和索引等的过程。

3）熟练掌握规范开发文档的编制。

3．评分标准

1）数据库的创建。（20 分）

2）表的创建。（20 分）

3）表约束的创建。（30 分）

4）索引创建。（20 分）

5）文档的格式。（10 分）

第 6 章　Transact-SQL 编程基础

本章学习目标：
- Transact-SQL 的语句结构
- Transact-SQL 支持的流程
- Transact-SQL 的常用函数

SQL（Structured Query Language，结构化查询语言）是用户操作关系数据库的通用语言。SQL 虽然叫结构化查询语言，而且查询操作确实是数据库中的主要操作，但并不是说 SQL 语言只支持查询操作，它实际上包含数据定义、数据操纵和数据控制等与数据库有关的全部功能。

SQL 已经成为关系数据库的标准语言，现在所有的关系数据库管理系统都支持 SQL。本章介绍的 Transact-SQL 语言（事务 SQL，简称 T-SQL）是 Microsoft 的 SQL Server 使用的 SQL 语言，它以标准的 SQL 为蓝本，并对其进行了修改和补充，但两者之间的语法格式以及大部分功能是一样的。本章主要以 SQL Server 使用的 Transact-SQL 为基础，介绍其基本组成内容。

6.1　SQL 概述

SQL 是 1974 年由 Boyce 和 Chamberlin 提出的。1975～1979 年，IBM 公司 San Jose Research Laboratory 研制的关系数据库管理系统原形系统 System R 实现了这种语言。由于它功能丰富，语言简洁，使用方法灵活，备受用户和计算机业界的青睐，被众多的计算机公司和软件公司采用。

从 20 世纪 80 年代以来，SQL 就一直是关系数据库管理系统（RDBMS）的标准语言。最早的 SQL 标准是 1986 年 10 月由美国 ANSI（American National Standards Institute）公布的。随后，ISO（International Standards Organization）于 1987 年 6 月也正式采纳它为国际标准，并在此基础上进行了补充。到 1989 年 4 月，ISO 提出了具有完整性特征的 SQL，并称之为 SQL-89。SQL-89 标准公布之后，对数据库技术的发展和数据库的应用都起了很大的推动作用。尽管如此，SQL-89 仍有许多不足或不能满足应用需求的地方。为此，在 SQL-89 的基础上，经过 3 年多的研究和修改，ISO 和 ANSI 共同于 1992 年 8 月公布了 SQL 的新标准，即 SQL-92（或称为 SQL2）。SQL-92 标准也不是非常完备，1999 年又颁布了新的 SQL 标准，称为 SQL-99 或 SQL3。

6.1.1　SQL 的特点

SQL 之所以能够被用户和业界所接受，并成为国际标准，是因为它是一个综合的、功能强大且又简捷易学的语言。SQL 集数据查询、数据操纵、数据定义和数据控制功能于一身，有如下 4 个主要特点。

1．一体化

SQL 风格统一，可以完成数据库活动中的全部工作，包括创建数据库，定义模式、更改和查询数据以及安全控制和维护数据库等，这为数据库应用系统的开发提供了良好的环境。用户在数据库系统投入使用之后，还可以根据需要随时修改模式结构，并且可以不影响数据库的运行，从而使系统具有良好的可扩展性。

2．高度非过程化

在使用 SQL 访问数据库时，用户没必要告诉计算机一步一步地"如何"去实现，只需要描述清楚要"做什么"，SQL 就可以将要求交给系统，然后由系统自动完成全部工作。

3．简洁

虽然 SQL 功能很强，但它只有为数不多的几条命令。另外，SQL 的语法也比较简单，它是一种描述性语言，很接近自然语言（英语），因此容易学习和掌握。

4．以多种方式使用

SQL 可以直接以命令方式交互使用，也可以嵌入到程序设计语言中使用。现在，很多数据库应用开发工具（如.net、java、Delphi 等）都将 SQL 直接融入到自身的语言当中，使用起来非常方便。这些使用方式为用户提供了灵活的选择余地。而且，不管是哪种使用方式，SQL 的语法基本都是一样的。

6.1.2　SQL 的组成

SQL 按其功能可分为以下几部分。

1）数据定义语言（Data Definition Language，DDL）：实现定义、删除和修改数据库对象的功能。

2）数据查询语言（Data Query Language，DQL）：实现查询数据的功能。

3）数据操纵语言（Data Manipulation Language，DML）：实现对数据库数据的增加、删除和修改功能。

4）数据控制语言（Data Control Language，DCL）：实现控制用户对数据库的操作权限的功能。

SQL 语句数目、种类较多、其主体大约由 40 条语句组成。常见的 SQL 语句见表 6-1。

表 6-1　常见的 SQL 语句

语　　句	功　　能	语　　句	功　　能
数据操作		数据定义	
SELECT	从数据库表中检索数据	CREATE VIEW	创建一个视图
INSERT	向数据库表中添加数据行	DROP VIEW	从数据库中删除视图
DELETE	从数据库表中删除数据行	CREATE INDEX	为数据库表创建一个索引
UPDATE	更新数据库表中的数据	DROP INDEX	从数据库中删除索引
数据定义		CREATE PROCEDURE	创建一个存储过程
CREATE TABLE	创建一个数据库表	DROP PROCEDURE	从数据库中删除存储过程
DROP TABLE	从数据库中删除表	CREATE TRIGGER	创建一个触发器
ALTER TABLE	修改数据库表结构	DROP TRIGGER	从数据库中删除触发器

语　句	功　能	语　句	功　能
数据定义		事务控制	
CREATE DOMAIN	创建一个数据值域	ROLLBACK	回滚当前事务
ALTER DOMAIN	改变域定义	SAVE TRANSACTION	在事务内设置保存点
DROP DOMAIN	从数据库中删除域	程序化 SQL	
数据控制		DECLARE	设定游标
GRANT	授予用户访问权限	OPEN	打开一个游标
DENY	拒绝用户访问	FETCH	检索一行查询结果
REVOKE	解除用户访问权限	CLOSE	关闭游标
事务控制		PREPARE	为动态执行准备 SQL 语句
DENY	拒绝用户访问	EXECUTE	动态执行 SQL 语句
COMMIT	结束当前事务		

6.1.3 SQL 语句的结构

所有的 SQL 语句均有自己的格式。如图 6-1 所示的每条 SQL 语句均由一个谓词（Verb）开始，该谓词描述这条语句要产生的动作，如图 6-1 所示中的 SELECT 关键字。谓词后紧接着一个或多个子句（Clause），子句中给出了被谓词作用的数据或提供谓词动作的详细信息。每一条子句由一个关键字开始，如图 6-1 所示中的 WHERE。

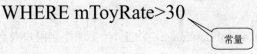

图 6-1 SQL 语句的结构

6.1.4 常用的 SQL 语句

在使用数据库时，用得最多的是数据操纵语言（DML）。DML 包含了最常用的核心 SQL 语句，即 SELECT、INSERT、UPDATE 和 DELETE。下面对以后章节中经常用到的 SELECT 语句做简单介绍。

SELECT 语句的语法如下：

```
SELECT [ALL|DISTINCT] <目标表达式>[, <目标表达式>]...
    FROM <表或视图名>[, <表或视图名>]...
    [WHERE <条件表达式>]
    [GROUP BY <列名 1> [HAVING <条件表达式>]]
    [ORDER BY <列名 2> [ASC | DESC] ]
```

整个 SELECT 语句的含义是：根据 WHERE 子句的条件表达，从 FROM 子句指定的基本表或视图中找出满足条件的元素组，再按 SELECT 子句中的目标列表达式选出元素组中的属性值，形成结果表。如果有 GROUP 子句，则将结果按<列名 1>的值进行分组与该属性值相等的元素组为一个组，每组产生结果表中的一条记录。如果 GROUP 子句带有 HAVING 短语，则只有满足指定条件的组才予以输出。如果有 ORDER 子句，则结果还要按<列 2>的值升序或降序排序。下面对 SELECT 语句的常用形式举例说明。

【例 6-1】 查询所有玩具的玩具号和玩具名。

```
USE ToyUniverse
SELECT cToyId, vToyName FROM Toys
```

运行结果如下：

```
cToyId vToyName
------ --------------------
000001 Robby the Whale
```
……（因数据太多，故省略之）

【例 6-2】 查询玩具表的所有数据。

```
USE ToyUniverse
SELECT * FROM Toys
```

运行结果如下：

……（读者可以自己在查询分析器中执行该语句，看结果）

【例 6-3】 查询玩具表中玩具价格大于 30 元的所有玩具，并按照升序排列。

```
USE ToyUniverse
SELECT vToyName, mToyRate FROM Toys
    WHERE mToyRate > 30
    ORDER BY mToyRate
```

运行结果如下：

```
vToyName               mToyRate
-------------------- ---------------------
Water Channel System 33.9900
Super Deluge          35.9900
```
……（因数据太多，故省略之）

以上是对 SQL 的简单介绍，对没有接触过 SQL 的读者，也算是个入门。在后面的章节中会用到更多类型的 SQL 语句。

6.2 Transact-SQL 的变量

Transact-SQL 中可以使用两种变量：一种是局部变量（Local Variable）；另外一种是全局变量（Global Variable）。

6.2.1 局部变量

局部变量是用户可自定义的变量，它的作用范围仅在程序内部。在程序中通常用来储存从表中查询到的数据，或当做程序执行过程中的暂存变量使用。局部变量必须以"@"开头，而且必须先用 DECLARE 命令说明后才可使用。其说明形式如下：

    DECLARE @变量名 变量类型 [@变量名 变量类型…]

其中，变量类型可以是 SQL Server 2008 支持的所有数据类型，也可以是用户自定义的数据类型。

在 Transact-SQL 中不能像在一般的程序语言中一样使用"变量=变量值"来给变量赋值。必须使用 SELECT 或 SET 命令来设定变量的值，其语法如下：

    SELECT @局部变量 = 变量值
    SET @局部变量 = 变量值

【例 6-4】 声明一个长度为 10 个字符的变量"id"，并赋值。

    DECLARE @id char（10）
    SELECT @id= '10010001'

注意： 可以在 SELECT 命令查询数据时，在 SELECT 命令中直接将列值赋给变量。

【例 6-5】 查询编号为"000001"的玩具名和价格，将其分别赋予变量 ToyName 和 Price。

    USE ToyUniverse
    DECLARE @ToyName VARCHAR(30)
    DECLARE @Price MONEY
    SELECT @ToyName = vToyName, @Price = mToyRate FROM Toys
        WHERE cToyId='000001'
    SELECT @ToyName AS ToyName, @Price AS ToyRate

运行结果如下：

    ToyName   ToyRate
    --------------------------- --------------------
    Robby the Whale   8.9900

注意： 数据库语言和编程语言有一些关键字。为了避免冲突和产生错误，在命令表、列、变量以及其他对象时，应避免使用关键字。

6.2.2 全局变量

全局变量是 SQL Server 系统内部使用的变量，其作用范围并不局限于某一程序，而是任何程序均可随时调用。全局变量通常存储一些 SQL Server 的配置设定值和效能统计数据。用户可在程序中用全局变量来测试系统的设定值或 Transact-SQL 命令执行后的状态值。

注意： 全局变量不是由用户程序定义的，它们是在服务器级定义的。只能使用预先说明及定义的变局变量。引用全局变量时，必须以"@@"开头。局部变量的名称不能与全局变量的名称相同，否则会在应用中出错。例如，SELECT @@ServerName 显示了服务器名。

6.3 Transact-SQL 语言基础

6.3.1 注释符

在 Transact-SQL 中可使用两类注释符（Annotation）。ANSI 标准的注释符"--"用于单行注释；与 C 语言相同的程序注释符号，即"/**/"。"/*"用于注释文字的开头，"*/"用于注释文字的结尾，可在程序中标识多行文字为注释。

6.3.2 运算符

Transact-SQL 中的运算符（Operator）包括以下几类。

1. 算术运算符

算术运算符包括+（加）、－（减）、*（乘）、/（除）和%（取余）。

2. 比较运算符

比较运算符包括>（大于）、<（小于）、= （等于）、>=（大于或等于）、<=（小于或等于）、<>（不等于）、!=（不等于）、!>（不大于）和!<（不小于）。其中，!=、!>、!<不是 ANSI 标准的运算符。

3. 逻辑运算符

逻辑运算符包括 AND（与）、OR（或）和 NOT（非）。

4. 位运算符

位运算符包括&（按位与）、|（按位或）、~（按位非）和^（按位异或）。

5. 连接运算符

连接运算符"+"用于连接两个或两个以上的字符或二进制串、列名或串和列的混合体，将一个串加入到另一个串的末尾。其语法如下：

```
<expression1>+<expression2>
```

【例 6-6】

```
USE ToyUniverse
DECLARE @startdate DATETIME
SET @startdate ='1/1/2010'
SELECT 'Start Date: '+ CONVERT(VARCHAR(10) ,@startdate)
```

提示：CONVERT()是转换数据类型函数，此处是将 DATETIME 类型转换为 VARCHAR 类型。

运行结果如下：

```
Start Date: 01    1 2010
```

【例 6-7】

```
USE ToyUniverse
SELECT '价格最高的玩具是' + vToyName +, ' 价格为'
```

+ CONVERT(VARCHAR(10),mToyRate) FROM Toys

    WHERE mToyRate = (SELECT MAX(mToyRate) FROM Toys)

运行结果如下：

> 价格最高的玩具是 Flower Loving Doll，价格为 49.99
>
> （所影响的行数为 1 行）

在 Transact-SQL 中，运算符的处理顺序如下所示。如果相同层次的运算出现在一起时，则处理顺序为从左到右。

括号（）

位运算符 ~

算术运算符 *、/、%

算术运算符 +、-

位运算符 ^

位运算符 &

位运算符 |

逻辑运算符 NOT

逻辑运算符 AND

逻辑运算符 OR

6.3.3 通配符

Transact-SQL 的通配符（Wildcard）见表 6-2。

表 6-2　Transact-SQL 的通配符

通 配 符	功　能	实　例
%	代表零个或多个字符	'ab%'，'ab'后可接任意字符串
_(下画线)	代表一个字符	'a_b'，'a'与'b'之间可以有一个字符
[]	表示在某一范围的字符	[0-9]，0～9 之间的字符
[^]	表示不在某一范围的字符	[^0-9]，不在 0～9 之间的字符

6.4　SQL Server 2008 的内置函数

6.4.1 字符串函数

字符串函数格式化数据以满足特定的需要。多数字符串函数和 char、varchar 类型的数据连用，或者作用于可以自动转换成 char 或 varchar 类型的数据。

字符串函数见表 6-3。

表 6-3　字符串函数

函 数 名	参　数	例　子	说　明
ASCII	(字符表达式)	SELECT ASCII('ABC')	返回 65，最左边的字符"A"的 ASCII 码

函 数 名	参 数	例 子	说 明
CHAR	(整数表达式)	SELECT CHAR(65)	返回 "A"，同该 ASCII 码值等价的字符
CHARINDEX	(模式, 表达式)	SELECT CHARINDEX ('E','HELLO')	返回 2，指定模式在表达式中的起始位置
DIFFERENCE	(字符表达式 1, 字符表达式 2)	SELECT DIFFERENCE ('HELLO', 'hell')	返回 4，DIFFERENCE 函数用于比较两个字符串，并估计出它们的相似程度，返回一个从 0～4 的值。4 表示非常相似
LEFT	(字符表达式, 整数表达式)	SELECT LEFT ('RICHARD',4)	返回 "RICH"，它是字符串的一部分，从左边开始计算，其长度等同于整数表达式中指定的长度
LEN	(字符表达式)	SELECT LEN('RICHARD')	返回 7，字符表达式中字符的个数
LOWER	(字符表达式)	SELECT LOWER('RICHARD')	返回 "richard"，将字符表达式转换成小写
LTRIM	(字符表达式)	SELECT LTRIM(' RICHARD')	返回没有先导空格的 "RICHARD"，它从字符表达式中移去了先导空格
PATINDEX	('%模式%', 表达式)	SELECT PATINDEX('%BOX%','ACTIONBOX')	返回 7，指定了模式在指定表达式中第一个出现的位置。如果模式在表达式中不存在，则返回 0
REVERSE	(字符表达式)	SELECT REVERSE('ACTION')	返回 "NOITCA"，反转之后的字符表达式
RIGHT	(字符表达式, 整数表达式)	SELECT RIGHT('RICHARD',4)	返回"HARD"，它是字符串的一部分，从右边开始计算，其长度等同于整数表达式中指定的长度
RTRIM	(字符表达式)	SELECT RTRIM ('RICHARD ')	返回 "RICHARD"，从字符表达式中移去了尾部空格
SPACE	(整数表达式)	SELECT 'RICHARD'+SPACE(2)+'HILL'	返回 "RICHARD HILL"，在第 1 和第 2 个词之间插入了两个空格
STR	(浮点表达式, [长度, [小数位]])	SELECT STR(123.45,6,2)	返回 "123.45"，它将数值数据转换成字符数据，长度是总的长度，包括小数点、符号、数字、空格。小数位是指小数点右边的位数
UPPER	(字符表达式)	UPPER('Richard')	返回 "RICHARD"，它把字符表达式转换成大写
STUFF	(字符表达式 1, 起始, 长度, 字符表达式 2)	SELECT STUFF('Weather', 2,2 , 'i')	返回 "Wither"。从字符表达式 1 的"起始"开始删除"长度"个字符，然后在"起始"位置往字符表达式 1 里插入字符表达式 2
SUBSTRING	(表达式,起始,长度)	SELECT SUBSTRING('Weather', 2,2)	返回 "ea"，它是字符表达式的一部分

【例 6-8】 显示玩具名、说明、所有玩具的价格。但是，只显示说明的前 40 个字母。

SELECT vToyName, 'Description' = Substring(vToyDescription,1,40), mToyRate FROM Toys

```
结果为
vToyName                 Description                          mToyRate
-------------            -----------------------------------  ---------
Robby the Whale          A giant Blue Whale with two heavy-duty h  8.9900
Water Channel System     Children enjoy playing with water.   The  33.9900
Super Deluge             Create artificial rainfall in your garde  35.9900
...                                  --此处省略一些行
（所影响的行数为 29 行）
```

6.4.2　日期函数

日期函数用于操作 datetime 值，完成算术运算，并析取其中的组成部分，如日、月、年，它们用于加、减两个日期，或将日期分成几个部分。日期函数见表 6-4。

表 6-4　日期函数

函　数　名	语　　法	说　　明
DATEADD	(日期元素, 数字, 日期)	向指定日期添加"数字"个"日期元素"
DATEDIFF	(日期元素, 日期 1, 日期 2)	返回两个日期之间的"日期元素"的个数
DATENAME	(日期元素, 日期)	以 ASCII 码的形式返回指定日期的"日期元素"（如 October 等）
DATEPART	(日期元素, 日期)	以整数的形式返回指定日期的"日期元素"
DAY	(日期)	返回一个整数，表示指定日期的"天"部分
MONTH	(日期)	返回一个整数，表示指定日期的"月"部分
YEAR	(日期)	返回一个整数，表示指定日期的"年"部分
GETDATE	( )	返回当前的日期和时间
GETUTCDATE	( )	返回当前的 UTC（国际时也称格林尼治标准时间）日期和时间

在表 6-4 中，日期元素可以是表 6-5 中的值。

表 6-5　日期元素

日　期　元　素	缩　　写	值
year	yy	1753～9999
quarter	qq	1～4
month	mm	1～12
day of year	dy	1～366
day	dd	1～31
week	wk	0～51
weekday	dw	1～7(1 is Sunday)
hour	hh	(0～23)
minute	mi	(0～59)
second	ss	0～59
millisecond	ms	0～999

【例 6-9】　按以下格式显示所有运货的报表。

Order Number	Shipment Date	Actual Delivery Date	Days in Transit

提示：运送天数（Days in Transit）=实际交付日期（Actual Delivery Date）–运货日期（Shipment Date）。

```
SELECT 'Order Number'=cOrderNo, 'Shipment Date'=dShipmentDate,
'Actual Delivery Date'=dActualDeliveryDate,
```

'Day in Transit'= DATEDIFF (dy, dShipmentDate, dActualDeliveryDate)

FROM shipment

```
结果为
Order Number    Shipment Date                    Actual Delivery Date         Day in Transit
-----------     --------------------             ----------------------       --------------
000001          1999-05-23 00:00:00.000          1999-05-24 00:00:00.000      1
000002          1999-05-23 00:00:00.000          1999-05-23 00:00:00.000      0
000003          1999-05-23 00:00:00.000          NULL                         NULL
000004          1999-05-24 00:00:00.000          1999-05-26 00:00:00.000      2
000005          1999-05-24 00:00:00.000          1999-05-25 00:00:00.000      1
000006          1999-05-22 00:00:00.000          1999-05-23 00:00:00.000      1
000007          1999-05-25 00:00:00.000          NULL                         NULL
000008          1999-05-24 00:00:00.000          1999-05-24 00:00:00.000      0
000009          1999-05-24 00:00:00.000          1999-05-25 00:00:00.000      1
000010          1999-05-26 00:00:00.000          1999-05-28 00:00:00.000      2


（所影响的行数为 10 行）
```

6.4.3 数学函数

数学函数用于对数学数据进行数字操作。常见的数学函数见表 6-6。

表 6-6 常见的数学函数

函 数 名	语 法	说 明
ABS	(数值表达式)	绝对值
ACOS, ASIN, ATAN, ATN2	(浮点表达式)	用弧度表示的角，其余弦、正弦、正切是一个浮点数
COS, SIN, COT, TAN	(浮点表达式)	角（用弧度表示）的余弦、正弦、余切、正切值
DEGREES	(数值表达式)	大于或等于指定值的最小整数
EXP	(浮点表达式)	指定值的幂值
FLOOR	(数值表达式)	小于或等于指定值的最大整数
LOG	(浮点表达式)	指定值的自然对数
LOG10	(浮点表达式)	指定值的以 10 为底的对数
PI	()	3.141592653589793 的常数值
POWER	(数值表达式, y)	数值表达式的 y 次幂
RADIANS	(数值表达式)	将角度转换成弧度
RAND	([seed])	0~1 之间的随机浮点数
ROUND	(数值表达式, 长度)	根据以整数形式指定的长度对数值表达进行四舍五入
SIGN	(数值表达式)	正数、负数或零
SQRT	(浮点表达式)	指定值的平方根

例如，可以通过 ROUND 函数来进行四舍五入。

语法：ROUND (数值表达式, 长度)

这里，数值表达式是需要进行四舍五入的表达式。长度是表达式四舍五入的精度。

如果长度是正数，则表达式四舍五入到小数点的右边。如果长度是负数，则表达式四舍五入到小数点的左边。例如：

函　　数	输　　出
ROUND(1234.567,2)	1234.57
ROUND(1234.567,0)	1235
ROUND(1234.567,-1)	1230
ROUND(1234.567,-3)	1000
……	……

6.4.4　转换数据类型函数

有两个函数（CAST()/CONVERT）可以将数据从一种数据类型转换成另一种数据类型。它们的不同在于，CAST( )具有 ANSI SQL-92 的兼容性，而 CONVERT( )功能更为强大。

CAST( )的语法如下：

CAST(variable_or_column AS datatype)

CONVERT( )的语法如下：

CONVERT（datatype, variable_or_column）

注意，不是任意两种数据类型之间都可以相互转换，另一些转换则不需要使用 CAST( )，也不需要使用 CONVERT( )。例如，将一个日期转换成文本数据类型。

如果希望在数字和十进制数之间进行转换，则需要使用 CAST( )，否则会丢失精度。

例如：

```
DECLARE @Cast int
SET @Cast = 1234
SELECT CAST(@Cast AS CHAR(10))
```

就是将一个数字转换成 CHAR(10)的字符串。下面的代码效果相同：

```
DECLARE @Convert int
SET @Convert = 1234
SELECT CONVERT (CHAR(10)，@Convert)
```

6.4.5　聚合函数

聚合函数经常与 SELECT 语句的 GROUP BY 子句一起使用。所有聚合函数均为确定性函数。也就是说，只要使用一组特定输入值调用聚合函数，该函数总是返回相同的值，它可以对一组特定输入值执行计算，并返回单个值。

聚合函数用于计算总数。聚合函数在执行时，对其所作用的表中的一列或一组列的值进行总结，并生成单个值。表 6-7 列出了不同的聚合函数。

表 6-7 聚合函数

函　数　名	参　　数	描　　述
AVG	([ALL|DISTINCT] expression)	数学表达式中指定字段的均值，或者计算所有记录，或分别计算该字段上值不同的记录
CHECKSUM	(* | expression [,...n])	生成哈希索引，返回按照表达某一行或一组表达式计算出来的校验和值
CHECKSUM_AGG	([ALL | DISTINCT] expression)	将所有 expression 值的校验值作为 int 返回
COUNT	([ALL|DISTINCT] expression)	表达式中指定字段上记录的个数，或者是所有记录，或者是该字段上值不同的记录
COUNT_BIG	({ [ALL | DISTINCT] expression } | *)	返回的是 bigint 类型
COUNT	(*)	选中的行数
MAX	(expression)	表达式中的最大值
MIN	(expression)	表达式中的最小值
SUM	([ALL|DISTINCT] expression)	数学表达式中指定字段的总和。或者计算所有记录，或分别计算该字段上值不同的记录
STDEV	([ALL | DISTINCT] expression)	返回指定表达式中所有值的标准偏差
STDEVP	([ALL | DISTINCT] expression)	返回指定表达式中所有值的总体标准偏差
VAR	([ALL | DISTINCT] expression)	返回指定表达式中所有值的方差
VARP	([ALL | DISTINCT] expression)	返回指定表达式中所有值的总体方差

以下示例返回 SalesPerson 表中的所有奖金值的标准偏差。

```
USE AdventureWorks;
GO
SELECT STDEV(Bonus)
FROM Sales.SalesPerson;
GO
```

以下示例演示如何使用 CHECKSUM 生成哈希索引。通过将计算校验和列添加到索引的表中，然后对校验和列生成索引来生成哈希索引。

```
-- Create a checksum index.
SET ARITHABORT ON;
USE AdventureWorks;
GO
ALTER TABLE Production.Product
ADD cs_Pname AS CHECKSUM(Name);
GO
CREATE INDEX Pname_index ON Production.Product (cs_Pname);
GO
```

6.5　Transact-SQL 的流程控制语句

Transact-SQL 使用的流程控制语句与常见的程序设计语言类似，主要有以下几种控制语句。

6.5.1 IF...ELSE 语句

IF...ELSE 语句的语法如下：

```
IF <条件表达式>
    <命令行或程序块>
    [ELSE <条件表达式>
    <命令行或程序块>]
```

其中，<条件表达式>可以是各种表达式的组合，但表达式的值必须是逻辑值"真"或"假"。ELSE 子句是可选的，最简单的 IF 语句没有 ELSE 子句部分。IF...ELSE 用来判断当某一条件成立时执行某段程序，条件不成立时执行另一段程序。如果不使用程序块，IF 或 ELSE 只能执行一条命令。IF...ELSE 可以进行嵌套。

【例 6-10】

```
DECLARE @x INT, @y INT, @z INT
SELECT @x = 1, @y = 2, @z = 3
IF @x > @y
    PRINT 'x>y'    --打印字符串'x>y'
ELSE IF @y > @z
    PRINT 'y > z'
ELSE PRINT 'z > y'
```

运行结果如下：

```
z > y
```

6.5.2 BEGIN...END 语句

BEGIN...END 语句的语法如下：

```
BEGIN
    <命令行或程序块>
END
```

BEGIN...END 用来设定一个程序块，将在 BEGIN...END 内的所有程序视为一个单元执行。BEGIN...END 经常在条件语句，如 IF...ELSE 中使用。在 BEGIN...END 中可嵌套另外的 BEGIN...END 来定义另一程序块。

6.5.3 CASE 语句

CASE 语句有两种格式，见表 6-8。

表 6-8　CASE 语句的两种格式

格　式 1	格　式 2
CASE <运算式>	CASE
WHEN <运算式>THEN<运算式>	WHEN <条件表达式> THEN <运算式>

格　式 1	格　式 2
WHEN<运算式>THEN<运算式>	WHEN <条件表达式> THEN <运算式>
...	...
[ELSE<运算式>]	[ELSE <运算式>]
END	END

CASE 命令可以嵌套到 SQL 命令中。

【例 6-11】　调整玩具价格，原价格小于 10 元的上调 8%，原价格大于 30 元的上调 6%，其他上调 7%。

```
USE ToyUniverse
UPDATE Toys SET mToyRate =
CASE
    WHEN mToyRate < 10 THEN mToyRate*1.08
    WHEN mToyRate > 30 THEN mToyRate*1.06
    ELSE mToyRate*1.07
END
```

6.5.4　WHILE…CONTINUE…BREAK 语句

WHILE…CONTINUE…BREAK 语句的语法如下：

```
WHILE <条件表达式>
BEGIN
    <命令行或程序块>
[BREAK]
[CONTINUE]
    [命令行或程序块]
END
```

WHILE 命令在设定条件成立时会重复执行命令行或程序块。CONTINUE 命令可以让程序跳过 CONTINUE 命令之后的语句，回到 WHILE 循环的第一行命令。BREAK 命令则让程序完全跳出循环，结束 WHILE 命令的执行。WHILE 语句也可以嵌套。

【例 6-12】

```
DECLARE @x INT, @y INT, @c INT
SELECT @x = 1, @y = 1
WHILE @x < 3
BEGIN
    PRINT @x   --打印变量 x 的值
    WHILE @y < 3
    BEGIN
        SELECT @c = 100*@x+ @y
        PRINT @c --打印变量 c 的值
        SELECT @y = @y + 1
```

```
        END
        SELECT @x = @x + 1
        SELECT @y = 1
    END
```

运行结果如下：

```
1    101      102
2    201      202
```

6.5.5 TRY…CATCH 语句

Transact-SQL 代码中的错误可使用 TRY…CATCH 构造处理，此功能类似于 Microsoft Visual C++和 Microsoft Visual C# 语言的异常处理功能。TRY…CATCH 构造包括两部分：一个 TRY 块和一个 CATCH 块。如果在 TRY 块内的 Transact-SQL 语句中检测到错误条件，则控制将被传递到 CATCH 块（可在此块中处理此错误）。

CATCH 块处理该异常错误后，控制将被传递到 END CATCH 语句后面的第一个 Transact-SQL 语句。如果 END CATCH 语句是存储过程或触发器中的最后一条语句，则控制将返回到调用该存储过程或触发器的代码。将不执行 TRY 块中生成错误的语句后面的 Transact-SQL 语句。

如果 TRY 块中没有错误，控制将传递到关联的 END CATCH 语句后紧跟的语句。如果 END CATCH 语句是存储过程或触发器中的最后一条语句，控制将传递到调用该存储过程或触发器的语句。

TRY 块以 BEGIN TRY 语句开头，以 END TRY 语句结尾。在 BEGIN TRY 和 END TRY 语句之间可以指定一个或多个 Transact-SQL 语句。

CATCH 块必须紧跟 TRY 块。CATCH 块以 BEGIN CATCH 语句开头，以 END CATCH 语句结尾。在 Transact-SQL 中，每个 TRY 块仅与一个 CATCH 块相关联。

TRY…CATCH 语句的语法如下：

```
BEGIN TRY
        { sql_statement | statement_block }
END TRY
BEGIN CATCH
        [ { sql_statement | statement_block } ]
END CATCH
[ ; ]
```

各参数说明如下。

sql_statement：任何 Transact-SQL 语句。

statement_block：批处理（或包含于批处理）或包含于 BEGIN…END 块中的任何 Transact-SQL 语句组。

【例 6-13】 在下面的代码示例中，TRY 块中的 SELECT 语句将生成一个被零除错误。此错误将由 CATCH 块处理，它将使用存储过程返回错误信息。

```
CREATE PROCEDURE PRC_GetErrorInfo
```

```
    AS
    SELECT
        ERROR_NUMBER() AS ErrorNumber,
        ERROR_SEVERITY() AS ErrorSeverity,
        ERROR_STATE() as ErrorState,
        ERROR_PROCEDURE() as ErrorProcedure,
        ERROR_LINE() as ErrorLine,
        ERROR_MESSAGE() as ErrorMessage;
    GO

    BEGIN TRY
        -- Generate divide-by-zero error.
        SELECT 1/0;
    END TRY
    BEGIN CATCH
        -- Execute the error retrieval routine.
        EXECUTE usp_GetErrorInfo;
    END CATCH;
    GO
```

使用 TRY…CATCH 语句时须注意以下几点：

1）每个 TRY…CATCH 语句都必须位于一个批处理、存储过程或触发器中。例如，不能将 TRY 块放置在一个批处理中，而将关联的 CATCH 块放置在另一个批处理中。

2）CATCH 块必须紧跟 TRY 块。

3）TRY…CATCH 构造可以是嵌套式的。这意味着可以将 TRY…CATCH 语句放置在其他 TRY 块和 CATCH 块内。当嵌套的 TRY 块中出现错误时，程序控制将传递到与嵌套的 TRY 块关联的 CATCH 块。

若要处理给定的 CATCH 块中出现的错误，请在指定的 CATCH 块中编写。

6.5.6 WAITFOR 语句

WAITFOR 语句的语法如下：

WAITFOR {DELAY < '时间' > | TIME < '时间' > | ERROREXIT | PROCESSEXIT | MIRROREXIT}

WAITFOR 命令用来暂时停止程序执行，直到所设定的等待时间已过或所设定的时间已到才继续往下执行。其中，'时间' 必须为 DATETIME 类型的数据，如 '11:15:27'，但不能包括日期。各关键字的含义如下：

DELAY：用来设定等待的时间最多可达 24h。

TIME：用来设定等待结束的时间点。

ERROREXIT：直到处理非正常中断。

PROCESSEXIT：直到处理正常或非正常中断。

MIRROREXIT：直到镜像设备失败。

【例 6-14】 等待 1h 2min 3s 后才执行 SELECT 语句。

WAITFOR DELAY '01:02:03'

```
SELECT * FROM Toys
```

【例6-15】 等到晚上 11 点零 8 分后才执行 SELECT 语句。

```
WAITFOR TIME '23:08:00'
SELECT * FROM Toys
```

6.5.7　GOTO 语句

GOTO 语句的语法如下：

GOTO 标识符

GOTO 命令用来改变程序执行的流程，使程序跳到标有标识符的指定的程序行再继续往下执行。作为跳转目标的标识符，可为数字与字符的组合，但必须以"："结尾，如 '12：'或 'a_1：'。在 GOTO 命令行，标识符后不必跟"："。

【例6-16】 分行打印字符 '1'、'2'、'3'、'4'、'5'。

```
        DECLARE @x INT
        SELECT @x = 1
lab_1: PRINT @x
        SELECT @x = @x + 1
        WHILE @x < 6
        GOTO lab_1
```

6.5.8　RETURN 语句

RETURN 语句的语法如下：

RETURN [整数值]

RETURN 命令用于结束当前程序的执行，返回到上一个调用它的程序或其他程序。在括号内可指定一个返回值。

【例6-17】

```
USE pubs
GO
CREATE PROCEDURE checkstate @param varchar(11)
AS
IF (SELECT state FROM authors WHERE au_id = @param) = 'CA'
    RETURN 1
ELSE
    RETURN 2
GO
DECLARE @return_status int
EXEC @return_status = checkstate '172-32-1176'
SELECT 'Return Status' = @return_status
```

若没有指定返回值，SQL Server 会根据程序执行的结果返回一个内定值，见表 6-9。

表 6-9   RETURN 命令返回内定值

返 回 值	含 义
0	程序执行成功
−1	找不到对象
−2	数据类型错误
−3	死锁
−4	违反权限规则
−5	语法错误
−6	用户造成的一般错误
−7	资源错误，如磁盘空间不足
−8	非致命的内部错误
−9	已达到系统的极限
−10，−11	致命的内部不一致性错误
−12	表或指针破坏
−13	数据库破坏
−14	硬件错误

提示：如果运行过程产生了多个错误，SQL Server 系统将返回绝对值最大的数值；如果此时用户定义了返回值，则返回用户定义的值。RETURN 语句不能返回 NULL 值。

6.6   本章小结

本章介绍了 SQL 的发展以及 Transact-SQL 支持的数据类型；介绍了 Transact-SQL 支持的变量，包括局部变量和全局变量，以及如何声明和使用变量；接着介绍了 Transact-SQL 编程的基础知识，如注释符、运算符和通配符，还介绍了 SQL Server 2008 的内置函数；最后介绍了 Transact-SQL 支持的流程控制语句，包括单分支语句（IF…ELSE）、语句块（BEGIN…END）、循环语句（WHILE）和多分支表达式语句（CASE）等，并介绍了这些语句的概念和使用方法。本章介绍的内容是以后使用 Transact-SQL 语句进行开发和编程的基础。

6.7   思考题

1. Transact-SQL 支持的变量有几种?分别用什么前缀来标识?

2. 在查询分析器中编写实现如下功能的脚本。

（1）声明两个整型局部变量@i1 和@i2，对@i1 赋初值 10，对@i2 赋初值@i1 乘以 5，再显示@i2 的结果值。

（2）用 WHILE 语句实现计算 10000 减 1、减 2、减 3，…，一直减到 50 的结果，并显示最终结果。

3. 用 CASE 语句实现下述功能:

（1）声明变量@x，@y 为字符型，长度均为 6，为@x 赋初值 'abc'，分情况判断:

当@x＝'a'时，@y＝'abc：'＋'1'

当@x＝'b'时，@y＝'^bc：'＋'2'

当@x＝'abc'时，@y＝'abc：'＋'3'

否则，@y＝'no'

（2）声明变量@i 为整型，@s 为字符型，长度为 6，为@i 赋初始值 85，分情况判断：

当@i 在 90～100 之间时，@s ＝'优'

当@i 在 80～89 之间时，@s ＝'良'

当@i 在 70～79 之间时，@s ＝'中'

当@i 在 60～69 之间时，@s ＝'及格'

其他@s ＝'不及格'

第 7 章 数据查询

本章学习目标：
- 熟练掌握 SELECT 数据查询语句的语法
- 熟练掌握 SELECT 语句相关的子句
- 熟练利用 SELECT 语句进行简单查询、连接查询和嵌套查询
- 了解 XML 查询技术

为了更方便有效地管理信息，人们希望数据库可以随时提供所需要的数据信息。因此，对用户来说，数据查询是数据库最重要的功能。本章将讲述数据查询的实现方法。

在数据库中，数据查询是通过 SELECT 语句来完成的。SELECT 语句可以从数据库中按用户要求检索数据，并将查询结果以表格的形式返回。在前面的章节中已经初步接触到了 SELECT 语句的一些用法，本章将分类讲述其具体用法。

7.1 查询语句基础

查询语句 SELECT 在 SQL Server 中是使用频率最高的语句。可以说，SELECT 语句是 SQL 的灵魂，具有强大的查询功能，它由一系列灵活的子句组成，这些子句共同确定检索哪些数据。用户使用 SELECT 语句除可以查看普通数据库中的表格和视图的信息外，还可以查看 SQL Server 的系统信息。

在介绍 SELECT 语句的使用之前，先介绍 SELECT 语句的基本语法结构及执行过程。

7.1.1 SELECT 语句的语法结构及其顺序

虽然 SELECT 语句的完整语法非常复杂，但常用的主要子句可归纳如下：

```
SELECT select_list                          /*选择列表*/
    [ INTO new_table ]                      /*把结果集插入新表 */
FROM table_source                           /*选择数据源*/
[ WHERE search_condition ]                  /*根据什么条件*/
[ GROUP BY group_by_expression ]            /*分组依据表达式*/
[ HAVING search_condition ]                 /*分组选择条件*/
[ ORDER BY order_expression [ ASC | DESC ] ]  /*排序依据表达式*/
```

各参数说明如下。

SELECT 子句：指定由查询结果返回的列。

INTO 子句：将查询的结果存储到新表或视图中。

FROM 子句：用于指定数据源，即引用的列所在的表或视图。如果对象不止一个，它们之间必须用逗号分开。

WHERE 子句：指定用于限制返回的行的搜索条件。如果 SELECT 语句没有 WHERE 子句，DBMS 就认为目标表中的所有行都满足搜索条件。

GROUP BY 子句：指定用来放置输出行的组，并且如果 SELECT 子句 select_list 中包含聚合函数，则计算每组的汇总值。

HAVING 子句：指定组或聚合函数的搜索条件。HAVING 通常与 GROUP BY 子句一起使用。

ORDER BY 子句：指定结果集的排序方式。ASC 关键字表示升序排列结果，DESC 关键字表示降序排列结果。如果没有指定关键字，系统默认是 ASC。如果没有指定 ORDER BY 子句，DBMS 将根据表中的数据存放顺序来显示数据。

注意：在这几个子句中，SELECT 子句和 FROM 子句是必需的，其他子句是可选的。还有，如果同时出现几个子句，它们是有顺序的，即按照上面的顺序。

7.1.2　SELECT 语句各个子句的执行顺序

当执行 SELECT 语句时，DBMS 的执行步骤可表示如下：

1）首先执行 FROM 子句，组装来自不同的数据源的数据，即根据 FROM 子句中的一个或多个表创建工作表。如果在 FROM 子句中出现两个或多个数据表，DBMS 将执行 CROSS JOIN 预算，对表进行交叉连接，形成笛卡儿积，作为工作表。

2）如果有 WHERE 子句，实现基于指定的条件对记录进行筛选，即 DBMS 将 WHERE 子句列出的搜索条件作用于步骤 1）生成的工作表。DBMS 将保留那些满足搜索条件的行，在工作表中删除那些不满足搜索条件的行。

3）如果有 GROUP BY 子句，它将把数据划为多个分组。DBMS 将步骤 2）生成的工作表中的行分成多个组，每个组中所有的行的 group_by_expression 字段具有相同的值。接着，DBMS 将每组减少到单行，而后将其结果添加到新的结果集中，生成新的工作表。DBMS 将 NULL 值看做相等，把所有 NULL 值都放在同一组中。

4）如果有 HAVING 子句，它将筛选分组。DBMS 将 HAVING 子句列出的搜索条件作用于步骤 3）生成的组合表中的每一行。DBMS 将保留那些满足搜索条件的行，删除那些不满足搜索条件的行。

5）将 SELECT 子句作用于上面的结果表。删除表中不包含在 select_list 中的列。如果 SELECT 子句中包含 DISTINCT 关键字，DBMS 将从结果集中删除重复的行。

6）如果有 ORDER BY 子句，则按指定的排序规则对结果进行排序。

7）对于交互式的 SELECT 子句，在屏幕上显示结果；对于嵌入式的 SQL，使用游标将结果传递给宿主程序。

以上就是 SELECT 语句的基本执行过程。读者只有在学习过程中多想到这些执行过程，才能理解上述的执行过程。

7.2　简单查询语句

7.2.1　基本查询语句

1．查询所有列和所有行

用 SELECT 子句检索单个表中所有的列和行的语法如下：

```
SELECT * FROM 表名
```

提示：可以用星号（*）来指定所有列。

【例 7-1】 显示数据库 ToyUniverse 的表 Toys 中所有的数据。

```
USE ToyUniverse  --使用 ToyUniverse 数据库，后面没有此句的都代表该数据库
SELECT * FROM Toys
```

```
结果为：
cToyId       vToyName          … --此处省略一些列
-----------  ----------------------
000001       Robby the Whale
000002       Water Channel System
000003       Parachute and Rocket
… --此处省略一些行
```

注意：在使用 "*" 通配符时要慎重，一般很少情况用到要查询所有行和列的数据，以免占用过多的系统资源和网络资源。

2. 显示一张表上指定列的所有数据

从单个表中检索指定列、所有行的 SELECT 子句的语法如下：

```
SELECT 列名 [,列名] … FROM 表名
```

提示：列名也可以是经过计算的值，包括几个列的组合。

【例 7-2】 现在需要一张包含所有接受者（Recipient）的姓名、城市、电话号码的报表。

```
SELECT vFirstName, vLastName, cCity, cPhone  FROM Recipient
```

```
结果为：
vFirstName            vLastName            cCity            cPhone
-------------------   -------------------  --------------   ---------------
Barbara               Johnson              Sunnyvale        123-5673
Catherine             Roberts              San Jose         445-2256
Christopher           Davis                Hill Avenue      556-9087
Jennifer              Martin               Brooklyn         569-7789
… --此处省略一些行
（所影响的行数为 10 行）
```

注意：在指定列的查询中，结果集显示的顺序由 SELECT 子句中的 select_list 指定，与数据表中的存储顺序无关。多列时，用 "," 隔开即可。

3. 显示指定的、带用户友好的列标题的列

有时，带属性名的输出结果对用户来讲不一定是友好的。为了使输出更加友好，可以在查询中指定自己的列标题。

可以用 SELECT 子句从单个表中检索带用户自定义标题的列中的数据，其语法为：

方法 1：

　　　SELECT 列名 AS 列标题 [,列名…] FROM 表名

方法 2：

　　　SELECT 列名　列标题 [,列名…] FROM 表名

方法 3：

　　　SELECT 列标题 = 列名 [,列名…] FROM 表名

【例 7-3】 现在需要一张包含所有购物者（Shopper）的姓名、城市、电话的报表。

　　　SELECT 姓名=vFirstName+' '+vLastName, 城市=cCity, 电话=cPhone
　　　FROM Shopper

或者　　　SELECT vFirstName+' '+vLastName 姓名, cCity 城市, cPhone 电话
　　　FROM Shopper

结果为		
姓名	城市	电话
----------------------------	---------------	---------------
Angela Smith	Woodbridge	227-2344
Barbara Johnson	Sunnyvale	123-5673
Betty Williams	Virginia Beach	458-3299
… --此处省略一些行		
（所影响的行数为 50 行）		

4．选择结果中带运算的列

在数据查询时，经常需要对表中的列进行计算，才能获得所需要的结果。在 SELECT 子句中可以使用各种运算符和函数对指定列进行运算。

【例 7-4】 现在需要一张包含所有购物者（Shopper）的姓名、城市、电话、信用卡年份的报表。

　　　SELECT 姓名=vFirstName+' '+vLastName, 城市=vCity, 电话=cPhone ,
　　　CAST(YEAR(dExpiryDate) as CHAR(4)) AS 信用卡年份
　　　FROM Shopper

结果为：			
姓名	城市	电话	信用卡年份
----------------------------	---------------	---------------	--------------
Angela Smith	Woodbridge	227-2344	1999
Barbara Johnson	Sunnyvale	123-5673	1999
Betty Williams	Virginia Beach	458-3299	1999
… --此处省略一些行			
（所影响的行数为 50 行）			

上面显示结果的姓名使用了字符串拼接，信用卡年份使用了 CAST()和 YEAR()两个函数进行运算。

5. 结果集中去掉重复的值

使用 DISTINCT 关键字可以从结果集中删除重复的行，使结果集更简洁。用 SELECT 子句在一张表中检索一列的唯一值的语法如下：

SELECT DISTINCT 列名 FROM 表名

【例7-5】 显示玩具接受者所属的所有省份。省份名不应该有重复。

SELECT DISTINCT cState   FROM   Recipient

```
结果为：
cState
---------------
California
...                        --此处省略一些行
Georgia
（所影响的行数为 7 行）
```

6. 返回部分结果集

当一个表中的数据过多时，如果一次全部传到客户端显示，会浪费网络资源，此时只要检索排好序的顶部几条记录即可。

检索顶部几条记录的 SELECT 子句的语法为：

SELECT [TOP n [PERCENT]] 列名 [,列名…]   FROM 表名

这里的 "n" 是一个数字。

若使用 PERCENT 关键字，则返回总行数的百分之 "n"（行）。TOP 子句限制了结果集中返回的行数。

在 SQL Server 2008 中，TOP 表达式可用在 SELECT、INSERT、UPDATE 和 DELETE 子句中。

注意：如果在包含 TOP 的 SELECT 语句中使用了 ORDER BY 子句，则将在应用 ORDER BY 子句之后，选择要返回的行。

【例7-6】 显示 5 个玩具的玩具代码和玩具名。

```
SELECT TOP 5 cToyId, vToyName
FROM dbo.Toys
结果为：
cToyId     vToyName
------     --------------------
000001     Robby the Whale
000002     Water Channel System
000003     Parachute and Rocket
000004     Super Deluge
000005     Light Show Lamp
(5 行受影响)
```

【例7-7】 显示 5 个玩具的玩具代码和玩具名。

SELECT TOP 5 PERCENT cToyId, vToyName
FROM dbo.Toys

```
结果为:
cToyId      vToyName

------      --------------------

000001      Robby the Whale

000002      Water Channel System

(2 行受影响)
```

7. 合并查询结果集

当需要将不同查询的输出结果合并成单一的结果集时，就可以使用 UNION 操作符，将两张表中的数据合并为单一的输出。

其语法如下:

SELECT 列名[,列名…]
　　FROM 表名
UNION [ALL]
SELECT 列名[,列名…]
　　FROM 表名

注意：结果集的列标题是第一个 SELECT 语句的列标题。后续的 SELECT 语句中的所有列必须具有同第一个 SELECT 语句中的列相似的数据类型，而且列数也必须相似。

默认情况下，UNION 子句将移去重复行。如果使用了 ALL，这些重复行也将显示。

【例7-8】 显示购物者和接受者的名字、姓、地址和城市。

SELECT vFirstName,vLastName,vAddress,vCity
　　FROM Shopper
UNION
SELECT vFirstName,vLastName,vAddress,vCity
　　FROM Recipient

```
结果为:
vFirstName      vLastName         vAddress            cCity

-----------     ----------------  ----------------    --------------

Angela          Smith             16223 Radiance Court  Woodbridge
Barbara         Johnson           227 Beach Ave.        Sunnyvale
Betty           Williams          1 Tread Road          Virginia Beach
…                                 --此处省略一些行
（所影响的行数为 50 行）
```

注意：还可以进行两个集合的差运算，语法为

SELECT 列名[,列名…]
　　FROM 表名
　EXCEPT
SELECT 列名[,列名…]
　　FROM 表名

据此，将例 7-8 的代码改为

```
SELECT vFirstName, vLastName, vAddress, vCity
    FROM Shopper
EXCEPT
SELECT vFirstName, vLastName, vAddress, vCity
    FROM Recipient
```

即从第一个查询中返回第二个查询中没有找到的所有非重复值。

7.2.2 用条件来筛选表中指定的行

一个数据表中通常存放有大量的记录数据。实际使用时，绝大部分的查询不是针对所有数据记录的查询，往往只需要其中满足要求的部分记录数据。这时就需要用到 WHERE 条件子句。使用 WHERE 子句可以限制查询的范围，提高查询效率。在使用时，WHERE 子句必须紧跟在 FROM 子句后面。WHERE 子句中的条件表达式包括算术表达式和逻辑表达式。SQL Server 对 WHERE 子句中的查询条件数目没有限制。

1. 按指定的条件检索数据

语法如下：

```
SELECT 选择列表  FROM 表名  WHERE 条件
```

按照比较运算符、表达式的形式书写条件。

当使用比较运算符时，须考虑以下几点：

1）表达式中可以包含常数、列名、函数和通过算术运算符连接的嵌套查询。

2）确保在所有的 char、varchar、text、datetime 和 smalldatetime 类型的数据周围添加单引号。

表 7-1 显示并说明了比较运算符。

表 7-1 比较运算符

运 算 符	说 明
=	等于
>	大于
<	小于
>=	大于或等于
<=	小于或等于
<>	不等于
!=	不等于（最好用<>）
!>	不大于
!<	不小于
()	控制优先级

【例 7-9】 现在需要一张家住在 New York 的购物者的姓名、城市、电话的报表。

```
SELECT 姓名=vFirstName+' '+vLastName,  城市=cCity, 电话=cPhone
```

FROM Shopper   WHERE cCity='New York'

```
结果为：
姓名                                          城市            电话
--------------------------------------    --------------    ---------------
Dorothy Thomas                            New York        696-2278
（所影响的行数为 1 行）
```

2. 根据多重条件，用 SELECT 子句检索并显示数据

语法如下：

SELECT 选择列表 FROM 表名
WHERE [NOT] 条件 {AND | OR } [NOT]   条件

可以用逻辑运算符 AND 和 OR 在 WHERE 子句中连接两个或多个搜索条件。当需要所有的条件都满足时，用 AND。当需要满足任何一个条件时，用 OR。NOT 否定跟在其后的表达式。

当在一句语句中使用多个逻辑运算符时，被处理的顺序是 NOT 在先、然后是 AND、最后是 OR。括号可以用来改变处理顺序，也使得表达式的可读性更强。

【例 7-10】 显示价格范围在$15～$20 之间的所有玩具的列表。

SELECT cToyId, vToyName, mToyRate,siToyQoh FROM Toys
    WHERE mToyRate >15 AND mToyRate <20

```
结果为：
cToyId    vToyName              mToyRate              siToyQoh
------    --------------------  --------------------  --------
000005    Light Show Lamp       15.9900               58
000007    Tie Dye Kit           19.9900               76
000009    Glamorous Doll        18.9900               39
000011    Sleeping Beauty Doll  18.9900               65
000018    Childrens Bedroom     16.9900               15
000023    Tin Drum              15.9900               88
000027    X-90 Racers Set       19.9900               77
000031    Large Duck            17.9900               88
（所影响的行数为 8 行）
```

【例 7-11】 显示属于 California 和 Texas 州的购物者的姓名、E-mail 地址和省份。

SELECT vFirstName, vLastName, vEmailId , vProvince
    FROM Shopper
    WHERE vProvince='California' or vProvince='Texas'

```
结果为：
vFirstName            vLastName             vProvince         vEmailId
-------------------   -------------------   --------------    ---------------
Barbara               Johnson               California        barbaraj@speedmail.com
Catherine             Roberts               California        catheriner@qmail.com
Cynthia               Miller                California        cynthiam@qmailcom
```

David	Moore	California	davidm@qmail.com
Frances	Turner	Texas	francest@speedmail.com
Jessica	Thompson	Texas	jessicat@speedmail.com
...	--此处省略一些行		

（所影响的行数为 17 行）

3. 限定数据范围

在 WHERE 子句中，使用 BETWEEN 关键字可以方便地限制查询数据的范围，这与含有 ">" 和 "<" 的逻辑表达式的效果相同。

【例 7-12】 显示价格范围在$15～$20 之间的所有玩具的列表。

```
SELECT cToyId, vToyName, mToyRate,siToyQoh FROM Toys
     WHERE mToyRate BETWEEN 15 AND   20
```

结果为：

cToyId	vToyName	mToyRate	siToyQoh
000005	Light Show Lamp	15.9900	58
000007	Tie Dye Kit	19.9900	76
000009	Glamorous Doll	18.9900	39
000011	Sleeping Beauty Doll	18.9900	65
000018	Childrens Bedroom	16.9900	15
000023	Tin Drum	15.9900	88
000027	X-90 Racers Set	19.9900	77
000031	Large Duck	17.9900	88

（所影响的行数为 8 行）

4. 用 IN 关键字限定范围检索

对于要搜索的值不是连续的，而是离散的，这时可以用 IN 关键字来限制检索数据范围。灵活使用 IN 关键字，可以使复杂的语句简单化。

【例 7-13】 显示属于 California 和 Texas 州的购物者的名字、姓、省份和 E-mail 地址。

```
SELECT vFirstName, vLastName,vProvince, vEmailId
   FROM Shopper
      WHERE vProvince IN ('California', 'Texas')
```

结果为：

vFirstName	vLastName	vProvince	vEmailId
Barbara	Johnson	California	barbaraj@speedmail.com
Catherine	Roberts	California	catheriner@qmail.com
Cynthia	Miller	California	cynthiam@qmailcom
David	Moore	California	davidm@qmail.com
Frances	Turner	Texas	francest@speedmail.com
Jessica	Thompson	Texas	jessicat@speedmail.com
...	--此处省略一些行		

（所影响的行数为 17 行）

5. IS NULL 和 IS NOT NULL 关键字

用 SELECT 语句检索并显示指定列的值为 NULL 的那些行的数据，语法如下：

```
SELECT 选择列表 FROM 表名
WHERE 列名 IS [NOT] NULL
```

提示：NULL 意味着某一行的某一列中没有数据项。这同 0 或空白是不同的。更要注意的是，NULL 不能进行任何比较。例如，两个 NULL 是不相等的。NULL 的序号很小，这意味着在按升序排列的输出结果中，NULL 将被排在第一位。

【例 7-14】 显示没有任何附加信息的订货单的全部信息。

```
SELECT * FROM OrderDetail WHERE vMessage is NULL
```

```
结果为：
cOrderNo  cToyId   siQty    cGiftWrap    cWrapperId    vMessage    mToyCost
--------  ------   ------   ---------    -----------   -----------  --------
000001    000007   2        N            NULL          NULL         39.9800
000003    000017   3        N            NULL          NULL         71.9700
000007    000006   1        N            NULL          NULL         12.9900
（所影响的行数为 3 行）
```

6. 模糊查询

模糊查询通常用通配符来实现。模糊查询的通配符见表 7-2。

表 7-2 模糊查询的通配符

通　配　符	说　　明
%	包含零个或多个字符的任意字符串
_（下画线）	任意单个字符
[]	任意在指定范围或集合中的单个字符
[^]	任意不在指定范围或集合中的单个字符

例如：

表达式	返回值
LIKE 'LO%'	所有以 "LO" 开头的名字
LIKE 'Lo%'	所有以 "Lo" 开头的名字
LIKE '%ion'	所有以 "ion" 结尾的名字
LIKE '%rt%'	所有包含字母 "rt" 的名字
LIKE '_rt'	所有以 "rt" 结尾的 3 个字母的名字
LIKE '[DK]%'	所有以 "D" 或 "K" 开头的名字
LIKE '[A-D]ear'	所有以 "A" 到 "D" 中任意一个字母开头，以 "ear" 结尾的 4 个字母的名字
LIKE 'D[^c]%'	所有以 "D" 开头、第 2 个字母不为 "c" 的名字

【例 7-15】 显示所有名字以 "S" 开头的购物者。

```
SELECT cShopperId, cPassword, vFirstName, vLastName    FROM Shopper
    WHERE vFirstName like 'S%'
```

```
结果为:
cShopperId    cPassword     vFirstName                    vLastName
----------    ----------    --------------------          --------------------
000039        superman      Sandra                        Adams
000040        emerand       Sarah                         Baker
000041        hills         Sharon                        Gonzalez
000042        apartment     Shirley                       Nelson
000043        loft          Susan                         Carter
（所影响的行数为 5 行）
```

注意：若要搜索作为字符而不是通配符的百分号，则必须用 ESCAPE 关键字作为转义符来使用。例如，LIKE '%B%' ESCAPE B 就表示第 2 个百分号（%）是时间的字符值，不是通配符。

7.2.3　按指定顺序显示数据

用 SELECT 子句按给定顺序检索并显示数据的语法如下：

```
SELECT 选择列表 FROM 表名
[ORDER BY 列名 | 选择的列的序号 | 表达式 [ASC|DESC]
        [, 列名 | 选择的列的序号 | 表达式 [ASC|DESC]…]
```

注意：在 ORDER BY 子句中，可以用相关列的序号来代替列名。ASC 是默认的排序方式。

【例 7-16】 显示所有玩具的名字和价格，确保价格最高的玩具显示在列表的顶部。

```
SELECT vToyName as 'Toy Name', mToyRate as 'Toy Rate' FROM Toys
ORDER BY mToyRate desc
```
或者
```
SELECT vToyName as 'Toy Name', mToyRate as 'Toy Rate' FROM Toys
ORDER BY 2 desc --此处的 2 表示显示的第二列（mToyRate）
```

```
结果为:
Toy Name                  Toy Rate
--------------------      --------------------
Flower Loving Doll        49.9900
Victorian Dollhouse       43.2500
Super Deluge              35.9900
Racing Truck              35.9900
Water Channel System      33.9900
…                                      --此处省略一些行
（所影响的行数为 29 行）
```

注意：

1）ntext、text、image 或 xml 列不能用于 ORDER BY 子句。

2）空值被视为最低的可能值。

3）对 ORDER BY 子句中的项目数没有限制。但是，排序操作所需的中间工作表的行大小限制为 8060B。这限制了在 ORDER BY 子句中指定的列的总大小。

4）在与 SELECT…INTO 语句一起使用以从另一来源插入行时，ORDER BY 子句不能保证按指定的顺序插入这些行。

7.2.4 对查询的结果进行分组计算

为了生成概要输出，在 SELECT 语句中需用到聚合函数和 GROUP BY 子句。

1. 聚合函数

聚合函数用于计算总数。聚合函数在执行时，对其所作用的表中的一列或一组列的值进行总结，并生成单个值。表 7-3 列出了不同的聚合函数。

表 7-3 聚合函数

函 数 名	参 数	描 述
AVG	([ALL|DISTINCT] expression)	数学表达式中指定字段的均值，或者计算所有记录，或分别计算该字段上值不同的记录
CHECKSUM	(* | expression [,...n])	生成哈希索引，返回按照表达某一行或一组表达式计算出来的校验和值
CHECKSUM_AGG	([ALL | DISTINCT] expression)	将所有 expression 值的校验值作为 int 返回
COUNT	([ALL|DISTINCT] expression)	表达式中指定字段上记录的个数，或者是所有记录，或者是该字段上值不同的记录
COUNT_BIG	({ [ALL | DISTINCT] expression } | *)	返回的是 bigint 类型
COUNT	(*)	选中的行数
MAX	(expression)	表达式中的最大值
MIN	(expression)	表达式中的最小值
SUM	([ALL|DISTINCT] expression)	数学表达式中指定字段的总和。或者计算所有记录，或分别计算该字段上值不同的记录
STDEV	([ALL | DISTINCT] expression)	返回指定表达式中所有值的标准偏差
STDEVP	([ALL | DISTINCT] expression)	返回指定表达式中所有值的总体标准偏差
VAR	([ALL | DISTINCT] expression)	返回指定表达式中所有值的方差
VARP	([ALL | DISTINCT] expression)	返回指定表达式中所有值的总体方差

【例 7-17】 显示玩具价格的最大值、最小值和平均值。

SELECT MAX(mToyRate), MIN(mToyRate), AVG(mToyRate) FROM Toys

```
结果为：
-------------------- -------------------- --------------------
49.9900              6.9900               19.9644
（所影响的行数为 1 行）
```

2. 分组汇总

用 SELECT 子句检索按特定属性分组的数据的语法如下：

SELECT 列名[,列名...] FROM 表名 WHERE 搜索条件
[GROUP BY [ALL] 不包含聚合函数的表达式 [,不包含聚合函数的表达式....]]
[HAVING 搜索条件]

WHERE 子句把不满足搜索条件的行排除在外。

GROUP BY 子句作用于 WHERE 子句返回的行。如果有返回行，则在 GROUP BY 子句

中将这些行放入组中（每一个唯一的值分一组）。若没有 GROUP BY 子句，则整张表分在一组中。

【例7-18】 在一次订货中可以订购多个玩具。显示包含订货代码和每次订货的玩具总价的报表。

```
SELECT 'Order Number'=cOrderNo,
        'Total Cost of Toy for an Order' = SUM(mToyCost)
FROM    OrderDetail
GROUP BY cOrderNo
```

结果为：

```
Order Number    Total Cost of Toy for an Order
-----------     -----------------------------
000001          54.9700
000002          86.5000
000003          71.9700
...                                  --此处省略一些行
（所影响的行数为 10 行）
```

【例7-19】 在一次订货中可以订购多个玩具。显示包含订货代码和每次订货的玩具总价的报表。（条件：该次订货的玩具总价超过$50）

```
SELECT 'Order Number' = cOrderNo,
        'Total Cost of Toy for an Order' = SUM(mToyCost)
FROM    orderdetail
GROUP BY cOrderNo
HAVING SUM(mToyCost)>50
```

结果为：

```
Order Number    Total Cost of Toy for an Order
-----------     -----------------------------
000001          54.9700
000002          86.5000
000003          71.9700
000005          133.9300
000006          53.9700
（所影响的行数为 5 行）
```

3. 明细汇总（用 COMPUTE 和 COMPUTE BY）

COMPUTE BY 子句可以用同一 SELECT 语句既查看明细行，又查看汇总行。

其语法如下：

```
SELECT 列名[,列名....] FROM 表名
[ORDER BY [列名[,列名....]
COMPUTE 聚合函数(列名) [BY 列名[,列名]...]
```

注意：COMPUTE BY 只能用于已经排序的列。SELECT 列表中的列名必须是排过序的并

且用在 COMPUTE BY 子句中。未在 COMPUTE BY 子句中提及的列不能成为 SELECT 列表的一部分。在 COMPUTE 或 COMPUTE BY 子句中不能包含 ntext、text 或 image 数据类型。提供 COMPUTE 和 COMPUTE BY 是为了向后兼容。

下列的 SELECT 语句使用简单 COMPUTE 子句生成了 titles 表中 price 及 advance 的求和总计。

```
USE pubs
SELECT type, price, advance
FROM titles
ORDER BY type
COMPUTE SUM(price), SUM(advance)
```

下列的查询在 COMPUTE 子句中加入了可选的 BY 关键字，以生成每个组的小计。

```
USE pubs
SELECT type, price, advance
FROM titles
ORDER BY type
COMPUTE SUM(price), SUM(advance) BY type
```

【例 7-20】显示一张包含所有订货的订货代码、玩具代码和所有订货的玩具价格的报表。该报表应该既显示每次订货的总计，又显示所有订货的总计。

```
SELECT cOrderNo,cToyId,mToyCost FROM OrderDetail
Order by cOrderNo
Compute SUM(mToyCost) by cOrderNo
Compute SUM(mToyCost)
```

```
结果为：
cOrderNo  cToyId  mToyCost

--------  ------  --------------------
000001    000007  39.9800
000001    000008  14.9900
                  sum
                  ====================
                  54.9700


cOrderNo  cToyId  mToyCost

--------  ------  --------------------
000002    000016  86.5000
                  sum
                  ====================
                  86.5000

...                        --此处省略一些行
```

```
                sum
                ====================
                543.2600
```

（所影响的行数为 26 行）

COMPUTE 和 GROUP BY 之间的区别汇总如下：

1）GROUP BY 生成单个结果集。每个组都有一个只包含分组依据列和显示该组子聚合的聚合函数的行。选择列表只能包含分组依据列和聚合函数。

2）COMPUTE 生成多个结果集。一类结果集包含每个组的明细行，其中包含选择列表中的表达式。另一类结果集包含组的子聚合，或 SELECT 语句的总聚合。选择列表可包含除分组依据列或聚合函数之外的其他表达式。聚合函数在 COMPUTE 子句中指定，而不是在选择列表中。

4．用 CUBE 汇总数据

CUBE 运算符生成的结果集是多维数据集。多维数据集是事实数据的扩展，事实数据即记录个别事件的数据。扩展建立在用户打算分析的列上，这些列被称为维。多维数据集是一个结果集，其中包含了各维度的所有可能组合的交叉表格。

CUBE 运算符在 SELECT 语句的 GROUP BY 子句中指定，该语句的选择列表应包含维度列和聚合函数表达式。GROUP BY 应指定维度列和关键字 WITH CUBE。结果集将包含维度列中各值的所有可能组合，以及与这些维度值组合相匹配的基础行中的聚合值。

例如，一个简单的表 Inventory（见表 7-4）。

表 7-4　表 Inventory

Item	Color	Quantity
Table	Blue	124
Table	Red	223
Chair	Blue	101
Chair	Red	210

在下列查询返回的结果集中将包含 Item 和 Color 的所有可能组合的 Quantity 小计。

```
SELECT Item, Color, SUM(Quantity) AS QtySum
FROM Inventory
GROUP BY Item, Color WITH CUBE
```

下面是结果集：

Item	Color	QtySum
Chair	Blue	101.00
Chair	Red	210.00
Chair	(null)	311.00
Table	Blue	124.00

Table	Red	223.00
Table	(null)	347.00
(null)	(null)	658.00
(null)	Blue	225.00
(null)	Red	433.00

这里着重考查下列一行：

Chair	(null)	311.00

这一行报告了 Item 维度中值为 Chair 的所有行的小计。对 Color 维度返回了 NULL 值，表示该行所报告的聚合包括 Color 维度为任意值的行。

5. 用 ROLLUP 汇总数据

在生成包含小计和合计的报表时，ROLLUP 运算符很有用。ROLLUP 运算符生成的结果集类似于 CUBE 运算符生成的结果集。

CUBE 和 ROLLUP 之间的区别在于：

1）CUBE 生成的结果集显示了所选列中值的所有组合的聚合。

2）ROLLUP 生成的结果集显示了所选列中值的某一层次结构的聚合。

同样是上例中的 Inventory 表，下列的查询将生成小计报表。

```
SELECT Item, Color, SUM(Quantity) AS QtySum
FROM Inventory
GROUP BY Item, Color WITH ROLLUP
```

下面是结果集：

Item	Color	QtySum
Chair	Blue	101.00
Chair	Red	210.00
Chair	(null)	311.00
Table	Blue	124.00
Table	Red	223.00
Table	(null)	347.00
(null)	(null)	658.00

ROLLUP 操作的结果集具有类似于 COMPUTE BY 所返回结果集的功能；然而，ROLLUP 具有下列优点：

1）ROLLUP 返回单个结果集；COMPUTE BY 返回多个结果集，而多个结果集会增加应用程序代码的复杂性。

2）ROLLUP 可以在服务器游标中使用；COMPUTE BY 不可以。

3）有时，查询优化器为 ROLLUP 生成的执行计划比为 COMPUTE BY 生成的执行计划更高效。

7.3 连接查询

7.3.1 内连接

有时要用单 SELECT 语句显示多张表中的数据。为了这个目的，这些表中必须有一个对等的公共列，这称为简单连接或内连接。内连接是用比较运算符比较要连接列的值的连接。

其语法如下：

```
SELECT 列名, 列名 [,列名]
    FROM  表名  [INNER] JOIN  表名
    ON  表名.引用列名  连接操作符  表名.引用列名
```

注意：如果 SELECT 列表中的列名被*所取代，则所有表中的所有列都将在相关行中显示。

【例 7-21】 显示所有玩具的名称及其所属的类别名称。

```
SELECT vToyName, vCategory
    FROM Toys JOIN Category
    ON Toys.cCategoryId = Category.cCategoryID
```

等价于：

```
SELECT vToyName, vCategory
    FROM Toys , Category
    WHERE Toys.cCategoryId = Category.cCategoryID
```

```
结果为：
vToyName                cCategory
-------------------     --------------------
Robby the Whale         Activity
Water Channel System    Activity
    ...                           --此处省略一些行
（所影响的行数为 29 行）
```

【例 7-22】 显示所有玩具的名称、商标名称和类别名称。

```
SELECT vToyName, vBrandName, vCategory
    FROM Toys AS a INNER JOIN Category AS b
    ON a.cCategoryId = b.cCategoryId
    INNER JOIN ToyBrand AS c
    ON a.cBrandId =c.cBrandId
```

等价于：

```
SELECT vToyName, vBrandName, vCategory
    FROM Toys AS a , Category AS b, ToyBrand AS c
    WHERE a.cCategoryId = b.cCategoryId
        AND a.cBrandId =c.cBrandId
```

```
结果为:
vToyName                    cBrandName              cCategory
-------------------         -------------------     -------------------
Robby the Whale             Bobby                   Activity
Water Channel System        Bobby                   Activity
Parachute and Rocket The    Bernie Kids             Activity
Super Deluge                LAMOBIL                 Activity
Light Show Lamp             Bobby                   Dolls
Glamorous Doll              Bobby                   Dolls
...                                      --此处省略一些行
（所影响的行数为 29 行）
```

提示：也可以连接两个不相等的列中的值。连接操作符可以是 =、>、<、<=、>=、<>等。

7.3.2 外连接

有时可能需要显示一张表的全部记录和另一张表的部分记录，这种类型的连接称为外连接。外连接可以是左向外连接、右向外连接或完整外部连接。

其语法如下：

> SELECT 列名, 列名 [,列名]
>   FROM 表名 LEFT[RIGHT|FULL] [OUTER] JOIN 表名
>   ON 表名.引用列名 连接操作符 表名.引用列名

这里的连接操作符可以是 =、>、<、<=、>=、<>。

注意：OUTER JOIN 只可能发生在两个表之间。

外连接有以下 3 种类型。

1. LEFT JOIN 或 LEFTOUTER JOIN

左向外连接的结果集包括 LEFT OUTER 子句中指定的左表（第一个表）的所有行和另一张表中所有的匹配行，而不仅仅是连接列所匹配的行。如果左表的某行在右表中没有匹配行，则在相关联的结果集行中右表的所有选择列表列均为空值。

2. RIGHT JOIN 或 RIGHT OUTER JOIN

右向外连接是左向外连接的反向连接，将返回右表（第二个表）的所有行和另一张表中所有的匹配行。如果右表的某行在左表中没有匹配行，则将为左表返回空值。

3. FULL JOIN 或 FULL OUTER JOIN

完整外部连接返回左表和右表中的所有行。当某行在另一个表中没有匹配行时，则另一个表的选择列表列包含空值。如果表之间有匹配行，则整个结果集行包含基表的数据值。

【例 7-23】 显示所有玩具的名称和购物车代码。如果玩具不在购物车上，则应显示 NULL。

> SELECT vToyName, cCartId

```
FROM Toys LEFT OUTER JOIN ShoppingCart
    ON Toys.cToyId = ShoppingCart.cToyId
```

```
结果为:
vToyName                        cCartId
--------------------            ---------
Robby the Whale                 000001
Robby the Whale                 000005
Water Channel System            NULL
Parachute and Rocket            NULL
Super Deluge                    000004
Light Show Lamp                 NULL
Glass Decoration                000007
...                                   --此处省略一些行

（所影响的行数为 33 行）
```

7.3.3   交叉连接

没有 WHERE 子句的交叉连接（CROSS JOIN）将产生连接所涉及表的笛卡儿积。几个表行数的乘积等于笛卡儿积得到的结果集。

实际上，交叉连接没有实际意义，通常只用于测试所有的可能情况的数据显示。

7.4   子查询

在某些情况下可能需要一个复杂的查询，该查询可以分解成一系列的逻辑步骤来完成。当查询依赖于另一个查询的结果时，可以使用这一过程（步骤）。

在一个 SELECT 语句的 WHERE 子句或 HAVING 子句中嵌套另一个 SELECT 语句的查询称为子查询，又称嵌套查询。子查询是 SQL 语句的扩展，其语法如下:

```
SELECT <目标表达式 1>[, ...]
    FROM <表或视图名 1>
    WHERE [表达式] （SELECT <目标表达式 2>[,...]
                        FROM <表或视图名 2>）
```

子查询多种多样，下面介绍最常见的 4 种子查询。

7.4.1   使用比较运算符连接子查询

子查询可由一个比较运算符（=、< >、>、> =、<、!>、! < 或 < =）引入。由未修改的比较运算符（后面不跟 ANY 或 ALL 的比较运算符）引入的子查询必须返回单个值，而不是值列表。如果这样的子查询返回多个值，系统将显示错误信息。

【例 7-24】 显示价钱最贵的玩具的名称。

```
SELECT vToyName
    FROM Toys
```

```
        WHERE mToyRate =
            (SELECT MAX(mToyRate) From Toys)
```

```
结果为：
vToyName
--------------------
Flower Loving Doll
（所影响的行数为 1 行）
```

7.4.2　使用谓词 IN 连接子查询

通过 IN（或 NOT IN）引入的子查询结果是一列零值或更多值。子查询返回结果之后，外部查询将利用这些结果。

【例 7-25】　查询所有曾出版过商业书籍的出版商的名称。

```
        USE pubs
        SELECT pub_name
        FROM publishers
        WHERE pub_id IN
            (SELECT pub_id
                FROM titles
            WHERE type = 'business')
```

```
结果为：
pub_name
---------------------------------------
New Moon Books
Algodata Infosystems
（所影响的行数为 2 行）
```

7.4.3　使用谓词 EXISTS 连接子查询

用 EXISTS 关键字引入一个子查询时，就相当于进行一次存在测试。外部查询的 WHERE 子句测试子查询返回的行是否存在。子查询实际上不产生任何数据，它只返回 TRUE 或 FALSE 值。

使用 EXISTS 引入的子查询语法如下：

```
        WHERE [NOT] EXISTS(subquery)
```

【例 7-26】　查找所有出版商业书籍的出版商的名称。

```
        USE pubs
        SELECT pub_name
        FROM publishers
        WHERE EXISTS    --测试该值是否存在
            (SELECT *
```

```
    FROM titles
    WHERE pub_id = publishers.pub_id
        AND type = 'business')
```

```
结果为：
pub_name
----------------------------------------
New Moon Books
Algodata Infosystems
（所影响的行数为 2 行）
```

注意，使用 EXISTS 引入的子查询在以下几方面与其他子查询略有不同。

1）EXISTS 关键字前面没有列名、常量或其他表达式。

2）由 EXISTS 引入的子查询的选择列表通常都由星号（*）组成。由于只是测试是否存在符合子查询中指定条件的行，所以不必列出列名。

7.4.4 使用别名连接子查询

许多子查询和外部查询引用同一表的语句可被表述为自连接（将某个表与自身连接）。

【例 7-27】 查找所有与 John Doran 住在同一城市的购物者。

```
SELECT vFirstName, vLastName, vCity
  FROM Shopper
  WHERE vCity IN
    (SELECT vCity
     FROM Shopper
     WHERE vFirstName = 'John'
        AND vLastName = 'Doran')
```

也可以使用自连接：

```
SELECT a.vFirstName, a.vLastName, a. vCity
    FROM Shopper AS a INNER JOIN Shopper AS b
    ON a. vCity = b. vCity
        AND b.vFirstName = 'John'
        AND b.vLastName = 'Doran'
```

```
结果为：
vFirstName              vLastName              cCity
-------------------- -------------------- ---------------
Barbara                 Johnson                Sunnyvale
John                    Doran                  Sunnyvale

（所影响的行数为 2 行）
```

7.5 使用 XML 查询技术

XML 文档以一个纯文件形式存在，因此用户能够方便地阅读和使用，对文档的修改和维护也比较容易，还可以通过 HTTP 和 SMTP 等标准协议进行传送。SQL Server 2005 新增了 XML 字段，并且增加了 SQL 语句直接处理 XML 字段的功能。也就是说，可以直接把 XML 内容存储在该字段中，并且 SQL Server 会把它当做 XML 来对待，而不是当做 varchar 来对待。通过使用 SQL 语句可以直接获取存放在 XML 字段中的数据的行集，之后可以使用 DataSet 或 DataTable 进行数据处理。当需要写入数据到 XML 字段时，可以使用 Modify()函数来直接更新数据库。

7.5.1 XML 查询的基础知识

在使用 XML 查询之前，先了解一下 SQL Server 2008 中的 XML 数据类型、操作 XML 数据类型的方法，以及什么是 XQuery。

1. XML 数据类型

使用 XML 数据类型，可以将 XML 文档和片段存储在 SQL Server 数据库中。XML 片段是缺少单个顶级元素的 XML 实例。可以创建 XML 类型的列和变量，并在其中存储 XML 实例。用户可以像使用 NVARCHAR 数据类型一样使用 XML 数据类型，但可以借助于 XQuery 语句执行搜索。所以，XML 数据类型在大多数情况下比 NVARCHAR(MAX)更适合完成任务。

可以选择性地将 XML 架构集合与 XML 数据类型的列、参数或变量进行关联。集合中的架构用于验证和类型化 XML 实例。在这种情况下，XML 是类型化的。

XML 数据类型和关联的方法有助于将 XML 集成到 SQL Server 的关系框架。

XML 数据类型的一般限制如下：

1）XML 数据类型实例所占据的存储空间大小不能超过 2GB。

2）不能用做 sql_variant 实例的子类型。

3）不支持转换或转换为 text 或 ntext。请改用 varchar(max)或 nvarchar(max)。

4）不能进行比较或排序，这意味着 XML 数据类型不能用在 GROUP BY 语句中。

5）不能用做除 ISNULL、COALESCE 和 DATALENGTH 之外的任何内置标量函数的参数。

6）不能用做索引中的键列，但可以作为数据包含在聚集索引中。如果创建了非聚集索引，也可以使用 INCLUDE 关键字显式添加到该非聚集索引中。

2. XML 数据类型的方法

可以使用 XML 数据类型的方法查询存储在 XML 类型的变量或列中的 XML 实例。

（1）query()方法（XML 数据类型）

这个方法只有一个参数 XQuery，它是一个字符串，用于指定查询 XML 实例中的 XML 节点（元素或属性）的 XQuery 表达式。query()方法返回非类型化的 XML 实例。

语法为：

```
query ('XQuery')
```

【例 7-28】 该例声明了 XML 类型的变量@myDoc，并将 XML 实例分配给它。然后使用 query()方法对文档指定 XQuery。该查询检索<ProductDescription>元素的<Features>子元素。

```
declare @myDoc xml
set @myDoc = '<Root>
<ProductDescription ProductID="1" ProductName="Road Bike">
<Features>
   <Warranty>1 year parts and labor</Warranty>
   <Maintenance>3 year parts and labor extended maintenance is available</Maintenance>
</Features>
</ProductDescription>
</Root>'
SELECT @myDoc.query('/Root/ProductDescription/Features')
```

结果如下：

```
<Features>
   <Warranty>1 year parts and labor</Warranty>
   <Maintenance>3 year parts and labor extended maintenance is available</Maintenance>
</Features>
```

（2）value()方法（XML 数据类型）

对 XML 执行 XQuery，并返回 SQL 类型的值。此方法将返回标量值。通常，可以使用此方法从 XML 类型列、参数或变量内存储的 XML 实例中提取值。这样就可以指定将 XML 数据与非 XML 列中的数据进行合并或比较的 SELECT 查询了。

语法为

```
value (XQuery, SQLType)
```

各参数说明如下。

XQuery：XQuery 表达式，一个字符串文字，从 XML 实例内部检索数据。XQuery 必须最多返回一个值，否则将返回错误。

SQLType：要返回的首选 SQL 类型（一种字符串文字）。此方法的返回类型与 SQLType 参数匹配。

注意：SQLType 不能是 XML 数据类型、公共语言运行时（CLR）用户定义类型、image、text、ntext 或 sql_variant 数据类型。SQLType 可以是用户定义数据类型 SQL。

【例 7-29】 在该例中，XML 实例存储在 XML 类型的变量中。value()方法从 XML 中检索 ProductID 属性值，然后将该值分配给 int 变量。

```
DECLARE @myDoc xml
DECLARE @ProdID int
SET @myDoc = '<Root>
<ProductDescription ProductID="1" ProductName="Road Bike">
<Features>
   <Warranty>1 year parts and labor</Warranty>
```

```
        <Maintenance>3 year parts and labor extended maintenance is available</Maintenance>
        </Features>
        </ProductDescription>
        </Root>'

        SET @ProdID =    @myDoc.value('(/Root/ProductDescription/@ProductID)[1]', 'int' )
        SELECT @ProdID
```

执行语句后，ProdID 返回值 1 作为结果。

（3）exist()方法（XML 数据类型）

返回"位"，表示下列条件之一：

1）1 表示 True（如果查询中的 XQuery 表达式返回一个非空结果），即它至少返回一个 XML 节点。

2）0 表示 False（如果它返回一个空结果）。

3）NULL（如果执行查询的 XML 数据类型实例包含 NULL）。

注意：对于返回非空结果的 XQuery 表达式，exist()方法返回 1。如果在 exist()方法中指定 true()或 false()函数，则 exist()方法将返回 1，因为函数 true()和 false()将分别返回布尔值 True 和 False。也就是说，它们将返回非空结果。因此，exist()将返回 1（True），如下面的例子所示：

```
        declare @x xml
        set @x="
        select @x.exist('true()')
```

（4）modify()方法（XML 数据类型）

该方法用于修改 XML 文档的内容。使用此方法可修改 XML 类型变量或列的内容。此方法使用 XML DML 语句在 XML 数据中插入、更新或删除节点。XML 数据类型的 modify() 方法只能在 UPDATE 语句的 SET 子句中使用。

语法为：

        modify (XML_DML)

XML_DML：是 XML 数据操作语言（DML）中的字符串，将根据此表达式来更新 XML 文档。

注意：如果针对 NULL 值或以 NULL 值表示的结果调用 modify()方法，则会返回错误。

（5）nodes()方法（XML 数据类型）

如果要将 XML 数据类型实例拆分为关系数据，则 nodes()方法非常有用，它允许标示将映射到新行的节点。

每个 XML 数据类型实例都有隐式提供的上下文节点。对于在列或变量中存储的 XML 实例来说，它是文档节点。文档节点是位于每个 XML 数据类型实例顶部的隐式节点。

nodes()方法的结果是一个包含原始 XML 实例的逻辑副本的行集。在这些逻辑副本中，每个行示例的上下文节点都被设置成由查询表达式标示的节点之一。这样，后续的查询可以浏览与这些上下文节点相关的节点。

可以从行集中检索多个值。例如，可以将 value()方法应用于 nodes()所返回的行集，从原始 XML 实例中检索多个值。注意，当 value()方法应用于 XML 实例时，它仅返回一个值。

语法为：

nodes (XQuery) as Table(Column)

各参数说明如下。

XQuery：字符串文字，即一个 XQuery 表达式。如果查询表达式构造节点，这些已构造的节点将在结果行集中显示。如果查询表达式生成一个空序列，则行集将为空。如果查询表达式静态生成一个包含原子值而不是节点的序列，将产生静态错误。

Table(Column)：结果行集的表名称和列名称。

【例 7-30】 在下例中，XML 文档具有 1 个<Root>顶级元素和 3 个<row>子元素。查询使用 nodes()方法设置单独的上下文节点，每个<row>元素 1 个上下文节点。nodes()方法返回包含 3 行的行集。每行都有一个原始 XML 的逻辑副本，其中每个上下文节点都标示原始文档中的一个不同的<row>元素。

然后，查询会从每行返回上下文节点。

```
DECLARE @x xml ;
SET @x='<Root>
        <row id="1"><name>Larry</name><oflw>some text</oflw></row>
        <row id="2"><name>moe</name></row>
        <row id="3" />
</Root>';
SELECT T.c.query('.') AS result
FROM    @x.nodes('/Root/row') T(c);
GO
```

在此示例中，查询方法返回上下文项及其内容：

```
<row id="1"><name>Larry</name><oflw>some text</oflw></row>
 <row id="2"><name>moe</name></row>
 <row id="3"/>
```

对上下文节点应用父级取值函数将返回所有 3 行的<Root>元素。

```
SELECT T.c.query('..') AS result
FROM    @x.nodes('/Root/row') T(c);
GO
```

结果如下：

```
<Root>
        <row id="1"><name>Larry</name><oflw>some text</oflw></row>
        <row id="2"><name>moe</name></row>
        <row id="3" />
</Root>
```

```
<Root>
    <row id="1"><name>Larry</name><oflw>some text</oflw></row>
    <row id="2"><name>moe</name></row>
    <row id="3" />
</Root>
<Root>
    <row id="1"><name>Larry</name><oflw>some text</oflw></row>
    <row id="2"><name>moe</name></row>
    <row id="3" />
</Root>
```

3. XQuery 简介

XQuery 是一种可以查询结构化或半结构化 XML 数据的语言。由于数据库引擎中提供了 XML 数据类型支持，因此可以将文档存储在数据库中，然后使用 XQuery 进行查询。

XQuery 基于现有的 XPath 查询语言，并支持更好的迭代、更好的排序结果，以及构造必需的 XML 的功能。XQuery 在 XQuery 数据模型上运行，此模型是 XML 文档以及可能为类型化，也可能为非类型化的 XQuery 结果的抽象概念。类型信息基于 W3C XML 架构语言所提供的类型。如果没有可用的类型化信息，XQuery 将按照非类型化处理数据。这与 XPath 1.0 版处理 XML 的方式相似。

若要查询 XML 类型的变量或列中存储的 XML 实例，可以使用 XML 数据类型方法。例如，可以声明一个 XML 类型的变量，然后使用 XML 数据类型的 query()方法查询此变量。

【例 7-31】 定义一个 XML 变量，然后执行不同的查询。

```
DECLARE @x xml
SET @x = '
<ROOT>
<a>111</a>
<b>111</b>
<c>111</c>
</ROOT>'

SELECT @x.query('/ROOT')
```

执行结果是：`<ROOT><a>111</a><b>111</b><c>111</c></ROOT>`

```
SELECT @x.query('/ROOT/a')
```

执行结果是：`<a>111</a>`

7.5.2　FOR XML 子句

通过在 SELECT 语句中使用 FOR XML 子句可以把 SQL Server 2008 表中的数据检索出来并自动生成 XML 格式。SQL Server 2008 支持 FOR XML 子句的 4 种模式，分别是 RAW 模式、AUTO 模式、EXPLICIT 模式和 PATH 模式。

FOR XML 子句可以用在顶级查询和子查询中。顶级 FOR XML 子句只能用在 SELECT 语句中。而在子查询中，FOR XML 可以用在 INSERT、UPDATE 和 DELETE 语句中，还可以用在赋值语句中。

1. RAW 模式

RAW 模式将查询结果集中的每一行转换为带有通用标识符<row>或可能提供元素名称的 XML 元素。默认情况下，行集中非 NULL 的每列值都将映射为<row>元素的一个属性。如果将 ELEMENTS 指令添加到 FOR XML 子句，则每个列值都将映射到<row>元素的子元素。指定 ELEMENTS 指令之后，还可以选择性地指定 XSINIL 选项，将结果集中的 NULL 列值映射到具有 xsi:nil="true"属性的元素。

可以请求返回所产生的 XML 的架构。指定 XMLDATA 选项将返回内联 XDR 架构。指定 XML Schema 选项将返回内联 XSD 架构，该架构显示在数据的开头。在结果中，每个顶级元素都引用架构命名空间。

必须在 FOR XML 子句中指定 BINARY BASE64 选项，以使用 BASE64 编码格式返回二进制数据。在 RAW 模式下，如果不指定 BINARY BASE64 选项就检索二进制数据，将导致错误。

【例 7-32】 以 XML 结果显示玩具价格大于 20 元的玩具 ID，玩具名和玩具价格。

```
SELECT cToyId,vToyName,mToyRate FROM dbo.Toys
    WHERE mToyRate>20
    FOR XML RAW
```

结果显示如图 7-1 所示。

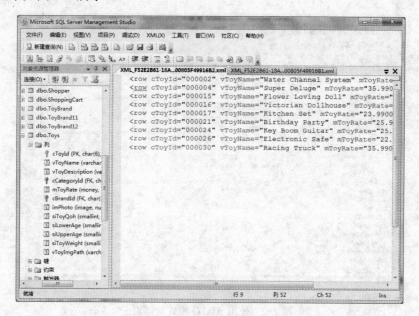

图 7-1 使用 RAW 模式的结果

2. AUTO 模式

AUTO 模式将查询结果以嵌套 XML 元素的方式返回。这不能较好地控制从查询结果生成的 XML 的形式。如果要生成简单的层次结构，AUTO 模式查询很有用。但是，使用 EXPLICIT 模式和使用 PATH 模式在确定从查询结果生成的 XML 的形式方面可提供更好的控制和更大的灵活性。

在 FROM 子句内，每个在 SELECT 子句中至少有一列被列出的表都表示为一个 XML 元素。如果在 FOR XML 子句中指定了可选的 ELEMENTS 选项，SELECT 子句中列出的列将映射到属性或子元素。

生成的 XML 中的 XML 层次结构（即元素嵌套）基于由 SELECT 子句中指定的列所标示的表的顺序。因此，在 SELECT 子句中指定的列名的顺序非常重要。最左侧第一个被标示的表形成所生成的 XML 文档中的顶级元素。由 SELECT 语句中的列所标示的最左侧第二个表形成顶级元素内的子元素，依此类推。

如果 SELECT 子句中列出的列名来自由 SELECT 子句以前指定的列所标示的表，则该列将作为已创建元素的属性添加，而不是在层次结构中打开一个新级别。如果已指定 ELEMENTS 选项，该列将作为属性添加。

【例 7-33】 以 XML 结果显示玩具价格大于 30 元被订的订单号，玩具 ID，玩具名和玩具价格。

```
SELECT A.cToyId,B.cOrderNo,vToyName,mToyRate
    FROM dbo.Toys AS A,dbo.OrderDetail AS B
    WHERE mToyRate>30 AND A.cToyId=B.cToyId
    FOR XML auto
```

结果显示如图 7-2 所示。

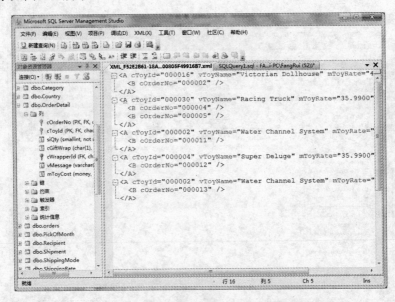

图 7-2　使用 AUTO 模式的结果

没有 FOR XML auto 子句时，显示如下：

cToyId	cOrderNo	vToyName	mToyRate
000016	000002	Victorian Dollhouse	43.25
000030	000004	Racing Truck	35.99
000030	000005	Racing Truck	35.99

000002	000011	Water Channel System	33.99
000004	000012	Super Deluge	35.99
000002	000013	Water Channel System	33.99

技巧：在本例中，订单号嵌在玩具 ID 中。如果订单号写在 SELECT 子句的选择列表的第一位，则玩具 ID 就嵌在订单号中。读者可以将 A.cToyId，B.cOrderNo 换成 B.cOrderNo，A.cToyId，看看有何效果。

3．EXPLICIT 模式

使用 RAW 和 AUTO 模式不能很好地控制从查询结果生成的 XML 的形状。但是，对于要从查询结果生成 XML，EXPLICIT 模式会提供非常好的灵活性。

必须以特定的方式编写 EXPLICIT 模式查询，以便将有关所需的 XML 的附加信息（如 XML 中的所需嵌套等）显式指定为查询的一部分。根据所请求的 XML 编写 EXPLICIT 模式查询可能会很繁琐。使用 PATH 模式比使用 EXPLICIT 模式查询更加简单。

因为将所需的 XML 描述为 EXPLICIT 模式查询的一部分，所以必须确保生成的 XML 格式正确且有效。

EXPLICIT 模式会将由查询执行生成的行集转换为 XML 文档。为了使 EXPLICIT 模式生成 XML 文档，行集必须具有特定的格式。这需要编写 SELECT 查询，生成具有特定格式的行集（通用表），以便处理逻辑随后可以生成所需的 XML。

首先，查询必须生成下列两个元数据列：

1）第 1 列必须提供当前元素的标记号（整数类型），并且列名必须是 Tag。查询必须为从行集构造的每个元素提供唯一标记号。

2）第 2 列必须提供父元素的标记号，并且此列的列名必须是 Parent。这样，Tag 和 Parent 列将提供层次结构信息。

这些元数据列值与列名中的信息一起用于生成所需的 XML。注意，查询必须以特定的方式提供列名。同时请注意，Parent 列中的 0 或 NULL 表明相应的元素没有父级，该元素将作为顶级元素添加到 XML。

另外，在使用 EXPLICIT 模式时，除了 Tag 数据列和 Parent 数据列之外，还应该至少包含一个数据列，这个数据列的格式如下：

ElementName !TagNumber [!AttributeName] [!Directive]

其中，Directive 选项的可用值见表 7-5。

表 7-5　Directive 选项的可用值

Directive 值	描　　述
element	返回的结果都是元素
hide	允许隐藏节点
xmltext	如果数据中包含了 XML 标记，允许把这些标记正确显示出来
cdata	作为 CDATA 段输出数据
ID，IDREF 和 IDREFS	用于定义关键属性

一般地，使用一个 SELECT 语句不能体现出 FOR XML EXPLICIT 子句的优势。因此，

下面拿两个 SELECT 子句用 UNION 关键字将它们连接起来。

【例 7-34】 以 XML 层次结果显示玩具价格大于 30 元被订的订单号，玩具 ID，玩具名和玩具价格。

```
SELECT distinct 1 AS Tag,
        null AS parent,
            B.cOrderNo as [订单号!1!B.cOrderNo ],
            null as [玩具信息!2!A.cToyId!ELEMENT],
            null as [玩具信息!2!vToyName!ELEMENT],
            null as [玩具信息!2!mToyRate!ELEMENT]
FROM   OrderDetail   B, Toys   A
WHERE mToyRate>30 AND A.cToyId=B.cToyId
union all
SELECT   2 AS Tag,
          1 AS parent,
          B.cOrderNo,
          A.cToyId ,
          vToyName,
          mToyRate
FROM dbo.Toys   A,dbo.OrderDetail   B
WHERE mToyRate>30 AND A.cToyId=B.cToyId
ORDER BY [订单号!1!B.cOrderNo ],[玩具信息!2!A.cToyId!ELEMENT]
        FOR XML EXPLICIT
```

执行后的结果如图 7-3 所示。

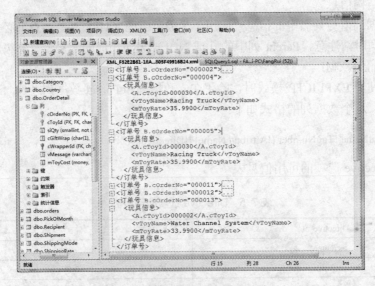

图 7-3 使用 EXPLICIT 模式的结果

注意：对通用表中的行进行排序很重要，因为这使得 FOR XML EXPLICIT 可以按照顺序处理行集并生成所需要的 XML。

4．PATH 模式

PATH 模式提供了一种较简单的方法来混合元素和属性。PATH 模式还是一种用于引入附加嵌套来表示复杂属性的较简单的方法。尽管可以使用 EXPLICIT 模式查询从行集构造这种 XML，但 PATH 模式为可能很麻烦的 EXPLICIT 模式查询提供了一种较简单的替代方法。通过 PATH 模式，以及用于编写嵌套 FOR XML 查询的功能和返回 XML 类型实例的 TYPE 指令，可以编写简单的查询。

在 PATH 模式中，列名或列别名被作为 XPath 表达式来处理。这些表达式指明了如何将值映射到 XML。每个 XPath 表达式都是一个相对 XPath，它提供了项类型（如属性、元素和标量值等）以及将相对于行元素而生成的节点的名称和层次结构。

默认情况下，PATH 模式针对行集中的每一行，在生成的 XML 中将生成一个相应的 <ROW>元素，这与 RAW 模式相同。例如，将例 7-32 的代码改写为：

```
SELECT cToyId,vToyName,mToyRate FROM dbo.Toys
    WHERE mToyRate>20
    FOR XML PATH
```

执行后显示的结果和例 7-32 相同。上面的例子没有指定具有名称的列名。下面是一些特定条件，在这些条件下具有名称的行集列将映射（区分大小写）到生成的 XML。

1）列名以@符号开头。

2）列名不以@符号开头。

3）列名不以@符号开头并包含斜杠（/）标记。

4）多个列共享同一前缀。

5）一列具有不同的名称。

【例 7-35】 以 XML 结果显示玩具价格大于 30 元的玩具 ID，玩具名和玩具价格。

```
SELECT cToyId as '@ID',vToyName,mToyRate
    FROM dbo.Toys
    WHERE mToyRate>30
    FOR XML PATH
```

执行后的结果如图 7-4 所示。

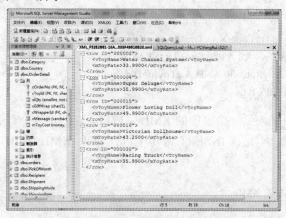

图 7-4　使用 PATH 模式的结果

【例7-36】 以 XML 结果显示玩具价格大于 30 元的玩具 ID，玩具名和玩具价格。

```
SELECT cToyId AS '@ID',
        vToyName AS '玩具名称/vToyName',
        mToyRate
FROM dbo.Toys        WHERE mToyRate>30
FOR XML PATH
```

执行后的结果如图 7-5 所示。

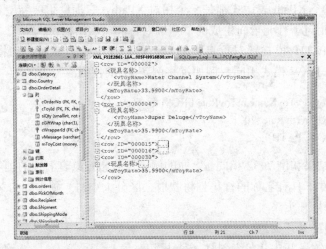

图 7-5　使用 PATH 模式的结果

5．TYPE 命令

在 SQL Server 2000 中，FOR XML 查询的结果始终直接以文本形式返回到客户端。从 SQL Server 2005 开始，SQL Server 就支持 XML 数据类型，这样便可以通过指定 TYPE 指令，将 FOR XML 查询的结果作为 XML 数据类型返回。这样便可以在服务器上处理 FOR XML 查询的结果。例如，可以对其指定 XQuery，将结果分配给 XML 类型变量，或编写嵌套 FOR XML 查询。

【例7-37】 以 XML 结果返回玩具价格大于 30 元被订的订单号，玩具 ID，玩具名和玩具价格。

```
SELECT A.cToyId,B.cOrderNo,vToyName,mToyRate
    FROM dbo.Toys AS A,dbo.OrderDetail AS B
    WHERE mToyRate>30 AND A.cToyId=B.cToyId
    FOR XML auto, type
```

也可以将上述结果插入到一个表中的 XML 字段内，先创建一个有 XML 字段的表，然后插入查询的结果。注意，不允许 INSERT 语句中包含 FOR XML 子句，所以在外面再套一个 SELECT。代码如下：

```
CREATE TABLE T_XML
(
ID INT IDENTITY(1,1),
```

```
xmltEXT XML
)
GO
INSERT INTO T_XML(xmltEXT)
    SELECT(SELECT A.cToyId,B.cOrderNo,vToyName,mToyRate
        FROM dbo.Toys AS A,dbo.OrderDetail AS B
        WHERE mToyRate>30 AND A.cToyId=B.cToyId
        FOR XML auto,type)
GO
SELECT * FROM T_XML
```

7.6 本章小结

本章介绍 SELECT 语句的相关知识，主要包括 SELECT 语句的组成和 SELECT 语句的各个查询方法。SELECT 语句是 SQL 中功能最为强大、应用最广的语句之一，主要用于检索符合条件的数据。

通过本章的学习，读者应该掌握 SELECT 语句的基本语法结构和各个子句的执行过程，多表的联合查询和嵌套查询；了解 XML 查询技术。

7.7 思考题

下述思考题如无特别说明，均是利用 ToyUniverse 数据库中的数据进行操作。

1. 显示所有接受者的完整信息。显示所有购物者的完整信息。
2. 显示所有订货的订货号、运货方式、礼品包装费和总的费用，用中文作为列标题。
3. 显示所有总价超过$75 的订货的信息。
4. 显示价格小于$20 的玩具的名字。
5. 显示购物者编号（Shopper Id）为'000035'的购物者的名字和 E-mail 地址。
6. 显示价格范围在$10～$20 之间的所有玩具的列表。
7. 显示发生在 1999,5,20 的、总值超过$75 的订货，格式如下：

Order Number	Order Date	Shopper Id	Total Cost

8. 按以下格式显示所有玩具的名字和价格，确保价格最高的玩具显示在列表的顶部。

Toy Name	Toy Rate

9. 将所有价格高于$20 的玩具的所有信息复制到一个叫 PremiumToys 的新表中。
10. 显示价格最便宜的玩具的名称。
11. 显示购物者和接受者的名字。格式如下：

Shopper Name	Shopper Address	Recipient Name	Recipient Address

12. 显示在玩具名称中包含'Racer'的所有玩具的所有信息。

13. 显示所有玩具的名称及其所属的类别。

14. 显示所有玩具的订货代码、玩具代码和包装说明。格式如下：

Order Number	Toy Id	Wrapper Description

15. 显示一张包含所有订货的订货代码、玩具代码和所有订货的玩具价格的报表。该报表应该显示每次订货的小计。

16. 在 Northwind 数据库的产品表（Products）中，查询库存数量（UnitsInStock）大于 10 的产品的编号（ProductID）、产品名（ProductName）和单价（UnitPrice），并将单价小于等于 10 元的显示为"很便宜"；单价超过 10 元但小于等于 20 元的显示为"较便宜"；单价超过 20 元但小于等于 30 元的显示为"中等"；单价超过 30 元但小于等于 40 元的显示为"较贵"；单价超过 40 元但小于等于 100 元的显示为"很贵"；单价超过 100 元的显示为"价格过高"。

提示：在查询中嵌入 CASE 语句来实现。

17. 将种类'Activity'的信息复制到一张新表中，该表名为 PreferredCategory。

18. 将种类'Dolls'的信息从表 Category 复制到表 PreferredCategory 中。

7.8 过程考核 3：编程基础、SQL 查询

1. 目的

目的是让学生掌握好 SQL 语句的使用。

2. 要求

1）根据前两次过程考核的内容，在每张表中插入数据。

2）完善需求和业务流程。

3）根据需求分析，写出相关的查询语句，为所有用户视图提供所有数据，要求用到分组统计、排序、连接查询、嵌套查询和模糊查询等语句。

4）熟练掌握规范开发文档的编制。

3. 评分标准

1）提供创建数据库和表及插入数据的脚本。（15 分）

2）多条件查询。（15 分）

3）分组统计的使用。（15 分）

4）排序。（10 分）

5）嵌套查询。（15 分）

6）模糊查询。（10 分）

7）数据的修改与删除。（10 分）

8）文档的格式。（10 分）

说明：在每项评分中根据需求分析的内容，合理描述业务，否则将适当扣分。

第 8 章 数据库高级编程

本章学习目标:
- 熟练掌握视图的概念、创建及应用。
- 熟练掌握存储过程的概念、创建及应用。
- 熟练掌握函数的概念、创建及应用。
- 熟练掌握触发器的概念、创建及应用。
- 了解事务和锁定机制。

8.1 视图

在数据库设计的过程中,为了降低数据冗余、保持数据一致,通常采用规范化的设计方法,因此会把一个实体的所有信息存储在不同表中。执行数据查询时,就会出现访问一个表不能获得该实体的完整信息的情况。要实现这样的查询,可以通过连接查询或嵌套查询来实现。但是,如果经常要查询相同的内容,每次都要重复写相同的查询语句,就会造成很大的浪费。为了解决这一问题,在 SQL Server 中提供了视图(View)。

视图是数据库的一种对象,它是数据库系统提供给用户以多种角度观察数据库中数据的一种重要机制。本节将重点讨论视图的作用及其优点。

8.1.1 视图的概念

视图是一个虚拟的表,该表提供了对一个或多个表中一系列列的访问,它是作为对象存储在数据库中的查询。因此,视图是从一个或多个表中派生出数据的对象,这些表称为基表或基本表。

视图可以用做安全机制,这确保了用户只能查询和修改他们看得见的数据。基础表中的其他数据既不可见,也不能修改。也可以通过视图来简化复合查询。

一旦定义了视图之后,它可以像数据库中的其他表一样被引用。虽然视图类似于表,但它中的数据并没有被存储在数据库中,而是从基础表中取得值。

视图一经定义便存储在数据库中,与其相对应的数据并没有像基础表那样,又在数据库中再存储一份,通过视图看到的数据只是存放在基本表中的数据。对视图的操作与对表的操作一样,可以对其进行查询、修改(有一定的限制)和删除。视图也和数据表一样能成为另一个视图所引用的表。

当对通过视图看到的数据进行修改时,相应的基本表的数据也要发生变化。同时,若基本表的数据发生变化,则这种变化也可以自动地反映到视图中。

视图有很多优点,主要表现在以下 5 方面。

1. 视点集中
视点集中,即使用户只关心它感兴趣的某些特定数据和他们所负责的特定任务。这样,通过只允许用户看到视图中所定义的数据而不是视图引用表中的数据，提高了数据的安全性。

2．简化操作

视图大大简化了用户对数据的操作。因为在定义视图时，若视图本身就是一个复杂查询的结果集，这样在每一次执行相同的查询时，不必重新写这些复杂的查询语句，只要一条简单的查询视图语句即可。可见，视图向用户隐藏了表与表之间的复杂的连接操作。

3．定制数据

视图能够实现让不同的用户以不同的方式看到不同或相同的数据集。因此，当有许多不同水平的用户共用同一数据库时，这显得极为重要。

4．合并分割数据

在有些情况下，由于表中数据量太大，故在表的设计时常将表进行水平分割或垂直分割，但表的结构的变化却对应用程序产生不良的影响。如果使用视图就可以重新保持原有的结构关系，从而使外模式保持不变，原有的应用程序仍可以通过视图来重载数据。

5．提高了数据的安全性

视图可以作为一种安全机制。通过视图，用户只能查看和修改他们所能看到的数据。其他数据库或表既不可见，也不可以访问，不必要的数据或敏感数据可以不出现在视图中。如果某一用户想要访问视图的结果集，必须授予其访问权限。视图所引用表的访问权限与视图权限的设置互不影响。

8.1.2 创建视图

SQL Server 2008 提供了使用 T-SQL 语句和使用 SQL Server Management Studio 的对象资源管理器两种方法来创建视图。在创建或使用视图时，应该注意以下几种情况：

1）只能在当前数据库中创建视图，在视图中最多只能引用 1024 列。

2）如果视图引用的基本表被删除，则当使用该视图时将返回一条错误信息。

3）如果视图中的某一列是函数、数学表达式、常量或来自多个表的列名相同，则必须为列定义名字。

4）视图命名必须遵循 SQL Server 2008 标识符命名规则，且对于每个架构必须是唯一的，绝不能与其所基于的表的名字相同。

5）不能在视图说明语句中使用 SELECT INTO 语句；SELECT 语句里不能使用 ORDER BY、COMPUTE、COMPUTE BY 子句，不能使用临时表。

6）当通过视图查询数据时，SQL Server 不仅要检查视图引用的表是否存在，是否有效，而且还要验证对数据的修改是否违反了数据的完整性约束。

1．用 T-SQL 语句创建视图

可以通过 CREATE VIEW 语句来创建视图。

语法如下：

```
CREATE VIEW [ schema_name. ] view_name [ ( column [ ,...n ] ) ]
[ WITH < view_attribute > [ ,...n ] ]
AS
select_statement
[ WITH CHECK OPTION ]
```

< view_attribute > ::= { ENCRYPTION | SCHEMABINDING | VIEW_METADATA }

各参数说明如下。

schema_name：视图所属架构名。

view_name：视图名称。视图名称必须符合标识符命名规则。可以选择是否指定视图所有者名称。

column：视图中的列名。只有在下列情况下，才必须指定视图中的列：当列是从算术表达式、函数或常量派生的；两个或更多的列可能会具有相同的名称（通常是因为连接）；视图中的某列被赋予了不同于派生来源列的名称。还可以在 SELECT 语句中指派列名。如果未指定 column，则视图列将获得与 SELECT 语句中的列相同的名称。

select_statement：定义视图的 SELECT 语句。该语句可以使用多个表或其他视图。若要从创建视图的 SELECT 子句所引用的对象中选择，必须具有适当的权限。要符合上面提到的规则。

WITH CHECK OPTION：保证在对视图执行数据修改后，通过视图仍能够看到这些数据。例如，创建视图时定义了条件语句。很明显，视图结果集中只包括满足条件的数据行。如果对某一行数据进行修改，导致该行记录不满足这一条件，但由于在创建视图时使用了 WITH CHECH OPTION 选项，所以查询视图时，结果集中仍包括该条记录，同时修改无效。

ENCRYPTION：表示对视图文本进行加密。这样，当查看 syscomments 表时，所见的 txt 字段值只是一些乱码。

SCHEMABINDING：将视图绑定到基础表的架构。如果创建视图时指定了 SCHEMABINDING，则不能按照将影响视图定义的方式修改基表或表。必须首先修改或删除视图定义本身，才能删除将要修改的表的依赖关系。使用 SCHEMABINDING 时，select_statement 必须包含所引用的表、视图或用户自定义函数的两部分名称（schema.object）。所有被引用对象都必须在同一个数据库内。不能删除参与了使用 SCHEMABINDING 子句创建的视图的视图或表，除非该视图已被删除或更改，而不再具有架构绑定。否则，数据库引擎将引发错误。另外，如果对参与具有架构绑定的视图的表执行 ALTER TABLE 语句，而这些语句又会影响视图定义，则这些语句将会失败。

VIEW_METADATA：表示如果某一查询中引用该视图且要求返回浏览模式的元数据时，那么 SQL Server 将向 DBLIB 和 OLE DB APIS 返回视图的元数据信息。

【例 8-1】 显示购物者的名字、所订购的玩具的名字和订购数量，并对视图文本加密。

```
CREATE VIEW vwOrders
WITH ENCRYPTION
AS
SELECT Shopper.vFirstName, vToyName, siQty FROM Shopper
    JOIN Orders      ON Shopper.cShopperId = Orders.cShopperId
    JOIN OrderDetailON Orders.cOrderNo = OrderDetail.cOrderNo
    JOIN Toys ON OrderDetail.cToyId = Toys.cToyId
```

【例 8-2】 显示购物者的名字、所订购的玩具的名字和订购数量，修改字段名，并对视图文本加密。

```
CREATE VIEW v_wOrders(购物者名字,玩具名字,订购数量)
WITH ENCRYPTION
AS
SELECT Shopper.vFirstName, vToyName, siQty FROM Shopper
    JOIN Orders        ON Shopper.cShopperId = Orders.cShopperId
    JOIN OrderDetailON Orders.cOrderNo = OrderDetail.cOrderNo
    JOIN Toys ON OrderDetail.cToyId = Toys.cToyId
```

2．用对象资源管理器定义视图

在 SQL Server 2008 中，使用对象资源管理器创建视图的步骤如下：

1）启动 SQL Server Management Studio，连接到 SQL Server 2008 实例。

2）在对象资源管理器窗口展开 SQL Server 实例，选中要创建视图的数据库，选中视图图标，右击图标，在弹出的菜单中选择"新建视图"选项，打开视图设计器，在新建视图窗口中共有 4 个区：表区、列区、SQL 脚本区和数据结果区（此时对话框中的 4 个区都是空白的），如图 8-1 所示。

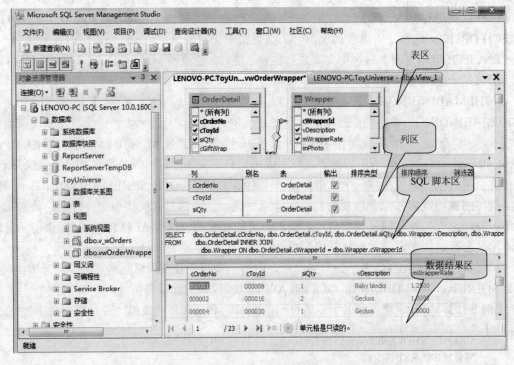

图 8-1　在对象资源管理器中创建视图

3）在创建视图时，首先单击标准工具栏上的"添加表"按钮或单击右键菜单"添加表"，打开"添加表"对话框。

4）在列区中选择将包括在视图的数据列，此时相应的 SQL Server 2008 脚本便显示在 SQL 脚本区。

5）单击工具栏上的"运行"按钮，在数据结果区将显示包含在视图中的数据行。

6）单击工具栏上的"保存"按钮，在弹出的对话框中输入视图名，单击"保存"按钮完成视图的创建。

8.1.3　管理视图

1．查看视图

（1）在对象资源管理器中查看视图

在 SQL Server 2008 中，通过 SQL Server Management Studio 查看视图的步骤如下：

1）启动 SQL Server Management Studio，连接到 SQL Server 2008 实例。

2）打开要创建视图的数据库，选中视图图标。

3）右击图标，在弹出的菜单中选择"设计"选项，出现如图 8-1 所示的窗口，显示视图创建信息。

如果在视图创建过程中选择了 WITH ENCRYPION 选项，则视图前的图标与其他视图图标不同，上面显示有把锁，表示该视图是加密视图，右键菜单中的"设计"选项不能使用，无法查看视图定义。

（2）用系统存储过程查看视图

有 3 个存储过程，可以查看视图有关的信息。

sp_depends 对象名：显示视图所依赖的对象和引用的字段。

sp_help[对象名]：用来返回有关数据库对象的详细信息。

sp_helptext 对象名：检索出视图、触发器和存储过程的文本。

2．修改视图

（1）在对象资源管理器中修改视图

具体步骤如下：

1）启动 SQL Server Management Studio，连接到 SQL Server 2008 实例。

2）打开要修改视图的数据库，选中视图图标。

3）右击图标，在弹出的菜单中选择"设计"选项，出现如图 8-1 所示的窗口，重新设计视图。

（2）用 T-SQL 语句修改视图

修改视图的语法是将创建视图时的 CREATE 改为 ALTER，其他语法和创建视图时的语法是一样的。

3．删除视图

（1）在对象资源管理器中删除视图

具体步骤如下：

1）启动 SQL Server Management Studio，连接到 SQL Server 2008 实例。

2）打开要删除视图的数据库，选中视图图标，单击鼠标右键，从弹出的快捷菜单中选择"删除"命令，打开"删除对象"对话框。

3）在"删除对象"对话框中显示出要删除视图的属性信息，单击"确定"按钮。

（2）用 T-SQL 语句删除视图

删除视图与删除表一样，都使用 DROP 命令。其语法如下：

```
DROP VIEW 视图名称
```

8.1.4 通过视图管理数据

视图不维护单独的数据复制。数据仍存在于基表之中。因此，可以通过修改视图中的数据来修改基表中的数据。视图与表具有相似的结构，当向视图中插入或更新数据时，实际上是对视图所引用的基表执行数据的插入和更新。但是，通过视图插入、更新数据和表相比有一些限制。下面通过具体例子来讲述通过视图插入、更新数据以及其使用的限制。

由于利用对象资源管理器查看、插入、更新视图数据的方法和查看视图的方法一样，所以这里，只介绍通过 T-SQL 完成数据插入和更新操作。

【例 8-3】 创建一个视图，然后通过视图把玩具价格大于 30 美元的玩具的价格打 9 折。

```
CREATE VIEW vwToys
AS
    SELECT cToyId, vToyName, cCategoryId, mToyRate, cBrandId, siToyQoh, siLowerAge
    FROM dbo.Toys
    WHERE mToyRate>30
GO
SELECT * FROM vwToys          /*查询1*/
UPDATE vwToys SET mToyRate=mToyRate*0.9
SELECT * FROM vwToys          /*查询2*/
```

比较查询 1 和查询 2 执行后的结果集中的数据变化。由于向视图更新数据实质上是更新其所引用的基本表，所以导致了前后两个查询结果不同。

注意：
- 如果修改将影响多个基本表，则不能在视图中一次性修改数据，否则可以。
- 不能修改那些内容为计算结果的列，如一个经过计算的列或一个集合函数等。
- 图引用多个表时，无法用 DELETE 命令删除数据。
- 确认那些不包括在视图列中，但属于表的列，是否允许 NULL 值或有默认值的情况。

【例 8-4】 vwOrderWrapper 视图定义如下：

```
CREATE VIEW vwOrderWrapper
AS
SELECT cOrderNo, cToyId, siQty, vDescription, mWrapperRate
    FROM OrderDetail JOIN Wrapper
    ON OrderDetail.cWrapperId = Wrapper.cWrapperId
```

要通过修改视图更新 siQty 和 mWrapperRate 时，使用

```
UPDATE vwOrderWrapper    SET siQty = 2, mWrapperRate = mWrapperRate + 1
FROM vwOrderWrapper WHERE cOrderNo ='000001'
```

命令，系统会出错。必须修改为

```
Update vwOrderWrapper SET siQty=2
FROM vwOrderWrapper WHERE cOrderNo='000001'
```

```
Update vwOrderWrapper SET mWrapperRate=mWrapperRate+1
FROM vwOrderWrapper WHERE cOrderNo='000001'
```

8.1.5 索引视图

由于视图返回的结果集与具有行列结构的表有着相同的表格形式，并且可以在 SQL 语句中像引用表那样引用视图，所以常把视图称为虚表。标准视图的结果集并不以表的形式存储在数据库中，而是在执行引用了视图的查询时，SQL Server 2008 才把相关的基本表中的数据合并成视图的逻辑结构。

查询所引用的视图包含大量的数据行，涉及到对大量数据行进行合计运算或连接操作。动态地创建视图结果集将给系统带来沉重的负担，尤其是经常引用这种大容量视图。

解决这一令人头痛问题的方法就是为视图创建聚簇索引。SQL Server 2008 允许为视图创建独特的聚集索引，从而让访问此类视图的查询的性能得到极大改善。在创建了这样一个索引后，视图将被执行，结果集将被存放在数据库中，存放的方式与带有聚集索引的表的存放方式相同。

如果在视图上创建索引，视图中的数据会被立即存储在数据库中。对索引视图进行修改后，这些修改会立即反映到基础表中。同理，对基础表所进行的数据修改也会反映到索引视图那里。索引的唯一性大大提高了 SQL Server 2008 查找那些被修改的数据行，但维护索引视图比维护基础表的索引要复杂。

所以，如果认为值得以因数据修改而增加系统负担为代价来提高数据检索的速度，那么就应该在视图上创建索引。在为视图创建索引前，视图本身必须满足以下条件：

1）在执行 CREATE VIEW 命令时，必须将 ANSI_NULLS 和 QUOTED_IDENTIFIER 选项设置为 ON 状态。

2）在使用 CREATE TABLE 命令创建索引所引用的基础表时，ANSI_NULLS 选项应设置为 ON 状态。

3）该视图所引用的对象仅包括基础表，不包括其他的视图。

4）视图所引用的基础表必须与视图属于同一数据库，且有相同的所有者。

5）在创建视图时必须使用 SCHEMABINDING 选项。

6）如果视图引用了用户自定义函数，那么在创建这些用户自定义函数时必须使用 SCHEMABINDING 选项。

7）视图必须以 owner.objectname 的形式来使用所引用的表或用户自定义函数。

8）视图所引用的函数必须是确定性的。

9）另外，在创建视图的 SELECT 语句中还应注意以下问题：

● SELECT 语句中不能使用*或 tablename.*来定义列，必须直接给出列名，否则不可以。

● 不能使用表示行集合的函数。

● 不能使用 UNION、DISTINCT、TOP、COMPUTE、COMPUTE BY、COUNT（*）等。

● 不能使用 AVG、MAX、MIN、STDEV、STDEVP、VAR 和 VARP 等合计运算函数。

● CREATE INDEX 命令的执行者必须是视图的所有者。

● 在执行创建索引命令期间，ANSI_NULLS、ANSI_PADDING、ANSI_WARNINGS、

ARITHABORT、CONCAT_NULL_YIELDS_NULL、QUOTED_IDENTIFIER 等选项应被设置成 ON 状态。

- NUMERIC_ROUNDABORT 选项被设置为 OFF 状态。
- 视图不能包括 text、ntext、image 类型的数据列。
- 如果视图的 SELECT 语句中包含 ORDER BY 选项，则聚簇索引的关键值只能是 ORDER BY 从句中所定义的数据列。

注意：通常，可以在视图上创建多个索引，但在视图上所创建的第一个索引必须是聚簇索引，然后才可以创建其他的非聚簇索引。在视图上创建了索引之后，如果打算修改视图数据，则应该保证修改时的选项设置与创建索引时的选项设置一样，否则 SQL Server 将产生错误信息，并回滚所做的 INSERT、UPDATE 和 DELETE 操作。

8.2 存储过程

在 SQL Server 2008 中通常采用客户机/服务器技术。很多客户机向中心服务器发送请求，服务器在收到查询请求之后，分析其有无语法错误，并处理请求。存储过程是一个预编译的对象，这意味着过程是预先编译好的，并且供不同的应用程序执行。因此，根本不需要再花时间对过程重新进行语法分析和编译，其执行速度很快。SQL Server 2008 不仅提供了用户自定义存储过程的功能，而且也提供了许多可作为工具使用的系统存储过程。

8.2.1 存储过程的概念及优点

存储过程（Stored Procedure）是一组为了完成特定功能的 SQL 语句集，经编译后存储在数据库中。用户通过指定存储过程的名字，并给出参数（如果该存储过程带有参数）来执行它。

存储过程具有以下优点。

1．存储过程允许标准组件式编程

存储过程被创建之后可以在程序中被多次调用，而不必重新编写该存储过程的 SQL 语句。数据库专业人员可随时对存储过程进行修改，但对应用程序源代码毫无影响（因为应用程序源代码只包含存储过程的调用语句），从而极大地提高了程序的可移植性。

2．存储过程能够实现较快的执行速度

如果某一操作包含大量的 Transaction-SQL 代码或分别被多次执行，那么存储过程要比批处理的执行速度快很多。因为存储过程是预编译的，在首次运行一个存储过程时，查询优化器对其进行分析、优化，并给出最终保存在系统表中的执行计划，以后再执行时就不需要编译和优化了，直接执行。而批处理的 Transaction-SQL 语句在每次运行时都要进行编译和优化，因此速度要慢一些。

3．存储过程能够减少网络流量

对于同一个针对数据库对象的操作（如查询、修改等），如果这一操作所涉及到的 Transaction-SQL 语句被组织成一存储过程，那么当在客户计算机上调用该存储过程时，网络中传送的只是该调用语句，否则将是多条的 SQL 语句，从而大大增加了网络流量，降低

了网络负载。

4．存储过程可被作为一种安全机制来充分利用

系统管理员通过对执行某一存储过程的权限进行限制，从而能够实现对相应的数据访问权限的限制，避免非授权用户对数据的访问，保证数据的安全。

注意：存储过程虽然既有参数又有返回值，但是它与函数不同。存储过程的返回值只是指明执行是否成功，并且它不能像函数那样被直接调用。也就是在调用存储过程时，在存储过程名字前一定要有 EXEC 保留字。

8.2.2 存储过程的类型

1．用户定义的存储过程

存储过程是封装了可重用代码的模块或例程。在 SQL Server 2008 中，用户定义的 T-SQL 存储过程包含了一组 SQL 语句集，可以接受和返回用户提供的参数；返回状态值给用户，指明调用是成功，或是失败；包括针对数据库的操作语句，并且可以在一个存储过程中调用另一存储过程。

2．扩展存储过程

扩展存储过程是指 SQL Server 的实例可以动态加载和运行的 DDL，是由用户使用编程语言（如 C 语言等）创建的自己的外部例程。扩展存储过程一般使用 XP_前缀。

3．系统存储过程

SQL Server 中的许多管理活动都是通过这种存储过程完成的，如 SP_help。系统过程主要存储在 Master 数据库中，以 sp_为前缀，并且系统存储过程主要是从系统表中获取信息，从而为系统管理员管理 SQL Server 提供支持。通过系统存储过程，SQL Server 中的许多管理性或信息性的活动（如了解数据库对象、数据库信息等）都可以被顺利有效地完成。尽管这些系统存储过程放在 Master 数据库中，但是仍可以在其他数据库中对其进行调用，在调用时不必在存储过程名前加上数据库名。而且，当创建一个新数据库时，一些系统存储过程会在新数据库中被自动创建。用户自定义存储过程是由用户创建并能完成某一特定功能（如查询用户所需数据信息等）的存储过程。

本章所涉及到的存储过程主要是指用户自定义的存储过程。

8.2.3 创建存储过程

在 SQL Server 2008 中，创建一个存储过程有两种方法：一种是使用 Transaction-SQL 命令 Create Procedure；另一种是使用图形化工具对象资源管理器。用 Transaction- SQL 创建存储过程是一种较为快速的方法，但对于初学者，使用对象资源管理器更易理解，更为简单。

当创建存储过程时，需要确定存储过程的 3 个组成部分。

1）所有的输入参数以及传给用户的输出参数。

2）被执行的针对数据库的操作语句，包括调用其他存储过程的语句。

3）返回给调用者的状态值，以指明调用是成功，还是失败。

1. 用 T-SQL 语句定义存储过程

用 Create Procedure 命令能够创建存储过程。在创建存储过程之前，应该考虑到以下几个方面。

1）在一个批处理中，Create Procedure 语句不能与其他 SQL 语句合并在一起。

2）数据库所有者具有默认的创建存储过程的权限，它可把该权限传递给其他用户。

3）存储过程作为数据库对象，其命名必须符合命名规则。

4）只能在当前数据库中创建属于当前数据库的存储过程。

语法如下：

```
CREATE PROC [ EDURE ] procedure_name    [ ; number ]
[ { @parameter data_type }[ VARYING ] [ = default ] [ OUTPUT ]] [ ,...n ]
[ WITH { RECOMPILE | ENCRYPTION | RECOMPILE , ENCRYPTION } ]
AS sql_statement [ ...n ]
```

各参数的含义如下。

procedure_name：要创建的存储过程的名字。存储过程的命名必须符合命名规则，在一个数据库中或对其所有者而言，存储过程的名字必须唯一。

number：可选整数，用于对同名的存储过程分组。使用一个 DROP PROC 可以将这些分组的存储过程一起删除。

@parameter：是存储过程的参数。在 Create Procedure 语句中可以声明一个或多个参数。当调用该存储过程时，用户必须给出所有的参数值，除非定义了参数的默认值。若参数的形式以@parameter=value 出现，则参数的次序可以不同，否则用户给出的参数值必须与参数列表中参数的顺序保持一致。若某一参数以@parameter=value 形式给出，那么其他参数也必须以该形式给出。一个存储过程至多有 2100 个参数。

data_type：参数的数据类型。在存储过程中，所有的数据类型，包括 text 和 image 都可被用做参数。但是，游标（Cursor）数据类型只能用做 OUTPUT 参数。当定义游标数据类型时，也必须对 VARING 和 OUTPUT 关键字进行定义。对可能是游标型数据类型的 OUTPUT 参数而言，参数的最大数目没有限制。

VARYING：指定由 OUTPUT 参数支持的结果集，仅应用于游标型参数。

default：参数的默认值。如果定义了默认值，那么即使不给出参数值，则该存储过程仍能被调用。默认值必须是常数，或者是空值。如果过程使用了带 LIKE 关键字的参数，则可包含下列通配符：%、_、[]和[^]。

OUTPUT：表明该参数是一个返回参数。用 OUTPUT 参数可以向调用者返回信息。Text 类型参数不能用做 OUTPUT 参数。

RECOMPILE：指明 SQL Server 并不保存该存储过程的执行计划，该存储过程每执行一次都要重新编译。

ENCRYPTION：SQL Server 将 CREATE PROCEDURE 语句的原始文本转换为模糊格式。模糊代码的输出在 SQL Server 的任何目录视图中都不能直接显示。对系统表或数据库文件没有访问权限的用户不能检索模糊文本。

AS：指明该存储过程将要执行的动作。

sql_statement：任何数量和类型的包含在存储过程中的 SQL 语句。

提示：用户自定义的存储过程必须创建在当前数据库中。

执行已创建的存储过程使用 EXECUTE 命令。如果存储过程调用是批处理中的第一条语句，则 EXECUTE 关键字可以省略。

执行存储过程的语法如下：

```
Exec | EXECUTE
{[@return_status=]
{procedure_name[;number] | @procedure_name_var}
[[@parameter=] {value | @variable [OUTPUT] | [DEFAULT] [,…n]
[WITH RECOMPILE]
```

各参数含义如下。

@return_status：可选的整型变量，用来存储存储过程向调用者返回的值。

@procedure_name_var：一个变量名，用来代表存储过程的名字。

其他参数和保留字的含义与 CREATE PROCEDURE 中介绍的一样。

下面给出在查询分析器中的几个例子，用来详细介绍如何创建和使用存储过程。

【例 8-5】 该存储过程返回购物者的名字、所订购的玩具的名字和订购数量。

```
CREATE PROCEDURE prcOrders
AS
BEGIN
    SELECT Shopper.vFirstName, vToyName, siQty FROM Shopper
    JOIN Orders ON Shopper.cShopperId = Orders.cShopperId
    JOIN OrderDetail ON Orders.cOrderNo = OrderDetail.cOrderNo
    JOIN Toys ON OrderDetail.cToyId = Toys.cToyId
END
GO
EXEC prcOrders        /*运行（调用）存储过程*/
```

【例 8-6】 带输入参数的存储过程，根据输入的购物者的 ID 号，返回购物者的名字、所订购的玩具的名字和订购数量。

```
CREATE PROCEDURE prcShopper
@ShopperId CHAR(6)
AS
BEGIN
 SELECT Shopper.vFirstName, vToyName, siQty FROM Shopper
 JOIN Orders ON Shopper.cShopperId = Orders.cShopperId
 JOIN OrderDetail ON Orders.cOrderNo = OrderDetail.cOrderNo
 JOIN Toys ON OrderDetail.cToyId = Toys.cToyId
 WHERE Shopper.cShopperId = @ShopperId
END
GO
EXEC   prcShopper '000002'   /*返回 ID 号为 000002 的购物者所购买的玩具及数量。*/
```

运行结果如下：

	vFirstName	vToyName	siQty
1	Barbara	Tie Dye Kit	2
2	Barbara	Alice in Wonderland	1
3	Barbara	Robby the Whale	4
4	Barbara	Key Boom Guitar	1
5	Barbara	Racing Truck	2

提示：存储过程可以带多个输入参数，之间用逗号隔开。

可以使用 RETURN 语句从一个存储过程返回值。RETURN 语句将控制返回给调用它的地方。RETURN 关键字也允许存储过程将一个整数返回给调用者。如果没有指定值，则存储过程返回默认值 0 或 1，这取决于存储过程的成功执行与否。

语法为：

RETURN number

这里的 number 可以是任意整数。一般返回 0 值表明过程的成功执行，返回非 0 值表示错误。返回值可以被调用者捕获，并存入变量中。

例如：

```
RETURN 1     -- 表示非法参数
RETURN 2     -- 表示遗漏参数
```

【例 8-7】 带输入参数的存储过程，并且报告执行的结果。根据输入的购物者的 ID 号，返回购物者的名字、所订购的玩具的名字和订购数量。

```
CREATE PROCEDURE prcShopper1
@ShopperId CHAR(6)
AS
BEGIN
    IF EXISTS(SELECT * FROM Orders
    WHERE Orders.cShopperId = @ShopperId)
    BEGIN
        SELECT Shopper.vFirstName, vToyName, siQty FROM Shopper
        JOIN Orders ON Shopper.cShopperId = Orders.cShopperId
        JOIN OrderDetail ON Orders.cOrderNo = OrderDetail.cOrderNo
        JOIN Toys ON OrderDetail.cToyId = Toys.cToyId
        WHERE Shopper.cShopperId = @ShopperId
    Return 0
    END
    ELSE
        PRINT 'No Records Found.'
        Return 1
END
GO
DECLARE @ReturnValue int
EXEC @ReturnValue = prcShopper1 '000092'
SELECT @ReturnValue
```

要返回单个整型值，用前面讨论过的 RETURN 关键字。要返回多个值或非整型值，可以在编写过程中使用 OUTPUT 选项，这是作为 OUTPUT 参数提供给过程的。

语法为：

{@参数 数据类型} OUTPUT

@参数 数据类型 [OUTPUT]允许存储过程向调用过程返回一个数值。如果没有使用 OUTPUT 关键字，则该参数被当做前面提到的输入参数。存储过程既可以带输入参数，也可以带输出参数。

OUTPUT 选项既可以在 CREATE PROCEDURE 语句中指明，在 EXECUTE 语句中也需指明。如果省略了 OUTPUT 选项，过程仍然会执行，只是不返回任何值。

【例 8-8】 带输入/输出参数的存储过程，根据输入的购物者的 ID 号，返回购物者的名字。

```
CREATE PROC prcGetShopperName
@ShopperId char(6),
@ShopperName char(15) OUTPUT
AS
BEGIN
    IF EXISTS(SELECT * FROM Shopper
    WHERE Shopper.cShopperId = @ShopperId)
    BEGIN
        SELECT @ShopperName = vFirstName+' '+vLastName
        FROM Shopper   WHERE cShopperId = @ShopperId
        Return 0
    END
    ELSE
        PRINT 'No Records Found.'
        Return 1
END
GO
DECLARE @ReturnValue int
DECLARE @ShopperName CHAR(30)
EXEC @ReturnValue = prcGetShopperName '000002',@ShopperName OUTPUT
SELECT @ReturnValue, @ShopperName
```

结果为：
```
---------      --------------------------
0              Barbara Johnson
```
（所影响的行数为 1 行）

2. 用对象资源管理器创建存储过程

使用对象资源管理器创建存储过程的步骤如下：

1）启动对象资源管理，登录到要使用的服务器。

2）选择要创建存储过程的数据库，在左窗格中单击打开"可编程性节点"，此时在左侧窗格中显示该数据库的所有存储过程。

3）右击存储过程文件夹，在弹出的菜单中选择 "新建存储过程"命令。

4）在新建的查询窗口中可以看到创建存储过程的语句模板，如图 8-2 所示，在其中输入存储过程正文。

图 8-2　创建存储过程

5）单击工具栏上的"执行"按钮。

8.2.4　管理存储过程

1．查看存储过程

使用 sp_helptext 存储过程查看存储过程的源代码。

语法如下：

```
sp_helptext 存储过程名称
```

例如，要查看数据库 ToyUniverse 是否是存储过程 prcGetShopperName 的源代码，则执行 sp_helptext prcGetShopperName。

利用对象资源管理器查看存储过程的方式和查看视图类似。

注意：如果在创建存储过程时使用了 WITH ENCRYPTION 选项，那么无论是使用对象资源管理器还是使用系统存储过程 sp_helptext 都无法查看到存储过程的源代码。

2．修改存储过程

修改用 CREATE PROCEDURE 命令创建的存储过程，并且不改变权限的授予情况以及不影响任何其他的独立的存储过程或触发器常使用 ALTER PROCEDURE 命令。具体参数请参见创建时的参数。

利用对象资源管理器修改存储过程的方法和创建存储过程的方法类似。

3. 删除存储过程

删除存储过程使用 drop 命令。drop 命令可将一个或多个存储过程或者存储过程组从当前数据库中删除。

其语法如下：

DROP PROCEDURE {procedure}} [,...n]

【例 8-9】 如将存储过程 prcGetShopperName 从数据库中删除，则执行

DROP PROCEDURE prcGetShopperName

利用对象资源管理器删除存储过程，只要选中该存储过程，单击鼠标右键，选择"删除"即可。

4. 重命名存储过程

修改存储过程的名字使用系统存储过程 sp_rename。其命令格式为：

sp_rename 原存储过程名, 新存储过程名

【例 8-10】 将存储过程 prcGetShopperName 修改为 newprcGetShopperName 的语句为：

sp_rename prcGetShopperName, newprcGetShopperName

另外，通过对象资源管理器也可修改存储过程的名字，其操作过程与 Windows 下修改文件名字的操作类似，即首先选中需修改名字的存储过程，然后单击鼠标右键，在弹出菜单中选取"重命名"选项，最后输入新存储过程的名字。

8.2.5 系统存储过程

系统存储过程就是系统创建的存储过程，目的在于能够方便地从系统表中查询信息或完成与更新数据库表相关的管理任务或其他的系统管理任务。系统过程以"sp_"开头，在 Master 数据库中创建并保存在该数据库中，为数据库管理者所有。一些系统过程只能由系统管理员使用，而有些系统过程通过授权可以被其他用户所使用，如 sp_rename 和 sp_helptext 等。

8.3 用户自定义函数

除了使用系统提供的函数外，用户还可以根据需要自定义函数。用户自定义函数（User Defined Functions）是 SQL Server 2008 数据库对象，是 SQL Server 的一项重要功能。

用户自定义函数不能用于执行一系列改变数据库状态的操作，但它可以像系统函数一样在查询或存储过程等的程序段中使用，也可以像存储过程一样通过 EXECUTE 命令来执行。用户自定义函数中存储了一个 Transact-SQL 例程，可以返回一定的值。

在 SQL Server 2008 中根据函数返回值形式的不同将用户自定义函数分为 3 种类型。

（1）标量型函数

标量型函数（Scalar Functions）返回一个确定类型的标量值，其返回值类型为除 TEXT、NTEXT、IMAGE、CURSOR、TIMESTAMP 和 TABLE 类型外的其他数据类型。函数体语句

定义在 BEGIN-END 语句内，其中包含了可以返回值的 Transact-SQL 命令。

（2）内联表值型函数

内联表值型函数（Inline Table-Valued Functions）以表的形式返回一个返回值，即它返回的是一个表。内联表值型函数没有由 BEGIN-END 语句括起来的函数体，其返回的表由一个位于 RETURN 子句中的 SELECT 命令段从数据库中筛选出来。内联表值型函数的功能相当于一个参数化的视图。

（3）多声明表值型函数

多声明表值型函数（Multi-Statement Table-Valued Functions）可以看做标量型和内联表值型函数的结合体，它的返回值是一个表，但它和标量型函数一样有一个用 BEGIN-END 语句括起来的函数体，返回值的表中的数据是由函数体中的语句插入的。由此可见，它可以进行多次查询，对数据进行多次筛选与合并，弥补了内联表值型函数的不足。

8.3.1 创建用户自定义函数

SQL Server 2008 为 3 种类型的用户自定义函数提供了不同的命令创建格式。

1. 创建标量型用户自定义函数

创建标量型用户自定义函数的语法如下：

```
CREATE FUNCTION [ owner_name.] function_name
( [ { @parameter_name [AS] parameter_data_type [ = default ] } [ ,...n ] ] )
RETURNS scalar_return_data_type
[ WITH < function_option> [ [,] ...n] ]
[ AS ]
BEGIN
    function_body
    RETURN scalar_expression
END

< function_option > ::=    { ENCRYPTION }
```

各参数说明如下。

owner_name：指定用户自定义函数的所有者。

function_name：指定用户自定义函数的名称，应是唯一的。

@parameter_name：定义一个或多个参数的名称。一个函数最多可以定义多个参数，每个参数前用"@"符号标明。参数的作用范围是整个函数。参数只能替代常量，不能替代表名、列名或其他数据库对象的名称。用户自定义函数不支持输出参数。

parameter_data_type：指定标量型参数的数据类型，可以为除 TEXT、NTEXT、IMAGE、CURSOR、TIMESTAMP 和 TABLE 类型外的其他数据类型。

scalar_return_data_type：指定标量型返回值的数据类型，可以为除 TEXT、NTEXT、IMAGE、CURSOR、TIMESTAMP 和 TABLE 类型外的其他数据类型。

scalar_expression：指定标量型用户自定义函数返回的标量值表达式。

function_body：指定一系列的 Transact-SQL 语句，它们决定了函数的返回值。

ENCRYPTION：加密选项。让 SQL Server 对系统表中有关 CREATE FUNCTION 的声明

加密，以防止用户自定义函数作为 SQL Server 复制的一部分被发布（Publish）。

【例 8-11】 用户自定义函数 ISOweek 取日期参数，并计算 ISO 周数。为了正确计算该函数，必须在调用该函数前唤醒调用 SET DATEFIRST 1。

```
CREATE FUNCTION ISOweek(@DATE datetime)
RETURNS int
AS
BEGIN
    DECLARE @ISOweek int
    SET @ISOweek= DATEPART(wk,@DATE)+1
        -DATEPART(wk,CAST(DATEPART(yy,@DATE) as CHAR(4))+'0104')
                        --说明: 1 月 1-3 号可能属于上一年度
    IF (@ISOweek=0)
        SET @ISOweek=dbo.ISOweek(CAST(DATEPART(yy,@DATE)-1
            AS CHAR(4))+'12'+ CAST(24+DATEPART(DAY,@DATE) AS CHAR(2)))+1
                        --说明: 12 月 29-31 号可能属于下一年度
    IF ((DATEPART(mm,@DATE)=12) AND
        ((DATEPART(dd,@DATE)-DATEPART(dw,@DATE))>= 28))
        SET @ISOweek=1
    RETURN(@ISOweek)
END
```

下面是函数调用。注意，DATEFIRST 设置为 1。

```
SET DATEFIRST 1
SELECT dbo.ISOweek('2/21/2005') AS 'ISO Week'
```

注意：一定要带上函数的所有者，这里是 dbo。

下面是结果集：

```
ISO Week
----------------
8
```

2. 创建内联表值型用户自定义函数

创建内联表值型用户自定义函数的语法如下：

```
CREATE FUNCTION [ owner_name.] function_name
    ( [ { @parameter_name [AS] parameter_data_type [ = default ] } [ ,...n ] ] )
RETURNS TABLE
[ WITH < function_option > [ [,] ...n ] ]
[ AS ]
RETURN [ ( ) select-statement [ ] ]
```

各参数说明如下。

TABLE：指定返回值为一个表。

select-statement：单个 SELECT 语句，确定返回表的数据。

其余参数与标量型用户自定义函数相同。

【例 8-12】 下面的例子返回内联表值型用户自定义函数。根据订单号返回订单号、订单日期、玩具名和订购数量。

```
CREATE FUNCTION SalesByOrder(@OrderNo char(6))
RETURNS TABLE
AS
RETURN (SELECT cOrderNo, dOrderDate, vToyName, siQty
        FROM ShoppingCart s, Orders o, Toys t
        WHERE s.cCartId = o.cCartId and
        t.cToyId = s.cToyId and o.cOrderNo = @OrderNo)
```

下面是函数调用。

```
SELECT* FROM SalesByOrder('000001')
```

结果为：

cOrderNo	dOrderDate	vToyName	siQty
000001	1999-05-20 00:00:00.000	Glamorous Doll	1
000001	1999-05-20 00:00:00.000	Victorian Dollhouse	1

（所影响的行数为 2 行）

3. 创建多声明表值型用户自定义函数

创建多声明表值型用户自定义函数的语法如下：

```
CREATE FUNCTION [ owner_name.] function_name
  ( [ { @parameter_name [AS] parameter_data_type [ = default ] } [ ,...n ] ] )
RETURNS @return_variable TABLE < table_type_definition >
[ WITH < function_option > [ [,] ...n ] ]
[ AS ]
BEGIN
  function_body
  RETURN
END
< function_option > ::=   { ENCRYPTION | SCHEMABINDING }
< table_type_definition > ::=   ( { column_definition | table_constraint } [ ,...n ] )
```

各参数说明如下。

@return_variable：一个 TABLE 类型的变量，用于存储和累积返回表中的数据行。

其余参数与标量型用户自定义函数相同。

在多声明表值型用户自定义函数的函数体中允许使用下列 Transact-SQL 语句。

1）赋值语句。

2）流程控制语句。

3）定义作用范围在函数内的变量和游标的 DECLARE 语句。

4）SELECT 语句。

5）编辑函数中定义的表变量的 INSERT、UPDATE 和 DELETE 语句。

6）EXECUTE 语句调用扩展存储过程。

在函数中允许涉及诸如声明游标、打开游标、关闭游标、释放游标这样的游标操作。对于读取游标而言，除非在 FETCH 语句中使用 INTO 从句来对某一变量赋值，否则不允许在函数中使用 FETCH 语句来向客户端返回数据。

【例 8-13】 假设有一个表结构如下：

```
CREATE TABLE employees (empid nchar(5) PRIMARY KEY,
        empname nvarchar(50),
        mgrid nchar(5) REFERENCES employees(empid),
        title nvarchar(30)
        )
```

表值函数 fn_FindReports(InEmpID) 有一个给定的职员 ID，它返回与所有直接或间接向给定职员报告的职员（mgrid）相对应的内容。该逻辑无法在单个查询中表现出来，但可以为用户定义函数。

```
CREATE FUNCTION fn_FindReports (@InEmpId nchar(5))
RETURNS @retFindReports TABLE (   empid nchar(5) primary key,
    empname nvarchar(50) NOT NULL, mgrid nchar(5), title nvarchar(30))
BEGIN
    DECLARE @RowsAdded int
    DECLARE @reports TABLE ( empid nchar(5) primary key,
        empname nvarchar(50) NOT NULL, mgrid nchar(5),
        title nvarchar(30), processed tinyint default 0)
    INSERT @reports
      SELECT empid, empname, mgrid, title, 0 FROM employees
            WHERE empid = @InEmpId
    SET @RowsAdded = @@rowcount
    WHILE @RowsAdded > 0
    BEGIN
        UPDATE @reports SET processed = 1 WHERE processed = 0
        INSERT @reports SELECT e.empid, e.empname, e.mgrid, e.title, 0
        FROM employees e, @reports r
        WHERE e.mgrid=r.empid and e.mgrid <> e.empid and r.processed = 1
        SET @RowsAdded = @@rowcount
        UPDATE @reports SET processed = 2 WHERE processed = 1
    END
    INSERT @retFindReports
        SELECT empid, empname, mgrid, title FROM @reports
    RETURN
END
```

提示：在对象资源管理器中创建用户自定义函数和创建存储过程类似，这里就不再赘述了。

8.3.2 管理用户自定义函数

在对象资源管理器中选择要进行修改的用户自定义函数，单击鼠标右键，从快捷菜单中选择"修改"选项，修改用户自定义函数结构对话框。可以修改用户自定义函数的函数体、参数等。从快捷菜单中选择"删除"选项，则可删除用户自定义函数。

用 ALTER FUNCTION 命令也可以修改用户自定义函数，此命令的语法与 CREATE FUNCTION 相同。因此，使用 ALTER FUNCTION 命令其实相当于重建了一个同名的函数，用起来不大方便。

另外，可以用 DROP FUNCTION 命令删除用户自定义函数，其语法如下：

DROP FUNCTION { [owner_name.] function_name } [,...n]

【例 8-14】 删除用户自定义函数 SalesByOrder。

DROP FUNCTION SalesByOrder

8.4 触发器

前面介绍了一般意义的存储过程，即用户自定义的存储过程和系统存储过程。本节将介绍一种特殊的存储过程，即触发器。下面将对触发器的概念、作用以及对其的使用方法做详尽介绍，使读者了解如何定义触发器，创建和使用各种不同复杂程度的触发器。

8.4.1 触发器的概念

触发器是一种特殊类型的存储过程，它不同于前面介绍过的存储过程。触发器是 SQL Server 提供的除约束以外另一种保证数据完整性的方法，它可以实现约束不能实现的、更复杂的完整性要求。触发器主要通过事件进行触发而被执行。存储过程可以通过存储过程名字被直接调用。

触发器的主要作用是：能够实现由主键和外键所不能保证的、复杂的参照完整性和数据的一致性。除此之外，触发器还有其他许多不同的功能。

强化约束：触发器能够实现比 CHECK 语句更复杂的约束。

跟踪变化：触发器可以侦测数据库内的操作，从而可以禁止数据库中未经许可的更新和变化。

级联运行：触发器可以侦测数据库内的操作，并自动地级联影响整个数据库的各项内容。例如，某个表上的触发器中包含有对另外一个表的数据操作（如删除、更新、插入等），而该操作又导致该表上的触发器被触发。

存储过程的调用：为了响应数据库更新，触发器可以调用一个或多个存储过程，甚至可以通过外部过程的调用，而在 DBMS（数据库管理系统）本身之外进行操作。

所以，触发器可以解决高级形式的业务规则或复杂行为限制，以及实现定制记录等一些方面的问题。例如，触发器能够找出某一表在数据修改前后状态发生的差异，并根据这种差异执行一定的处理。此外，一个表的同一类型（INSERT、UPDATE、DELETE）的多个触发器能够对同一种数据操作采取不同的处理方式。

但是，触发器性能通常比较低。当运行触发器时，系统处理的大部分时间花费在参照其他表的这一处理上，因为这些表既不在内存中，也不在数据库设备上，而删除表和插入表总是位于内存中。可见，触发器所参照的其他表的位置决定了操作要花费的时间长短。

Microsoft SQL Server 2008 支持 3 种类型的触发器：DDL 触发器（服务器或数据库中发生数据定义事件时自动执行）、DML 触发器（数据库中发生数据操作事件时自动执行）、登录触发器（与 SQL Server 实例建立用户会话时自动执行）。

8.4.2 DML 触发器

DML 触发器是数据库中常用到的一种触发器。当对某个表进行诸如 UPDATE、INSERT、DELETE 这些操作时，SQL Server 就会自动执行触发器所定义的 SQL 语句，从而确保对数据的处理必须符合由这些 SQL 语句所定义的规则。

1. DML 触发器的种类

SQL Server 2008 支持两种类型的 DML 触发器：AFTER 触发器和 INSTEAD OF 触发器。其中，AFTER 触发器为 SQL Server 2008 版本以前所介绍的触发器，该类型触发器要求只有执行某一操作（INSERT、UPDATE、DELETE）之后，触发器才被触发，且只能在表上定义。可以为针对表的同一操作定义多个触发器。对于 AFTER 触发器，可以定义哪一个触发器被最先触发，哪一个被最后触发。通常使用系统过程 sp_settriggerorder 来完成此任务。

INSTEAD OF 触发器表示并不执行其所定义的操作（INSERT、UPDATE、DELETE），而仅是执行触发器本身，既可在表上定义 INSTEAD OF 触发器，也可在视图上定义 INSTEAD OF 触发器，但对同一操作只能定义一个 INSTEAD OF 触发器。

2. 插入表和删除表

DML 触发器在执行时会产生两个特殊的表：插入表（inserted）和删除表（deleted）。这两个表是逻辑表，并且这两个表是由系统管理的，存储在内存中，不是存储在数据库中，因此不允许用户直接对其修改。这两个表的结构总是与被该触发器作用的表有相同的表结构。这两个表是动态驻留在内存中的，当触发器工作完成，这两个表也被删除。这两个表主要保存因用户操作而被影响到的原数据值或新数据值。另外，这两个表是只读的，即用户不能向这两个表写入内容，但可以引用表中的数据。例如，可用如下语句查看 deleted 表中的信息。

```
select * from deleted
```

下面详细介绍这两个表的功能：表 inserted 中包含了插入触发器表的所有记录的复制。表 deleted 中包含了从触发器表中删除的所有记录的复制。不论何时，只要发生了更新操作，触发器将同时使用表 inserted 和 deleted。

插入表：对一个定义了插入类型触发器的表来讲，一旦对该表执行了插入操作，那么对向该表插入的所有行来说，都有一个相应的副本存放到插入表中，即插入表就是用来存储向原表插入的内容。

删除表：对一个定义了删除类型触发器的表来讲，一旦对该表执行了删除操作，则将所有的删除行存放至删除表中。这样做的目的是，一旦触发器遇到了强迫它中止的语句被执行时，删除的那些行可以从删除表中得以恢复。

需要注意的是，更新操作包括两部分，即先将更新的内容删除，然后将新值插入。因此，对一个定义了更新类型触发器的表来讲，当报告会更新操作时，在删除表中存放了旧值，然后在插入表中存放新值。

提示：由于触发器仅当被定义的操作被执行时才被激活，即仅当在执行插入、删除和更新操作时，触发器将执行。每条 SQL 语句仅能激活触发器一次，可能存在一条语句影响多条记录的情况。在这种情况下就需要变量@@rowcount 的值，该变量存储了一条 SQL 语句执行后所影响的记录数，可以使用该值对触发器的 SQL 语句执行后所影响的记录求合计值。一般来说，首先要用 IF 语句测试@@rowcount 的值，以确定后面的语句是否执行。

3. 触发器嵌套

当某一触发器执行时，其能够触发另外一个触发器，这种情况称为触发器嵌套。如果不需要嵌套触发器，可以通过 sp_configure 选项进行设置。

DML 和 DDL 触发器都是嵌套触发器，它们都可以启动其他触发器等。DML 触发器和 DDL 触发器最多可以嵌套 32 层。可以通过 nested triggers 服务器配置选项来控制是否可以嵌套 AFTER 触发器。但不管此设置为何，都可以嵌套 INSTEAD OF 触发器（只有 DML 触发器可以为 INSTEAD OF 触发器）。

在执行过程中，如果一个触发器修改某个表，而这个表已经有其他触发器，这时就要使用嵌套触发器。

4. 用 T-SQL 创建 DML 触发器

用 CREATE TRIGGER 命令可创建 DML 触发器。

其语法如下：

```
CREATE TRIGGER trigger_name
ON { table | view }
[ WITH ENCRYPTION ]
{
    { { FOR | AFTER | INSTEAD OF } { [ INSERT ] [ , ] [ UPDATE ] [ , ] [ DELETE ] }
      [ NOT FOR REPLICATION ]
      AS
            sql_statement [ ...n ]
    }
}
```

各参数意义如下。

trigger_name：触发器的名称。触发器名称必须符合标识符规则，并且在数据库中必须唯一。可以选择是否指定触发器所有者名称。

table | view：在其上执行触发器的表或视图，有时称为触发器表或触发器视图。可以选择是否指定表或视图的所有者名称，视图上不能定义 FOR 和 AFTER 触发器，只能定义 INSTEAD OF 触发器。

WITH ENCRYPTION：加密 syscomments 表中包含 CREATE TRIGGER 语句文本的条目。

FOR | AFTER：指定触发器只有在触发 SQL 语句中指定的所有操作都已成功执行后才激发。所有的引用级联操作和约束检查也必须成功完成后，才能执行此触发器。如果仅指定 FOR 关键字，则 AFTER 是默认设置。不能在视图上定义 AFTER 触发器。

INSTEAD OF：指定执行触发器，而不是执行触发 SQL 语句，从而替代触发语句的操作。在表或视图上，每个 INSERT、UPDATE 或 DELETE 语句最多可以定义一个 INSTEAD OF 触发器。

INSTEAD OF 触发器不能在 WITH CHECK OPTION 的可更新视图上定义。如果向指定了 WITH CHECK OPTION 选项的可更新视图添加 INSTEAD OF 触发器，SQL Server 将产生一个错误。用户必须用 ALTER VIEW 删除该选项后，才能定义 INSTEAD OF 触发器。

{ [INSERT] [,] [UPDATE] [,] [DELETE] }：指定在表或视图上执行哪些数据修改语句时将激活触发器的关键字。必须至少指定一个选项。在触发器定义中允许使用以任意顺序组合的这些关键字。如果指定的选项多于一个，需用逗号分隔这些选项。

NOT FOR REPLICATION：表示当复制进程更改触发器所涉及的表时，不应执行该触发器。

AS：触发器要执行的操作。

sql_statement：包含在触发器中的条件语句或处理语句。触发器的条件语句定义了另外的标准，来决定将被执行的 INSERT、DELETE、UPDATE 语句是否激活触发器。

【例 8-15】 当完成订购之后，订购信息被存放在表 OrderDetail 中。系统应当将玩具的现有数量减少，减少数量为购物者订购的数量。

```
CREATE TRIGGER trgAfterOrder
ON OrderDetail
FOR INSERT
AS
BEGIN
        DECLARE @cOrderNo AS char(6),
        @cToyid AS char(6), @iQty AS int
    SELECT   @cToyid = cToyid,@iQty = siQty
        FROM inserted
    UPDATE   toys
        SET siToyQoh = siToyQoh - @iQty
        WHERE cToyid = @cToyid
END
```

触发器在拒绝或接受每个数据修改事务时将其作为一个整体。不过，不必简单地只因为某些数据修改不可接受而回滚所有的数据修改。在触发器中使用相关子查询为条件来强制触发器逐个检查所修改的行。

当插入了不可接受的标题时，事务并不回滚；相反，触发器会删除不需要的行。这种删除已插入行的能力取决于引发触发器时处理发生的先后顺序。

INSTEAD OF 触发器的主要优点是：使不可被修改的视图能够支持修改。其中典型的例子是分割视图（Partitioned View）。为了提高查询性能，分割视图通常是一个来自多个表的结果集。但是，也正因此而不支持视图更新。下面的例子说明了如何使用 INSTEAD OF 触发器来支持对分割视图所引用的基本表的修改。

INSTEAD OF 触发器可以进行以下操作：

1）忽略批处理中的某些部分。

2）不处理批处理中的某些部分，并记录有问题的行。

3）如果遇到错误情况，则采取备用操作。

提示：在含有用 DELETE 或 UPDATE 操作定义的外键的表上，不能定义 INSTEAD OF DELETE 和 INSTEAD OF UPDATE 触发器。

在下列 Transact-SQL 语句序列中，INSTEAD OF 触发器更新视图中的两个基表。另外，显示两种处理错误的方法如下：

1）忽略对 Person 表的重复插入，并且插入的信息将记录在 PersonDuplicates 表中。

2）将对 Employee 表的重复插入转变为 UPDATE 语句，该语句将当前信息检索至 Employee，而不会产生重复键侵犯。

【例 8-16】 创建两个基表（Person、Employee）、一个视图（vwEmployee）、一个记录错误表（PersonDuplicates）和视图上的 INSTEAD OF 触发器。下面的这些表将个人数据和业务数据分开，并且是视图的基表。

```
CREATE TABLE Person
    (
    SSN             char(11) PRIMARY KEY,
    Name            nvarchar(100),
    Address         nvarchar(100),
    Birthdate       datetime
    )
CREATE TABLE Employee
    (
    EmployeeID          int PRIMARY KEY,
    SSN                 char(11) UNIQUE,
    Department          nvarchar(10),
    Salary              money,
    CONSTRAINT FKEmpPer FOREIGN KEY (SSN)
    REFERENCES Person (SSN)
    )
```

下面的视图使用某个人的两个表中的所有相关数据建立报表：

```
CREATE VIEW vwEmployee
AS
    SELECT P.SSN as SSN, Name, Address,
        Birthdate, EmployeeID, Department, Salary
    FROM Person P, Employee E
    WHERE P.SSN = E.SSN
```

可记录对插入具有重复的社会安全号的行的尝试。PersonDuplicates 表记录插入的值、尝试插入操作的用户的用户名和插入的时间。

```
CREATE TABLE PersonDuplicates
    (
    SSN             char(11),
    Name            nvarchar(100),
    Address         nvarchar(100),
```

```
            Birthdate        datetime,
            InsertSNAME      nchar(100),
            WhenInserted     datetime
        )
```

INSTEAD OF 触发器在单独视图的多个基表中插入行。将对插入具有重复社会安全号的行的尝试记录在 PersonDuplicates 表中。将 Employee 中的重复行更改为更新语句。

```
        CREATE TRIGGER IO_Trig_INS_Employee ON vwEmployee
        INSTEAD OF INSERT
        AS
        BEGIN
        SET NOCOUNT ON
        -- 检查表 Person 是否有重复的值，如果没有重复的值，就做插入动作
        IF (NOT EXISTS (SELECT P.SSN
                FROM Person P, inserted I
                WHERE P.SSN = I.SSN))
            INSERT INTO Person
                SELECT SSN,Name,Address,Birthdate,Comment
                FROM inserted
        ELSE
        -- 在 PersonDuplicates 表中尝试插入重复的值
            INSERT INTO PersonDuplicates
                SELECT SSN,Name,Address,Birthdate,SUSER_SNAME(),GETDATE()
                FROM inserted
        -- 检查视图 vwEmployee 是否有重复的值，如果没有重复的值，就做插入动作
        IF (NOT EXISTS (SELECT E.SSN
                FROM Employee E, inserted
                WHERE E.SSN = inserted.SSN))
            INSERT INTO Employee
                SELECT EmployeeID,SSN, Department, Salary,Comment
                FROM inserted
        ELSE
        --如果重复，就更新表 Employee 中出现违法键值重复错误的值
            UPDATE Employee
                SET EmployeeID = I.EmployeeID,
                    Department = I.Department,
                    Salary = I.Salary,
                    Comment = I.Comment
            FROM Employee E, inserted I
            WHERE E.SSN = I.SSN
        END
```

5．在对象资源管理器中创建 DML 触发器

具体步骤如下：

1）打开对象资源管理器，找到要创建 DML 触发器的表节点并展开。

2）在触发器节点处单击鼠标右键，在弹出的菜单中选择"新建触发器"。

3）在新建的查询窗口可以看到创建 DML 触发器的语句模板，写上相应的触发器语句，如图 8-3 所示。

4）单击工具栏上的"执行"按钮即可。

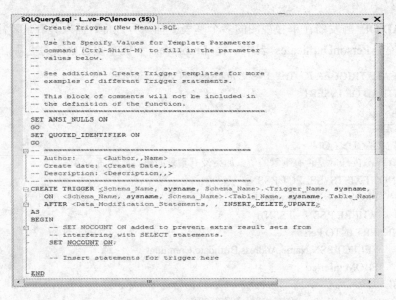

图 8-3　创建 DML 触发器

8.4.3　DDL 触发器

DDL 触发器和 DML 触发器的用处不同。DML 触发器在 INSERT、UPDATE 和 DELETE 语句上操作，并且有助于在表或视图中修改数据时强制业务规则，扩展数据完整性。

DDL 触发器对 CREATE、ALTER、DROP 和其他 DDL 语句以及执行 DDL 式操作的存储过程执行操作，它们用于执行管理任务，并强制影响数据库的业务规则。它们应用于数据库或服务器中某一类型的所有命令。

可以使用相似的 T-SQL 语法创建、修改和删除 DML 触发器和 DDL 触发器，它们还具有其他相似的行为。

只有在完成 T-SQL 语句后才运行 DDL 触发器。DDL 触发器无法作为 INSTEAD OF 触发器使用。

创建 DDL 触发器的语法格式如下：

```
CREATE TRIGGER trigger_name
ON { ALL SERVER | DATABASE }
[ WITH ENCRYPTION]
{ FOR | AFTER } { event_type | event_group } [ ,...n ]
AS {sql_statement    [ ; ]
```

各参数意义如下。

ALL SERVER：指定 DDL 触发器的作用域为当前服务器。如果指定了此参数，只要当前服务器中的任何位置上出现 event_type 或 event_group，就会激活该触发器。

DATABASE：指定 DDL 触发器的作用域为当前数据库。如果指定了此参数，只要当前服务器中的任何位置上出现 event_type 或 event_group，就会激活该触发器。

WITH ENCRYPTION：指定将触发器的定义文本进行加密处理。

FOR | AFTER：指定 DDL 触发器只有在触发 SQL 语句中指定的所有操作都已成功执行后才激发。

event_type：将激活 DDL 触发器的 T-SQL 事件的名称。

event_group：预定义的 T-SQL 事件分组名称。

AS：触发器要执行的操作。

sql_statement：包含在触发器中的条件语句或处理语句。

【例 8-17】 创建 DDL 触发器，禁止修改和删除当前数据库中的任何表。

```
CREATE TRIGGER trgsafe
ON DATABASE
FOR DROP_TABLE, ALTER_TABLE
AS
    PRINT '不能修改和删除表'
    ROLLBACK;
```

8.4.4 登录触发器

登录触发器是由登录（LOGON）事件触发的存储过程。与 SQL Server 实例建立用户会话时，将引发此事件。登录触发器将在登录身份验证阶段完成之后，且用户会话实际建立之前激发。因此，来自触发器内部且通常将到达用户的所有消息（如错误消息和来自 PRINT 语句的消息等）会传送到 SQL Server 错误日志。如果身份验证失败，将不激发登录触发器。

可以使用登录触发器来审核和控制服务器会话。例如，通过跟踪登录活动、限制 SQL Server 的登录名或限制特定登录名的会话数。

创建登录触发器的语法如下：

```
CREATE TRIGGER trigger_name
ON ALL SERVER
[ WITH <logon_trigger_option> [ ,...n ] ]
{ FOR | AFTER } LOGON
AS    sql_statement    [ ; ]
```

其中各参数的含义和创建 DDL 触发器中的参数含义相同。

【例 8-18】 创建登录触发器，如果登录名 login_test 已经创建了两个用户会话，则拒绝由该登录名启动的 SQL Server 登录尝试。

```
CREATE TRIGGER trgconnection_limit
ON ALL SERVER WITH EXECUTE AS 'login_test'
FOR LOGON
AS
BEGIN
IF ORIGINAL_LOGIN()= 'login_test' AND
    (SELECT COUNT(*) FROM sys.dm_exec_sessions
```

```
                    WHERE is_user_process = 1 AND
                        original_login_name = 'login_test') > 3
            ROLLBACK;
        END;
```

8.4.5 管理触发器

1. 查看触发器

可以用系统存储过程 sp_help，sp_helptext 和 sp_depends 分别查看有关触发器的不同信息。下面分别对其进行介绍。

（1）sp_help

使用 sp_help 系统过程的语法格式如下：

```
sp_help '触发器名字'
```

通过该系统过程可以了解触发器的一般信息，如触发器的名字、属性、类型和创建时间。

（2）sp_helptext

通过 sp_helptext 能够查看触发器的正文信息，其语法格式如下：

```
sp_helptext '触发器名字'
```

（3）sp_depends

通过 sp_depends 能够查看指定触发器所引用的表或指定的表涉及到的所有触发器，其语法格式如下：

```
sp_depends  '触发器名字'  |  sp_depends '表名'
```

注意：用户必须在当前数据库中查看触发器的信息。

2. 修改触发器

使用 T-SQL 语句修改触发器有以下两种情况。

（1）使用 sp_rename 命令修改触发器的名字

其语法格式为

```
sp_rename    oldname, newname
```

（2）通过 ALTER TRIGGER 命令修改触发器正文

其语法格式为

```
ALTER TRIGGER trigger_name
…  /* 其语法和创建时相同，具体操作请参见创建触发器*/
```

使用对象资源管理修改触发器的具体操作步骤如下：

1）打开对象资源管理器，找到要修改的 DML 触发器的表节点并展开。

2）找到触发器节点展开，在要修改的触发器上单击鼠标右键，在弹出的菜单中选择"修改"。

3）在弹出的修改触发器窗口（类似创建窗口）进行修改，改完后单击工具栏上的"执行"按钮即可。

3. 删除触发器

用户在使用完触发器后可以将其删除，只有触发器所有者才有权删除触发器。可用系统命令 DROP TRIGGER 删除指定的触发器。

其语法格式如下：

```
DROP TRIGGER trigger_name
```

删除触发器所在的表时，SQL Server 将自动删除与该表相关的触发器。

在对象资源管理器中删除触发器和管理其他数据库对象类似，这里就不再赘述了。

8.5 事务

事务是 SQL Server 中完成一个应用处理的最小单元，由一个或多个对数据库操作的语句组成。事务是一个完整的执行单元，如果成功执行，则事务中的数据更新会全部提交；如果事务中有一个语句执行失败，则取消全部操作，并将数据库恢复到事务未执行之前的状态。

8.5.1 事务的概念

使用 DELETE 命令或 UPDATE 命令对数据库进行更新时，一次只能操作一个表，这会带来数据库的数据不一致的问题。例如，要取消某个订单（假设为 000031），需要将其从 Orders 表中删除，要修改 Orders 表，而 OrderDetail 表中的 cOrderNo 与 000031 相对应的玩具也应删除。因此，两个表都需要修改，这种修改只能通过两条 DELETE 语句进行。

第 1 条 DELETE 语句修改 Orders 表：

```
DELETE FROM Orders WHERE cOrderNo = '000031'
```

第 2 条 DELETE 语句修改 OrderDetail 表：

```
DELETE FROM OrderDetail WHERE cOrderNo = '000031'
```

在执行第 1 条 DELETE 语句后，数据库中的数据已处于不一致的状态，因为此时已经没有 000031 号订单了，但 OrderDetail 表中仍然保存着属于 000031 的订单细节。只有执行了第 2 条 DELETE 语句后，数据才重新处于一致状态。但是，如果执行完第 1 条语句后，计算机突然出现故障，无法再继续执行第 2 条 DELETE 语句，则数据库中的数据将处于永远不一致的状态。因此，必须保证这两条 DELETE 语句同时执行。为了解决类似的数据一致性的问题，数据库系统通常都引入了事务（Transaction）的概念。

事务是一种机制，是一个操作序列，它包含了一组数据库操作命令，所有的命令作为一个整体一起向系统提交或撤销操作请求，即要么都执行，要么都不执行。因此，事务是一个不可分割的工作逻辑单元，类似于操作系统中的原语。在数据库系统上执行并发操作时，事务是作为最小的控制单元来使用的。

事务应具有 4 个属性，也称 ACID（原子性、一致性、独立性和持久性）。

1）原子性：事务必须是原子工作单元，要么完成所有数据的修改，要么对这些数据不做任何修改。

2）一致性：在成功地完成一个事务之后，所有的数据都处于一致状态。必须将关系数据库的所有规则应用于事务中的修改，以维护完全的数据完整性。

3）独立性：事务中所进行的任何数据修改都必须独立于同时发生的其他事务对数据的修改。换句话说，该事务访问的数据所处的状态要么在同时发生的事务修改之前，要么在第 2个事务完成之后。没有间隙让该过程看到一个中间状态。

4）持久性：完整的事务对数据的任何修改能够在系统中永久保持其效果。因此，完整的事务对数据的任何修改即便是遇到系统失败，也能保持下来。这一属性通过事务日志的备份和恢复来确保。

锁是确保事务独立性的一种特性。下一节将具体介绍锁。

SQL Server 维护了一份管理其所有事务的日志，该日志称为事务日志。事务日志用于还原所有因电源故障那样的原因未完成的事务活动，这有助于 SQL Server 维护数据完整性。

1. 显式事务

一个显式事务是指事务的开始和结束都明确定义的事务。在 SQL Server 的早期版本中，显式事务称为用户自定义或用户指定的事务。显式事务用 BEGIN TRANSACTION 和COMMIT TRANSACTION 语句来指定。这两个命令之间的所有语句被视为一体，只有执行到 COMMIT TRANSACTION 命令时，事务中对数据库的更新操作才算确认。和BEGIN…END 命令类似，这两个命令也可以进行嵌套，即事务可以嵌套执行。这两个命令的语法如下：

```
BEGIN TRAN[SACTION] [transaction_name | @tran_name_variable]
COMMIT [ TRAN[SACTION] [transaction_name | @tran_name_variable] ]
```

其中，BEGIN TRANSACTION 可以缩写为 BEGIN TRAN，COMMIT TRANSACTION可以缩写为 COMMIT TRAN 或 COMMIT。

transaction_name：指定事务的名称。只有前 32 个字符会被系统识别。在一些列嵌套的事务中，系统仅记录最外层事务名。

@tran_name_variable：用户定义的、含有有效事务名称的变量的名称。变量只能声明为CHAR、 VARCHAR、 NCHAR 或 NVARCHAR 类型。

BEGIN TRANSACTION 定义事务的开始点，由连接引用的数据在该点逻辑和物理上都一致的。如果遇上错误，在 BEGIN TRANSACTION 之后的所有数据改动都能进行回滚，以将数据返回到已知的一致状态。每个事务继续执行，直到它无误地完成，并且用 COMMITTRANSACTION 对数据库做永久的改动，或者遇上错误并且用 ROLLBACKTRANSACTION 语句擦除所有改动。

BEGIN TRANSACTION 为发出本语句的连接启动一个本地事务。根据当前事务隔离级别的设置，为支持该连接所发出的 Transact-SQL 语句而获取的许多资源被该事务锁定，直到使用 COMMIT TRANSACTION 或 ROLLBACK TRANSACTION 语句完成该事务为止。长时间处于未完成状态的事务会阻止其他用户访问这些锁定的资源，也会阻止日志截断。

虽然 BEGIN TRANSACTION 启动一个本地事务，但是在应用程序接下来执行一个必须记录的操作（如执行 INSERT、UPDATE 或 DELETE 语句等）之前，它并不被记录在事务日志中。应用程序能执行一些操作。例如，为了保护 SELECT 语句的事务隔离级别而获取锁，但是直到应用程序执行一个修改操作后，日志中才有记录。

在一系列嵌套的事务中用一个事务名给多个事务命名对该事务没有什么影响。系统仅登记第一个（最外部的）事务名。回滚到其他任何名称（有效的保存点名除外）都会产生错误。事实上，回滚之前执行的任何语句都不会在错误发生时回滚。这些语句仅当外层的事务回滚时才会进行回滚。

【例 8-19】 删除订单号为"000031"的订单。

```
DECLARE @tran_name VARCHAR(30)
SELECT @tran_name = 'my_tran_delete'
BEGIN TRAN @tran_name
GO
USE ToyUniverse
GO
DELETE FROM Orders WHERE cOrderNo = '000031'
GO
DELETE FROM OrderDetail WHERE cOrderNo = '000031'
GO
COMMITE TRAN 'my_tran_delete'
```

2．隐式事务

当连接以隐式事务模式进行操作时，SQL Server 将在提交或回滚当前事务后自动启动新事务。因此，隐式事务不需要使用 BEGIN TRANSACTION 语句标示事务的开始，只需要用户使用 COMMIT TRANSACTION 或 ROLLBACK TRANSACTION 语句提交或回滚事务。

当使用 SET 语句将 IMPLICIT_TRANSACTIONS 设置为 ON，把隐式事务模式打开，SQL Server 执行以下任何语句都会自动启动一个事务：ALTER TABLE、CREATE、DELETE、DROP、FETCH、GRANT、INSERT、OPEN、REVOKE、SELECT、TRUNCATE TABLE、UPDATE。在发出 COMMIT 或 ROLLBACK 语句之前，该事务一直有效。在第一个事务被提交或回滚之后，下次当连接执行以上任何语句时，数据库引擎实例都会自动启动一个新的事务，该实例不断地生成隐式事务链，直到隐式事务模式关闭为止。

8.5.2 事务回滚

事务回滚（Transaction Rollback）是指当显式或隐式事务中的某一语句执行失败时，将对数据库的操作恢复到事务执行前或某个指定位置。

事务回滚使用 ROLLBACK TRANSACTION 命令，其语法如下：

```
ROLLBACK [TRAN[SACTION] [transaction_name | @tran_name_variable
| savepoint_name | @savepoint_variable] ]
```

其中，savepoint_name 和@savepoint_variable 参数用于指定回滚到某一指定位置。

如果要让事务回滚到指定位置，则需要在事务中设定保存点（Save Point）。所谓保存点，是指定其所在位置之前的事务语句。不能回滚的语句，即此语句前面的操作被视为有效。

其语法如下：SAVE TRAN[SACTION] {savepoint_name | @savepoint_variable}

各参数说明如下。

savepoint_name：指定保存点的名称。同事务的名称一样，只有前 32 个字符会被系统识别。

@savepoint_variable：用变量来指定保存点的名称。变量只能声明为 CHAR、VARCHAR、NCHAR 或 NVARCHAR 类型。

【例 8-20】 商业书的 royalty 值增加 20。当任何一种商业书的 royalty 值增加到大于 25 时，事务将被回滚。

```
BEGIN TRANSACTION
    USE Pubs
    UPDATE Titles
    SET royalty = royalty + 20
    WHERE type LIKE 'busin%'
    IF (SELECT MAX(Royalty) FROM Titles WHERE Type LIKE    'busin%') > $25
    BEGIN
        ROLLBACK TRANSACTION
        PRINT 'Transaction Rolled back'
    END
    ELSE
    BEGIN
        COMMIT TRANSACTION
        PRINT 'Transaction Committed'
    END
```

在上面的例子中，观察 COMMIT TRANSACTION 和 ROLLBACK TRANSACTION 语句的使用。

注意：如果不指定回滚的事务名称或保存点，则 ROLLBACK TRANSACTION 命令会将事务回滚到事务执行前。如果事务是嵌套的，则会回滚到最靠近的 BEGIN TRANSACTION 命令前。

8.6 锁

8.6.1 锁的概念

锁（Lock）是在多用户环境下对资源访问的一种限制机制。SQL Server 使用锁的概念来确保事务的完整性和数据库的一致性。锁的功能是防止用户访问正在被其他用户修改的信息。在多用户环境下，锁防止用户在同一时刻修改同样的数据。离开了锁，数据库中的信息或数据将发生逻辑错误，这个问题将导致无法预知的查询结果。在 SQL Server 中，锁是自动实现的。通过理解锁、在应用程序中定制锁，可以设计出更高效的应用程序。

对于一个真正的事务处理数据库而言，DBMS 解决了两项不同处理之间的潜在冲突，这两项处理试图在同一时刻修改同一条信息。SQL Server 锁管理器有责任确保用户间冲突的解决。锁用于保证一项资源的当前用户从他开始操作到结束所看到的资源都是一致的。换句话说，在工作过程中处理的内容必须是在开始工作时处理的内容。当工作处于中间状态时，没有人可以修改工作内容、导致事务的中断。如果没有锁，在处理过程中就可能查看到不一致的内容。因此，事务和锁确保了数据修改的完整性。

离开了锁，当同一时刻在数据库中使用同样的数据时，可能发生4类问题。

（1）丢失更新

当两个或多个事务试图根据原先选定的值修改同一行时，将发生丢失更新问题。在这一事件中，每个事务都没有意识到其他事务的存在。事务队列中的最后一个更新将覆盖先前事务所做的更新。因此，数据丢失了。

（2）未提交附件

未提交附件也称为脏读。这一问题可以通过下面的例子来很好地解释。一个员工正在修改公司的策略文件。这时，另一个员工复制了该文件（其中包括迄今为止的所有改变），并将其分发给需要的观众。第一个员工对文件做了进一步的修改并保存该文件。现在，分发出去的文件中包含了不存在的信息，该文件应当做废。该问题的解决方案是：谁也不能读正在被修改的文件，直到文件的第一个编辑者确定修改已经结束。

（3）不一致分析

不一致分析问题也称为无法重复问题。例如，一个员工对一个特定文件读了两次。在这两次读之间，作者修改了原文件。当该员工第二次读取该文件时，它已经完全改变了。因此，原先的读是无法重复的，这将引起混乱。为了确保今后不再发生这样的问题，员工应当在作者完全结束写之后才能读取文件。

（4）幻象读

幻象读也称幻象问题。例如，管理者阅读并修改了员工递交上来的文件。当建议的修改内容正被写入文件的主复制时，其他员工发现新的、未经检查的内容被先前的员工添加到该文档中，这就导致了混乱和问题。因此，在编辑者和生产部门完成对原始文档的修改之前，谁也不能读文档中的新资料。

当对一个数据源加锁后，此数据源就有了一定的访问限制，我们就称对此数据源进行了"锁定"。在 SQL Server 2008 中，可以对以下对象进行锁定。

数据行（Row）：数据页中的单行数据。

索引行（Key）：索引页中的单行数据，即索引的键值。

页（Page）：SQL Server 存取数据的基本单位，其大小为 8KB。

盘区（Extent）：一个盘区由 8 个连续的页组成。

HOBT：堆或 B 树，用于保护没有聚集索引的表中的 B 树（索引）或堆数据页的锁。

FILE：数据库文件。

APPLICATION：应用程序专用的资源。

METADATA：元数据锁。

ALLOCATION_UNIT：分配单元。

表（Table）：包括所有数据和索引的整个表。

数据库（Database）。

1. 锁的分类

SQL Server 通过使用锁方式来解决并行事务之间的冲突。SQL Server 使用的资源锁方式见表 8-1。

表 8-1　SQL Server 使用的资源锁方式

锁　方　式	说　　明
共享　(S)	用于不改变或更新数据的操作（只读操作），如 SELECT 语句等
更新　(U)	用于可以更新的资源，该方式防止了当多个事务对资源读、锁定、然后可能还要更新（资源）时发生的一般形式的死锁
排它　(X)	用于数据修改操作，如 UPDATE、INSERT 和 DELETE。该方式确保了不能在同一时刻对同一资源进行多次更新
意图　(I)	用于建立锁层次结构。意图锁包含 3 种类型：意图共享（IS）、意图排它（IX）和共享及意图排它（SIX）
架构	当正在执行一项依赖于表架构的操作时使用。SQL Server 支持两种类型的架构锁：架构稳定（Sch-S）和架构修改（Sch-M）
大容量更新（BU）	在向表进行大容量数据复制且指定了 TABLOCK 提示时使用
键范围	当使用可序列化事务隔离级别时保护查询读取的行的范围，确保再次运行查询时其他事务无法插入符合可序列化事务的查询的行

（1）共享锁

共享锁，根据其功能，允许并行事务读取同一项资源。如果某资源上有共享锁存在，则其他事务不能修改该资源上的数据。共享锁在事务对数据读取完毕后释放该资源。要想将事务独立性级别设置成可重复或更高是不可能的。使用加锁提示在事务持续时间保持共享锁也是不可能的。

（2）更新锁

更新锁，根据其功能，可以防止一般形式死锁的发生。更新锁的产生过程非常简单。当一个事务读一条记录时，也就获得了该资源上的共享锁（页锁或行锁），然后，事务试图对行进行的任何修改，都将使该锁转换成排它锁。当两个并行事务在同一资源上获得共享锁然后试图同时更新数据时，一个事务试图将锁转换成排它锁。在这种情况下，从共享锁到排它锁的转换必须等待。这是因为一个事务的排它锁和另一个事务的共享锁是不兼容的。因此发生了锁等待。然后，在处理过程中，第二个事务修改了数据并试图获得排它锁。在这样的环境下，当两个事务都从共享锁转换成排它锁时，死锁产生了。因为每个事务都在等另一个释放其共享锁。因此，使用更新锁可以避免这种潜在的死锁问题。SQL Server 在同一时刻、在一项资源上只允许一个事务获得更新锁。如果事务对资源进行了修改，则更新锁转换成排它锁；否则，更新锁转换成共享方式锁。

（3）排它锁

排它锁，根据其功能，专门用于限制并行事务对资源的访问。没有其他事务可以读或修改带有排它锁的数据。

（4）意图锁

意图锁，根据其功能，表明了 SQL Server 要在层次结构中的一些较低层资源上获得共享锁或排它锁。例如，当一个共享意图锁在表级上实现时，意味着事务打算将共享锁安放在该表中的页或行上。在表级实现意图锁确保了没有其他事务可以在其后获得那一页所属的表上的排它锁。意图锁提高了 SQL Server 的性能，因为 SQL Server 只在表的级别上检查意图锁，以决定事务是否能安全地获得该表上的锁。因此，必须检查该表上的每个行锁或页锁，由此决定事务是否能锁定整个表。

意图锁及其多样化特性包括意图共享、意图排它和共享及意图排他锁。意图锁的分类见表 8-2。

表 8-2 意图锁的分类

锁 方 式	说 明
意图共享（IS）	该锁方式通过将共享锁加在那些个别资源上，表明了事务的意图：读取层次结构中较低层的一些（但不是所有）资源
意图排它（IX）	该锁方式通过将排它锁加在那些个别资源上，表明了事务的意图：更新层次结构中较低层的一些（但不是所有）资源。意图共享锁方式是意图排它锁方式的一个子集
共享及意图排它（SIX）	这种锁方式通过将意图排它锁加在那些个别资源上，表明了事务的意图：允许高层资源的并行读取，并对层次结构中较低层的一些（但不是所有）资源进行更新。在任何一个给定的时刻，每个表上的共享及意图排它锁不能超过一个。这是因为表级的共享锁阻止对表的其他任何修改。共享及意图排它锁是共享锁和意图排它锁的组合

（5）架构锁

数据库引擎在数据定义语言（DDL）操作（如添加列或删除表等）的过程中使用了架构修改（Sch-M）锁。保持该锁期间，Sch-M 锁将阻止对表进行并发访问，这意味着 Sch-M 锁在释放前将阻止所有的外围操作。

某些数据操作语言（DML）操作（如表截断等）使用 Sch-M 锁阻止并发操作访问受影响的表。

数据库引擎在编译和执行查询时使用架构稳定性（Sch-S）锁。Sch-S 锁不会阻止某些事务锁，其中包括排它锁。因此，在编译查询的过程中，其他事务（包括那些针对表使用 X 锁的事务）将继续运行。但是，无法针对表执行获取 Sch-M 锁的并发 DDL 操作和并发 DML 操作。

（6）大容量更新锁

数据库引擎在将数据大容量复制到表中时使用了大容量更新锁，并指定了 TABLOCK 提示或使用 sp_tableoption 设置了 table lock on bulk load 表选项。大容量更新锁允许多个线程将数据并发地大容量加载到同一表，同时防止其他不进行大容量加载数据的进程访问该表。

（7）键范围锁

在使用可序列化事务隔离级别时，对于 Transact-SQL 语句读取的记录集，键范围锁可以隐式保护该记录集中包含的行范围。键范围锁可防止幻读。通过保护行之间键的范围，它还防止对事务访问的记录集进行幻象插入或删除。

2．隔离级别

隔离（Isolation）是计算机安全学中的一种概念，其本质是一种封锁机制，它指的是自动数据处理系统中的用户和资源的相关牵制关系，也就是用户和进程彼此分开，且和操作系统的保护控制也分开。在 SQL Server 中，隔离级（Isolation Level）是指一个事务和其他事务的隔离程度，即指定了数据库如何保护（锁定）那些当前正在被其他用户或服务器请求使用的数据。指定事务的隔离级与在 SELECT 语句中使用锁定选项来控制锁定方式具有相同的效果。

在 SQL Server 中有以下 4 种隔离级：

1）READ COMMITTED：在此隔离级下，SELECT 命令不会返回尚未提交（Committed）的数据，也不能返回脏数据，它是 SQL Server 默认的隔离级。

2）READ UNCOMMITTED：与 READ COMMITTED 隔离级相反，它允许读取已经被其他用户修改但尚未提交确定的数据。

3）REPEATABLE READ：在此隔离级下，用 SELECT 命令读取的数据在整个命令执行过程中不会被更改。此选项会影响系统的效能，非必要情况最好不用此隔离级。

4）SERIALIZABLE：与 DELETE 语句中的 SERIALIZABLE 选项含义相同。

隔离级需要使用 SET 命令来设定，其语法如下：

SET TRANSACTION ISOLATION LEVEL{READ COMMITTED | READ UNCOMMITTED |
REPEATABLE READ | SERIALIZABLE }

用系统存储过程 sp_lock 可查看锁。

存储过程 sp_lock 的语法如下：

    sp_lock spid

SQL Server 的进程编号 spid 可以在 master.dbo.sysprocesses 系统表中查到。spid 是 INT
类型的数据，如果不指定 spid ，则显示所有的锁。

【例 8-21】 显示当前系统中的所有锁。

```
USE master
EXEC   sp_lock
```

| 运行结果为 | | | | | | | |
spid	dbid	ObjId	IndId	Type	Resource	Mode	Status
52	1	85575343	0	DB		S	GRANT

注意：此例正巧只有一个锁，有多个锁时就显示多行。

【例 8-22】 显示编号为 52 的锁的信息。

```
USE master
EXEC   sp_lock 52
```

| 运行结果为 | | | | | | | |
spid	dbid	ObjId	IndId	Type	Resource	Mode	Status
52	1	85575343	0	DB		S	GRANT

8.6.2 死锁及其防止

当两个用户同时执行以下两个事务时，可能会引发错误。表 8-3 为一个死锁的例子。

表 8-3 死锁的例子

步　骤	用.户 1	用 户 2
1	BEGIN TRANSACTION	BEGIN TRANSACTION
2	UPDATE Toys SET cCategoryId ='001' WHERE cToyID='000002'	UPDATE Category SET vDescription ='布衣类' WHERE cCategoryId = '001'
3	SELECT * FROM Category	SELECT * FROM Toys

如果两个用户同时执行时，会发生"你的事务（进程代码 #8）和另一个进程发生了死锁，
并被选为死锁牺牲者。请重新执行你的事务。"的错误提示。为什么会发生该错误？这就是死锁。

死锁就像前面提到的那样，是这样一种状态：两个用户（或事务）各自的对象上有锁，
同时每个对象又在等待另一个对象上的锁（释放）。这经常发生在多用户环境下。

在图 8-4 中，事务 A 锁住了表 Toys，并想锁住表 Category；事务 B 锁住了表 Category，
并想锁住表 Toys，这就导致了一个死锁。因为两个事务都在等待另一个事务释放各自的表，
而两个事务都不可能释放各自锁住的表，因此都必须等待。

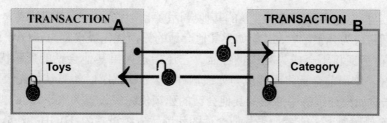

图 8-4 "死锁"示意图

为了检测死锁的情况，死锁检测是由锁监视器线程执行的，该线程定期搜索数据库引擎实例的所有任务。以下几点说明了搜索进程：

1）默认时间间隔为 5s。

2）如果锁监视器线程查找死锁，根据死锁的频率，死锁检测时间间隔将从 5 s 开始减小，最小为 100 ms。

3）如果锁监视器线程停止查找死锁，数据库引擎将两个搜索间的时间间隔增加到 5 s。如果刚刚检测到死锁，则假定必须等待锁的下一个线程正进入死锁循环。检测到死锁后，第一对锁等待将立即触发死锁搜索，而不是等待下一个死锁检测时间间隔。例如，如果当前时间间隔为 5 s 且刚刚检测到死锁，则下一个锁等待将立即触发死锁检测器。如果锁等待是死锁的一部分，则将会立即检测它，而不是在下一个搜索期间才检测。

通常，数据库引擎仅定期执行死锁检测。因为系统中遇到的死锁数通常很少，定期死锁检测有助于减少系统中死锁检测的开销。

锁监视器对特定线程启动死锁搜索时，会标示线程正在等待的资源。然后，锁监视器查找特定资源的所有者，并递归地继续执行对那些线程的死锁搜索，直到找到一个循环。用这种方式标示的循环形成一个死锁。

检测到死锁后，数据库引擎通过选择其中一个线程作为死锁牺牲品来结束死锁。数据库引擎终止正为线程执行的当前批处理，回滚死锁牺牲品的事务并将 1205 错误返回到应用程序。回滚死锁牺牲品的事务会释放事务持有的所有锁，这将使其他线程的事务解锁，并继续运行。1205 死锁牺牲品错误将有关死锁涉及的线程和资源的信息记录在错误日志中。

默认情况下，数据库引擎选择运行回滚开销最小的事务的会话作为死锁牺牲品。此外，用户也可以使用 SET DEADLOCK_PRIORITY 语句指定死锁情况下会话的优先级。可以将 DEADLOCK_PRIORITY 设置为 LOW、NORMAL 或 HIGH，也可以将其设置为–10 ～ 10 之间的任一整数值。死锁优先级的默认设置为 NORMAL。如果两个会话的死锁优先级不同，则会选择优先级较低的会话作为死锁牺牲品。如果两个会话的死锁优先级相同，则会选择回滚开销最低的事务的会话作为死锁牺牲品。如果死锁循环中会话的死锁优先级和开销都相同，则会随机选择死锁牺牲品。

设置死锁级别的语法如下：

SET DEADLOCK_PRIORITY {LOW | NORMAL | HIGH | @死锁变量}

LOW：指定如果当前会话发生死锁，并且死锁链中涉及的其他会话的死锁优先级设置为 NORMAL，或 HIGH，或大于–5 的整数值，则当前会话将成为死锁牺牲品。如果其他会话的死锁优先级设置为小于–5 的整数值，则当前会话将不会成为死锁牺牲品。此参数还指定如果其他会话的死锁优先级设置为 LOW 或–5，则当前会话将可能成为死锁牺牲品。

NORMAL：指定如果死锁链中涉及的其他会话的死锁优先级为 HIGH 或大于 0 的整数值，则当前会话将成为死锁牺牲品。但如果其他会话的死锁优先级设置为 LOW 或小于 0 的整数值，则当前会话将不会成为死锁牺牲品。它还指定如果其他会话的死锁优先级设置为 NORMAL 或 0，则当前会话将可能成为死锁牺牲品。NORMAL 为默认优先级。

HIGH：指定如果死锁链中涉及的其他会话的死锁优先级设置为大于 5 的整数值，则当前会话将成为死锁牺牲品，或者如果其他会话的死锁优先级设置为 HIGH 或 5，则当前会话可能成为死锁牺牲品。

@死锁变量：指定死锁优先级的字符变量，此变量必须设置为 LOW、NORMAL 或 HIGH 中的一个值，而且必须足够大，以保存整个字符串。

当一个事务试图锁定一项已被其他事务所掌握的资源时，SQL Server 通知第一个事务该资源的当前可得性状态。如果资源被锁定，则第一个事务被冻结，等待该资源。如果那是一个死锁，则 SQL Server 终止一个能配合的进程。在没有发生死锁的情况下，请求进程被冻结，直到另一个事务将锁释放。默认情况下，SQL Server 不强制规定超时时间段。

SET LOCK_TIMEOUT 命令可用于设置一个语句在冻结资源上等待的最大时间。设置了 LOCK_TIMEOUT 之后，当一个语句已经等待的时间超过了 LOCK_TIMEOUT 中设置的时间，SQL Server 自动取消等待事务。

其语法如下：

SET LOCK_TIMEOUT [超时时间段]

这里，超时时间段用 μs 来表示，这是 SQL Server 为一个冻结事务返回加锁错误之前所经历的时间。可以将其指定为 1 来实现默认的超时设置。

死锁会造成资源的大量浪费，甚至会使系统崩溃。在 SQL Server 中解决死锁的原则是"牺牲一个比牺牲两个强"，即挑出一个进程作为牺牲者，将其事务回滚，并向执行此进程的程序发送编号为 1205 的错误信息。而防止死锁的途径就是不能让满足死锁条件的情况发生，为此，用户需要遵循以下原则：

1）尽量避免并发地执行涉及到修改数据的语句。

2）要求每个事务一次就将所有要使用的数据全部加锁，否则就不予执行。

3）预先规定一个封锁顺序，所有的事务都必须按这个顺序对数据执行封锁。例如，不同的过程在事务内部对对象的更新执行顺序应尽量保持一致。

4）每个事务的执行时间不可太长，对程序段长的事务可考虑将其分割为几个事务。

8.7　本章小结

本章主要讲述数据库常用的一些高级对象的应用和管理。首先介绍视图的概念、应用以及在不同方式下如何创建视图和管理视图。视图作为一个查询结果集虽然仍与表具有相似的结构，但它是一张虚表。以视图结构显示在用户面前的数据并不是以视图的结构存储在数据库中，而是存储在视图所引用的基本表当中。视图的存在为保障数据库的安全性提供了新手段。

接着介绍存储过程的概念、用途和使用方法。随后介绍用户自定义函数的应用。为了保证数据库里数据一致性的问题，还介绍了事务和锁的概念，讲述了事务的 ACID 特性和锁的工作原理以及它们的应用。本章还详尽介绍了特殊的存储过程——触发器的概念、作用以及对其的使用方法；存储过程和触发器在数据库开发过程中，在对数据库的维护和管理等任务中，以及在维护数据库参照完整性等方面具有不可替代的作用。

读者应该重点从概念、作用和应用的角度来学习它们，特别是视图和存储过程的应用非常广泛，无论对开发人员，还是对数据库管理人员来说，熟练地使用视图和存储过程，尤其是系统存储过程，深刻地理解有关存储过程和触发器各方面的问题是极为必要的。

8.8 思考题

下述思考题如无特别说明，均是利用 ToyUniverse 数据库中的数据进行操作的。

1．玩具店店长经常需要查看订单信息，创建一个视图来显示所查询的信息。所涉及的信息有订单号、订单日期、购物者姓名、玩具名、数量、单价。（提示：所设计的信息包含在 Orders、OrderDetail、Shopper 和 Toys 4 个表中）

2．创建一个视图，通过视图来免去一次订购总价超过 100 元的订单的包装费。

3．创建一个叫 prcAddCategory 的存储过程，将下列数据添加到表 Category（见表 8-4）中。

表 8-4 表 Category

Category Id	Category	Description
018	Electronic Games	这些游戏中包含了一个和孩子们交互的屏幕

4．创建存储过程，接收一个玩具代码，显示该玩具的名称和价格。

5．创建一个叫 prcCharges 的过程，按照给定的订货代码返回船运费和包装费。

6．创建一个叫 prcHandlingCharges 的过程，接收一个订货代码并显示处理费。过程 prcHandlingCharges 中应该用到过程 prcCharges，以取得船运费和包装费。（提示：处理费 = 船运费 + 包装费）

7．创建一个存储过程，以当天的日期为输入参数，返回当天的订单信息，订单显示的内容和第 1 题相同。

8．创建一个返回 table 的函数，函数的参数是当天的日期，返回当天的订单信息，订单显示的内容和第 1 题相同。

9．存储过程 prcGenOrder 生成数据库中现有的订货数量。

```
CREATE PROCEDURE prcGenOrder
@OrderNo char(6)OUTPUT
as
SELECT @OrderNo=Max(cOrderNo) FROM Orders
SELECT @OrderNo=
CASE
        WHEN @OrderNo >=0 and @OrderNo<9 Then
        '00000'+Convert(char,@OrderNo+1)
        WHEN @OrderNo>=9 and @OrderNo<99 Then
        '0000'+Convert(char,@OrderNo+1)
        WHEN @OrderNo>=99 and @OrderNo<999 Then
        '000'+Convert(char,@OrderNo+1)
        WHEN @OrderNo>=999 and @OrderNo<9999 Then
        '00'+Convert(char,@OrderNo+1)
        WHEN @OrderNo>=9999 and @OrderNo<99999 Then
```

'0'+Convert(char,@OrderNo+1)
                    WHEN @OrderNo>=99999 Then Convert(char,@OrderNo+1)
         END
         RETURN

当购物者确认一次订购时，依次执行下列步骤：

（1）通过上述过程生成订货代码。

（2）将订货代码、当前日期、车辆代码、购物者代码添加到表 Orders 中。

（3）将订货代码、玩具代码、数量添加到表 OrderDetail 中。

（4）OrderDetail 表中的玩具价格应该更新。

（提示：玩具价格 = 数量×玩具单价，上述步骤应当具有原子性）

将上述事务转换成过程，该过程接收车辆代码和购物者代码作为参数。

10．当购物者为某个特定的玩具选择礼品包装时，依次执行下列步骤：

（1）属性 cGiftWrap 中应当存放"Y"，属性 cWrapperId 应根据选择的包装代码进行更新。

（2）礼品包装费用应当更新。

（3）上述步骤应当具有原子性。

（4）将上述事务转换成过程，该过程接收订货代码、玩具代码和包装代码作为参数。

11．如果购物者改变了订货数量，则玩具价格将自动修改。

（提示：玩具价格 = 数量×玩具单价）

12．在 pubs 数据库中创建触发器，检查 employee 和 jobs 表之间的业务规则。

当插入或更新雇员工作级别（job_lvls）时，该触发器检查指定雇员的工作级别（由此决定薪水）是否处于为该工作定义的范围内。若要获得适当的范围，必须引用 jobs 表。

8.9　过程考核 4：数据库高级对象的使用

1．目的

目的是让学生掌握好视图、存储过程、函数、触发器、事务和锁等数据库高级对象的使用。

2．要求

进一步完善系统的需求分析和业务流程，设计一些视图、存储过程、触发器等数据库高级对象，来为系统用户视图提供数据。

说明这些对象的应用场合和使用方法。要求提供创建对象的 SQL 脚本。（附带创建数据库和数据表的脚本）

使用事务，要求提供 SQL 脚本。

熟练掌握规范开发文档的编制。

3．评分标准

1）视图。（25 分）

2）存储过程。（35 分）

3）触发器。（15 分）

4）事务。（15 分）

5）文档的格式。（10 分）

说明：每项评分中需求要求合理，否则将适当扣分。

第 9 章　数据库系统的安全

本章学习目标：
- SQL Server 安全控制机制。
- 了解两种身份验证模式。
- SQL Server 登录账号、角色、用户和访问权限的管理。

9.1　概述

安全控制对于任何一个数据库管理系统来说都是很重要的。数据库通常存储了大量的数据，这些数据可能是个人信息、客户清单或其他机密资料。如果有人未经授权非法侵入数据库，窃取、查看或修改了数据，势必会造成极大的危害，特别是在金融等系统中更是如此。SQL Server 2008 对数据库数据的安全管理使用身份验证、数据库用户权限确认和限制访问权限等措施来保护数据库中的信息资源。

本章主要讨论 SQL Server 2008 提供的安全管理机制。

安全性并非数据库管理系统所独有，实际上在许多系统上都存在安全性问题。数据库的安全控制是指在数据库应用系统中，在不同层次上，对有意和无意损害数据库系统的行为提供的安全防范。

在数据库中，对有意的非法活动可采用加密存取设计的方法控制，对有意的非法操作可使用用户身份验证、限制操作权来控制；对无意的损坏可采用提高系统的可靠性和数据备份等方法来控制。

在介绍数据库管理系统如何实现对数据的安全控制之前，先了解一下数据库系统的安全控制模型和数据库中对数据库用户的分类。

9.1.1　数据库系统的安全控制模型

图 9-1 显示了一般数据库系统的安全认证过程。

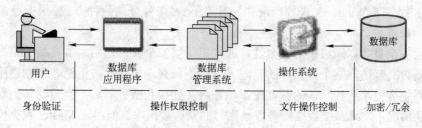

图 9-1　数据库系统的安全认证过程

当用户要访问数据库中的数据时，第一步通常是要通过数据库应用程序，这时用户要向数据库应用程序提供其身份，然后数据库应用程序将用户的身份交给数据库管理系统进行验证，只有合法的用户才能进入到下一步操作。对于合法的用户，在进行数据库操作时，第二步是 DBMS 要验证此用户是否具有这种操作权。如果有操作权，才能进行操作；否则拒绝执行用户的操作。第三步验证是在操作系统一级，如设置文件的访问权限等。最后对存储在磁盘上的文件加密存储，这样即使数据被人窃取，也很难读懂数据。另外，还可以将数据库文件保存多份，当出现意外情况时（如磁盘坏了等），不至于丢失数据。这里只讨论与数据库有关的用户身份验证和用户权限管理等技术。

在一般的数据库系统中，安全措施是一级级层层设置的。

9.1.2 数据库权限和用户分类

通常情况下，数据库中的权限被划分为两类。

第一类是对数据库管理系统正常运行而进行的维护权限。

第二类是对数据库中的对象和数据的操作权限，这类权限又分为两种：第一种是对数据库对象的权限，包括创建、删除和修改数据库对象；第二种是对数据库数据的操作权，包括对表、视图数据的增加、删除、修改、查询权和对存储过程的执行权。

数据库中的用户按其操作权限的大小可分为如下 3 类。

1）数据库系统管理员。数据库系统管理员（SQL Server 提供的默认系统管理员是 sa）在数据库中具有全部的权限，当用户以系统管理员身份对数据库进行操作时，数据库管理系统不对其权限进行任何权限验证。

2）数据库对象拥有者。数据库对象拥有者对其所拥有的对象具有一切权限。

3）普通用户。普通用户只具有对数据库数据的增加、删除、修改和查询权。

在数据库中，为了简化对用户操作权限的管理，可以将具有相同权限的一组用户组织在一起，这组用户在数据库中称为"角色"。

9.1.3 SQL Server 的安全机制

SQL Server 2008 的安全性是建立在认证（Authentication）和访问许可（Permission）机制上的。SQL Server 2008 数据库系统的安全管理具有层次性，安全级别可分为 3 层。

第一层安全是 SQL Server 2008 服务器级别的安全性，这个级别的安全性是建立在控制服务器的登录账号和密码基础上的，即必须有正确的服务器登录账号和密码，才能连接上 SQL Server 2008 服务器，即验证该用户是否具有连接到数据库服务器的"连接权"。SQL Server 2008 提供了 Windows 账号登录和 SQL Server 账号登录两种方式。根据登录账号的角色决定了用户权限。

第二层安全是数据库级别的安全性，通过第一层安全检查之后，就要接受第二层安全性检查，即是否具有访问某个数据库的权限。如果不具有，访问会被拒绝。当创建服务器登录账号时，系统会提示选择默认的数据库，该账号在连接到服务器后，会自动转到默认的数据库上。默认情况下，Master 数据库是登录账号的默认数据库。但由于 Master 数据库保存了大量系统信息，所以不建议设置默认数据库为 Master。

第三层安全是数据库对象级别的安全性，用户通过前两层的安全验证之后，在对具体的数据库对象进行操作时，将进行权限检查，即用户要想访问数据库里的对象，必须事先赋予访问权限，否则，系统将拒绝访问。数据库对象的拥有者拥有对该对象的全部权限。在创建数据库对象时，SQL Server 自动把该对象的所有权赋予该对象的创建者。

由于 SQL Server 是支持客户/服务器结构的关系数据库管理系统，而且它与 Windows 的操作系统很好地融合在了一起，因此 SQL Server 的许多功能，包括安全机制都与操作系统进行了很好的集成。

SQL Server 登录账号的来源有两种。

1）Windows 授权用户：来自于 Windows 的用户或组。

2）SQL 授权用户：来自于非 Windows 的用户，也将这种用户称为 SQL 用户。

SQL Server 为不同的登录账号类型提供不同的安全认证模式。

1. Windows 身份验证模式

Windows 身份验证模式允许用户通过 Windows 家族的用户进行连接。在这种安全模式下，SQL Server 将通过 Windows 2003、Windows 2008 或 Windows 7 来获得信息，并对账号名和密码进行重新验证。SQL Server 通过使用网络用户的安全特性来控制登录访问，以实现与 Windows 2003、Windows 2008 或 Windows 7 的集成。这种登录安全集成可在 SQL Server 中任何受支持的网络协议上运行。用户的网络安全特性在网络登录时建立，并通过 Windows 的域控制器进行验证。当一个网络用户试图连接 SQL Server 时，SQL Server 使用基于 Windows 的功能对这个网络用户进行验证，并由此决定是否允许用户登录。

当使用 Windows 身份验证模式时，用户必须首先登录到 Windows 中，然后再登录到 SQL Server。而且用户登录到 SQL Server 时，只需选择 Windows 身份验证模式，而无需再提供登录账号和密码，系统会从用户登录到 Windows 时提供的用户名和密码中查找当前用户的登录信息，以判断其是否是 SQL Server 的合法用户。图 9-2 显示的是选择 Windows 身份验证模式的情形。

图 9-2　Windows 身份验证模式

Windows 认证模式与 SQL Server 认证模式相比有许多优点，原因在于 Windows 认证模式集成了 Windows 的安全系统，如安全合法性、口令加密、对密码最小长度进行限制等。所以，当用户试图登录到 SQL Server 时，它从 Windows Server 的网络安全属性中获取登录用户的账号与密码，并使用 Windows Server 验证账号和密码的机制来检验登录的合法性，从而提高了 SQL Server 的安全性。但 Windows 验证模式只能用在运行服务器版操作系统的服务器上。在 Windows XP 等个人操作系统上，不能使用 Windows 身份验证模式。

2．SQL Server 身份验证模式

在该认证模式下，用户在连接 SQL Server 时必须提供登录名和登录密码，这些登录信息存储在系统表 syslogins 中，与 NT 的登录账号无关。SQL Server 自己执行认证处理，如果输入的登录信息与系统表 syslogins 中的某条记录相匹配，则表明登录成功。

3．混合验证模式

在混合验证模式下，Windows 认证和 SQL Server 认证这两种认证模式都是可用的。在使用客户应用程序连接 SQL Server 服务器时，如果没有传递登录名和密码，SQL Server 将自动认定用户要使用 Windows 身份验证模式，并且在这种模式下对用户进行认证。如果传递了登录名和密码，则 SQL Server 认为用户要使用 SQL Server 身份验证模式，并将所传来的登录信息与存储在系统表中的数据进行比较，如果匹配，就允许用户连接到服务器，否则拒绝连接。

9.1.4　查看和设置 SQL Server 的认证模式

管理员在安装或使用 SQL Server 2008 的过程中，安装程序会提示用户选择身份验证模式。在使用中，也可以根据需要来重新设置，在对象资源管理器中设置身份验证模式的方法如下：

在对象资源管理器中，右键单击服务器节点，在弹出的菜单中选择 "属性"命令，在弹出的"属性"窗口中选择"安全性"页，其显示如图 9-3 所示。在"安全性"页的"服务器身份验证"栏中有两个单选按钮，第一个代表使用 Windows 身份验证模式，第二个代表使用混合验证模式。

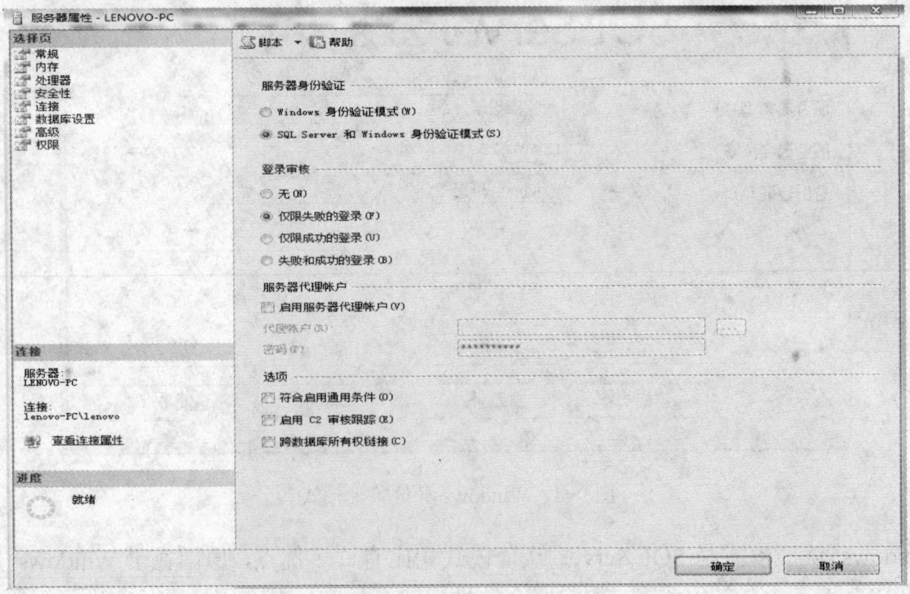

图 9-3　设置身份验证模式

注意:

- SQL Server 在使对服务器的设置生效之前，必须先停止当前的所有服务，然后在更改完服务器的设置后，再按新的设置重新启动服务。因此，修改服务器的设置应该选在没有用户使用服务器时进行。
- 如果选择 "Windows 身份验证模式"，则以后所有登录到 SQL Server 的用户必须首先是 Windows 的合法用户。安装 SQL Server 时的默认身份验证模式是 "Windows 身份验证模式"，因此，如果希望非 Windows 的用户也能够使用 SQL Server，则在安装之后应该更改 SQL Server 的身份验证模式为 "SQL Server 和 Windows 身份验证模式"。

9.2 管理 SQL Server 登录账号

SQL Server 2008 的安全系统基于用来标志用户的登录标志符，用户在连接到 SQL Server 2008 时与登录 ID 相关联，登录 ID 就是控制访问 SQL Server 系统的用户账号。如果不先建立有效的登录 ID，用户就不能连接到 SQL Server。

在 SQL Server 2008 中有两类登录账号：一类是由 SQL Server 自身负责身份验证的登录账号；另一类是登录到 SQL Server 的 Windows 系统网络账号，可以是组账号或用户账号。在安装完 SQL Server 2008 之后，系统本身自动地创建一些登录账号，称为内置系统账号。用户也可以根据自己的需要创建自己的登录账号。所有的登录账号都存储在 Master 数据库的 syslogins 表中。

在 SQL Server 2008 中，为了便于对用户及权限的管理，将一组具有相同权限的用户组织在一起，这一组具有相同权限的用户称为角色。角色分为系统预定义的固定角色和用户根据自己需要定义的用户角色。系统角色又根据其作用范围的不同而被分为固定的服务器角色和固定的数据库角色。服务器角色是为整个服务器设置的，而数据库角色是为具体的数据库设置的。

使用角色的好处是系统管理员只需对权限的种类进行划分，然后将不同的权限授予不同的角色，而不必关心有哪些具体的用户。而且当角色中的成员发生变化时，如添加成员或删除成员，系统管理员都无需做任何关于权限的操作。

9.2.1 固定的服务器角色

固定的服务器角色在服务器级上定义，这些角色具有完成特定服务器级管理活动的权限。用户不能添加、删除或更改固定的服务器角色。用户的登录账号可以添加到固定的服务器角色中，使其成为服务器角色中的成员，从而具有服务器角色的权限。

表 9-1 列出了 SQL Server 2008 支持的 9 种固定的服务器角色及其所具有的权限。

表 9-1 固定的服务器角色及其所具有的权限

固定的服务器角色	描　　述
sysadmin	在 SQL Server 中进行任何活动。该角色的权限跨越所有其他固定服务器角色
serveradmin	更改和配置服务器范围的设置
setupadmin	添加和删除链接服务器，并执行某些系统存储过程（如 sp_serveroption 等）

固定的服务器角色	描　述
securityadmin	管理服务器登录名及其属性
processadmin	管理在 SQL Server 实例中运行的进程
dbcreator	创建和改变数据库
diskadmin	管理磁盘文件
bulkadmin	执行 BULK INSERT 语句
public	每个 SQL Server 登录账号都属于 public 服务器角色，如果没有给某个登录账号授予特定权限，该用户将继承 public 角色的权限

固定的服务器角色的成员是系统的登录账号。

前 8 个服务器角色的权限是系统预先设定好的，不能修改。只有 public 角色的权限可以根据需要修改，而且对于 public 角色设置的权限，所有的登录账号都会自动继承。

1．查看固定的服务器角色

在对象资源管理器中查看固定的服务器角色的操作步骤如下：

1）启动对象资源管理器，在控制台上展开"安全性"节点。

2）单击"服务器角色"，可以看到所有固定的服务器角色。右键单击任何一个角色，选择"属性"命令，可查看此角色中包含的成员。

2．添加固定的服务器角色的成员

将登录账号添加到固定的服务器角色中，可以使用对象资源管理器实现，具体方法如下：

1）启动对象资源管理器，在控制台上展开"安全性"节点。

2）单击"服务器角色"，可以看到所有固定的服务器角色。右键单击任何一个角色，选择"属性"命令。

3）在如图 9-4 所示的"服务器角色属性"窗口中单击"添加"按钮。

图 9-4　服务器角色属性

4）在弹出的"选择登录名"窗口中选择要添加到角色中的登录账号，然后单击"确定"按钮，添加成员，可以一次添加多个成员。此时的"服务器角色属性"窗口中列出了此角色所包含的全部成员，单击"确定"按钮，关闭窗口。

如果不再希望某个登录账号是某服务器角色中的成员，可将其从服务器角色中删掉。删除服务器角色成员的方法与添加服务器角色成员的方法类似，在"服务器角色属性"窗口中选择要删除的登录账号，然后单击"删除"按钮即可。

9.2.2　系统的登录账号

安装完 SQL Server 2008 之后，启动对象资源管理器，在控制台左边窗格中依次展开"安全性"节点，然后单击"登录名"节点，便可以在内容窗格中看到如图 9-5 所示的登录账号。

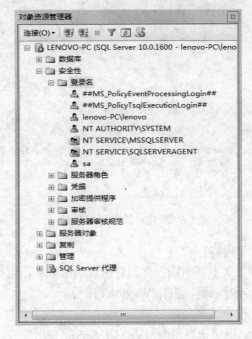

图 9-5　登录账号

9.2.3　管理登录账号

当一个服务器上有多个数据库系统时，如果都用系统的登录账号，数据库安全性存在极大的安全隐患。所以，在用户创建自己的数据库时，通常创建自己的登录账号，来进行维护和管理。用户用各自的账号，才能连接到 SQL Server。管理登录账号可以使用对象资源管理器实现，也可以使用系统存储过程实现。

1. 使用对象资源管理器创建登录账号

创建使用 Windows 身份验证的 SQL Server 登录名步骤如下。

1）在 SQL Server Management Studio 中打开对象资源管理器并展开要在其中创建新登录名的服务器实例的文件夹。

2）右键单击"安全性"文件夹，指向"新建"，然后单击"登录名"，在弹出的快捷菜单中选择"新建登录名",在"常规"页上的"登录名"框中输入用户名,如图9-6所示。

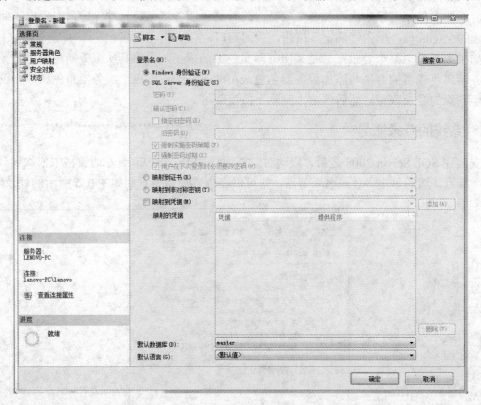

图9-6 新建对话框的"常规"页

"常规"页中包含以下内容。

登录名:在"登录名"文本框中输入要创建的登录账号名,也可以使用右边的"搜索"按钮打开"选择用户和组"对话框,查找 Windows 账号。

Windows 身份验证:指定该登录账号使用 Windows 集成安全性。

SQL Server 身份验证:指定该登录账号为 SQL Server 专用账号,使用 SQL Server 身份验证。如果选择"SQL Server 身份验证",则必须在"密码"和"确认密码"文本框中输入密码,SQL Server 2008 不允许空密码。根据需要对"强制实施密码策略"、"强制密码过期"、"用户在下次登录时必须更改密码"复选框进行选择。

映射到证书:指定该登录账号与某个证书相关联,可以通过右边的文本框输入证书名。

映射到非对称密钥:表示该登录账号与某个非对称密钥相关联,可以在右边的文本框中输入非对称密钥名称。

映射到凭据:此选项将凭据链接到登录名。

默认数据库:为该登录账号选择默认数据库。

默认语言:为该登录账号选择默认语言。

3)在"登录名-新建"窗口中选择"服务器角色"页,这里可以设置将该登录账号添加到某个服务器角色中成为其成员,并自动具有该服务器角色的权限,其中,public 角色自动选中,并且不能删除。

4）在"登录名-新建"窗口中选择"用户映射"页，可以指定该登录账号可以访问的数据库，并定义登录账号与数据库账号的映射。在"映射到此登录名的用户"列表中，设置该登录账号访问的数据库，并指定要映射到该登录名的数据库用户名。默认情况下，数据库用户名与登录名相同，在下面的"数据库角色成员身份"列表中，可以选择用户在指定的数据库中的角色。关于数据库用户和数据库角色，将在下一节详细介绍。

5）在"登录名-新建"窗口中选择"安全对象"页，通过"搜索"按钮选择相应类型的安全对象添加在下面的"安全对象"列表中，然后在下面的列表中可以将指定的安全对象的权限授予登录账号或拒绝登录账号，获得安全对象的权限。

6）在"登录名-新建"窗口中选择"状态"页，在状态页设置与连接相关的选项，主要有以下几个。

是否允许连接到数据库引擎：选择"授予"将允许该登录账号连接到 SQL Server 数据库引擎；选择"拒绝"将禁止此登录账号连接到数据库引擎。

登录：可以选择"启动"或"禁用"来启动或禁用该登录账号。

登录已锁定：选中该复选框可以锁定使用 SQL Server 身份验证进行连接的 SQL Server 登录账号。

7）设置完所有需要设置的选项之后，单击"确定"按钮即可创建登录账号。

对于已经建立好的 SQL Server 登录账号，修改登录账号的属性密码、默认数据库和默认语言等和建立时类似。

另外，也可以使用 CREATE LOGIN 语句创建登录账号。具体语法格式如下：

```
CREATE LOGIN loginName { WITH <option_list1> | FROM <sources> }


<option_list1> ::=
    PASSWORD = { 'password' | hashed_password HASHED } [ MUST_CHANGE ]
    [ , <option_list2> [ ,... ] ]
<option_list2> ::=
    SID = sid
    | DEFAULT_DATABASE = database
    | DEFAULT_LANGUAGE = language
    | CHECK_EXPIRATION = { ON | OFF}
    | CHECK_POLICY = { ON | OFF}
    | CREDENTIAL = credential_name
<sources> ::=
    WINDOWS [ WITH <windows_options> [ ,... ] ]
    | CERTIFICATE certname
    | ASYMMETRIC KEY asym_key_name
<windows_options> ::=
    DEFAULT_DATABASE = database
    | DEFAULT_LANGUAGE = language
```

各参数说明如下。

loginName：指定创建的登录名。有 4 种类型的登录名：SQL Server 登录名、Windows 登录名、证书映射登录名和非对称密钥映射登录名。如果从 Windows 域账户映射 loginName，则 loginName 必须用方括号（[ ]）括起来。

PASSWORD = 'password'：仅适用于 SQL Server 登录名。指定正在创建的登录名的密码。应使用强密码。

PASSWORD = hashed_password：仅适用于 HASHED 关键字。指定要创建的登录名的密码的哈希值。

HASHED：仅适用于 SQL Server 登录名。指定在 PASSWORD 参数后输入的密码已经过哈希运算。如果未选择此选项，则在将作为密码输入的字符串存储到数据库之前，对其进行哈希运算。

MUST_CHANGE：仅适用于 SQL Server 登录名。如果包括此选项，则 SQL Server 将在首次使用新登录名时提示用户输入新密码。

CREDENTIAL = credential_name：将映射到新 SQL Server 登录名的凭据的名称。该凭据必须已存在于服务器中。当前此选项只将凭据链接到登录名。在未来的 SQL Server 版本中可能会扩展此选项的功能。

SID = sid：仅适用于 SQL Server 登录名。指定新 SQL Server 登录名的 GUID。如果未选择此选项，则 SQL Server 自动指派 GUID。

DEFAULT_DATABASE = database：指定将指派给登录名的默认数据库。如果未包括此选项，则默认数据库将设置为 Master。

DEFAULT_LANGUAGE = language：指定将指派给登录名的默认语言。如果未包括此选项，则默认语言将设置为服务器的当前默认语言。即使将来服务器的默认语言发生更改，登录名的默认语言也仍保持不变。

CHECK_EXPIRATION = { ON | OFF }：仅适用于 SQL Server 登录名。指定是否对此登录账户强制实施密码过期策略。默认值为 OFF。

CHECK_POLICY = { ON | OFF }：仅适用于 SQL Server 登录名。指定应对此登录名强制实施运行 SQL Server 的计算机的 Windows 密码策略。默认值为 ON。

WINDOWS：指定将登录名映射到 Windows 登录名。

CERTIFICATE certname：指定将与此登录名关联的证书名称。此证书必须已存在于 Master 数据库中。

ASYMMETRIC KEY asym_key_name：指定将与此登录名关联的非对称密钥的名称。此密钥必须已存在于 Master 数据库中。

【例 9-1】 创建 Windows 登录账号。

```
CREATE LOGIN [han\testuser] FROM Windows
```

【例 9-2】 创建 SQL Server 登录账号。

```
CREATE LOGIN testuser WITH PASSWORD='111111'
```

2. 使用系统存储过程管理登录账号

在 SQL Server 中，一些系统存储过程提供了管理 SQL Server 登录功能，主要包括：

sp_addlogin：创建新的使用 SQL Server 认证模式的登录账号。

sp_revokelogin：删除账号，但不能删除系统管理者（SA）以及当前连接到 SQL Server

的登录。 如果与登录相匹配的用户仍存在数据库 sysusers 表中，则不能删除该登录账号。
sp_addlogin 和 sp_droplogin 只能用在 SQL Server 认证模式下。

sp_denylogin：拒绝某一用户连到 SQL Server 上。

sp_granlogin：设定 Windows 用户或组成员为 SQL Server 用户。sp_granlogin 和 sp_revokelogin 只使用于 NT 认证模式下对 NT 用户或用户组账号做设定，而不能对 SQL Server 维护的登录账号进行设定。

sp_droplogin：删除登录 SQL Server 账号，禁止该用户访问。

sp_helplogins：用来显示所有登录到 SQL Server 账号的信息。

具体每个系统存储过程的用法，请参考 SQL Server 2008 的联机帮助信息。

9.3 管理数据库用户

9.3.1 数据库用户简介

数据库用户用来指出哪一个人可以访问哪一个数据库。在一个数据库中，用户 ID 唯一标示一个用户，用户对数据的访问权限以及对数据库对象的所有关系都是通过用户账号来控制的，用户账号总是基于数据库的，即两个不同数据库中可以有两个相同的用户账号。

在数据库中，用户账号与登录账号是两个不同的概念。一个合法的登录账号只表明该账号通过了 NT 认证或 SQL Server 认证，但不能表明其可以对数据库数据和数据对象进行某种或某些操作。所以，一个登录账号总是与一个或多个数据库用户账号（这些账号必须存在于相异的数据库中）相对应，这样才可以访问数据库。例如，登录账号 sa 自动与每一个数据库用户 dbo 相关联。

通常，数据库用户账号总是与某一登录账号相关联，但有一个例外，那就是 guest 用户。在安装系统时，guest 用户被加入到 Master、Tempdb 和 ReportServer 数据库中。

创建数据库时，该数据库默认包含 guest 用户。授予 guest 用户的权限由在数据库中没有用户账户的用户继承。

不能删除 guest 用户，但可通过撤销该用户的 CONNECT 权限将其禁用。可以通过在 Master 或 Tempdb 以外的任何数据库中执行 REVOKE CONNECT FROM GUEST 来撤销 CONNECT 权限。

9.3.2 数据库角色

1. 固定的数据库角色

数据库角色是定义在数据库级别上的，并局限于每个数据库。用户不能添加、删除或更改固定的数据库角色，但可以将数据库用户添加到固定的数据库角色中，使其成为数据库角色中的成员，从而具有数据库角色的权限。固定的数据库角色的成员来自于每个数据库的用户。固定的数据库角色为管理数据库级的权限提供了方便。

表 9-2 列出了 SQL Server 2008 支持的 10 种固定的数据库角色及其权限。

表 9-2　固定的数据库角色及其权限

固定的数据库角色	描　　　述
db_owner	进行所有数据库角色的活动，以及数据库中的其他维护和配置活动。该角色的权限跨越所有其他固定数据库角色
db_accessadmin	在数据库中添加或删除用户以及 SQL Server 用户
db_datareader	查看来自数据库中所有用户表的全部数据
db_datawriter	添加、更改或删除来自数据库中所有用户表的数据
db_ddladmin	添加、修改或除去数据库中的对象（运行所有 DDL）
db_securityadmin	管理 SQL Server 2000 数据库角色的角色和成员，并管理数据库中的语句和对象权限
db_backupoperator	有备份数据库的权限
db_denydatareader	拒绝选择数据库数据的权限
db_denydatawriter	拒绝更改数据库数据的权限
dbm_monitor	VIEW 数据库镜像监视器中的最新状态

public 角色是一个特殊的数据库角色，它的特殊性在于：第一个特殊性是，数据库中的每个用户都自动是 public 数据库角色的成员，用户不能在 public 角色中添加和删除成员。第二个特殊性是，用户可以对这个角色进行授权（其他系统提供的角色的权限都是固定的，用户不能更改）。如果想让数据库中的全部用户都具有某个特定的权限，则可以将该权限授予 public。每个数据库用户都自动拥有 public 角色的权限。

查看固定的数据库角色和添加固定的数据库角色成员，与查看固定的服务器角色和添加固定的服务器角色成员类似，不同之处在于是否在服务器的数据库下操作。

2．新建数据库角色

与固定的服务器角色不同，系统除了提供固定数据库角色之外，还可以新建数据库角色。当打算为某些数据库用户设置相同的权限，但是这些权限不等同于预定义的数据库角色所具有的权限时，就可以定义新的数据库角色来满足这一要求，从而使这些用户能够在数据库中实现某一特定功能。用户自定义的数据库角色具有以下几个优点。

1）SQL Server 数据库角色可以包含用户组或用户。

2）在同一数据库中，用户可以具有多个不同的自定义角色，这种角色的组合是自由的，不仅仅是 public 与其他一种角色的结合。

3）角色可以进行嵌套，从而在数据库实现不同级别的安全性。

应用程序角色是一种比较特殊的角色类型。当打算让某些用户只能通过特定的应用程序间接地存取数据库中的数据（如通过 SQL Server Query Analyzer 或 Microsoft Excel） 而不是直接地存取数据库中的数据时，就应该考虑使用应用程序角色。当某一用户使用了应用程序角色时，便放弃了已被赋予的所有数据库专有权限，他所拥有的只是应用程序角色被设置的权限。通过应用程序角色，总能实现这样的目标：以可控制方式来限定用户的语句或对象权限。

创建用户自定义的角色可以使用对象资源管理器实现，也可以使用 Transact-SQL 语句实现。这里只介绍使用对象资源管理器建立用户自定义角色的方法。

使用对象资源管理器建立用户自定义角色的步骤如下：

1）启动对象资源管理器。

2）展开"数据库"，并展开要添加用户自定义角色的数据库。

3）右击"安全性"节点，选择"角色"节点，右键单击"数据库角色"节点。

4）在"角色名称"文本框中输入角色的名字，这里输入 NewRole。

5）此时，单击"添加"按钮，直接在此角色中添加成员，或者单击"确定"按钮，关闭此窗口，以后再在此角色中添加成员。

6）这时在数据库的"角色"节点中可以看到新建立的数据库角色。

3. 为用户自定义的角色授权

可以使用对象资源管理器和 Transact-SQL 语句对用户自定义的角色进行授权，这里只介绍使用对象资源管理器对用户自定义的角色进行授权的方法。

使用对象资源管理器对用户自定义的角色进行授权的步骤如下：

1）启动对象资源管理器。

2）展开"数据库"，并展开要操作的用户自定义角色所在的数据库。

3）右击"角色"节点，右击要授予权限的用户定义的角色，在弹出的菜单中选择"属性"命令。

4）对角色进行授权的过程与对数据库用户进行授权的过程一样，这里不再赘述。

为用户自定义角色添加和删除成员的过程与为固定的数据库角色添加和删除成员的过程完全一样，读者可参考本章对固定的数据库角色的操作过程，这里不再重复。

9.3.3 数据库用户的管理

1. 使用对象资源管理器管理数据库用户

使用 SQL Server Management Studio 创建数据库用户的步骤如下：

1）在 SQL Server Management Studio 中，打开对象资源管理器，然后展开"数据库"文件夹。

2）展开要在其中创建新数据库用户的数据库。

3）右键单击"安全性"文件夹，指向"新建"，再单击"用户"。

4）在"常规"页的"用户名"框中输入新用户的名称。

5）在"登录名"框中输入要映射到数据库用户的 SQL Server 登录名的名称，如图9-7 所示。

6）单击"确定"按钮。

当然，在创建一个 SQL Server 登录账号时，就可以先为该登录账号定出其在不同数据库中所使用的用户名称，这实际上也完成了创建新数据库用户这一任务。其操作步骤见使用对象资源管理管理 SQL Server 登录。

查看、删除数据库用户，在对象资源管理器中选中"用户"图标，单击想要删除的数据库用户，则会弹出删除窗口，然后选择"删除"，则会从当前数据库中删除该数据库用户。

2. 使用系统存储过程管理数据库用户

SQL Server 通常利用以下系统过程管理数据库用户。

sp_adduser、sp_granddbaccess：创建新数据库用户。

sp_dropuser 、sp_revokedbaccess：删除数据库用户。

sp_helpuser：查看用户和数据库角色的信息。

sp_adduser 和 sp_dropuser 是为了与以前的版本相兼容，所以强烈主张使用 sp_granddbaccess

和 sp_revokedbacces。

在数据库管理简介部分已经指出，除了 guest 用户外，其他用户必须与某一登录账号相匹配。所以，不仅要输入新创建的新数据库用户名称，还要选择一个已经存在的登录账号。同理，当使用系统过程时，也必须指出登录账号和用户名称。

对于 sp_granddbaccess 和 sp_revokedbaccess 这两个系统存储过程，只有 db_owner 和 db_access admin 数据库角色，才有执行它的权限。

注意： 使用该系统过程总是为登录账号设置一个在当前数据库中的用户账号，如果设置登录者在其他数据库中的用户账号，必须首先使用 Use 命令，将其设置为当前数据库。

具体每个系统存储过程的用法，请参考 SQL Server 2008 的联机帮助信息。

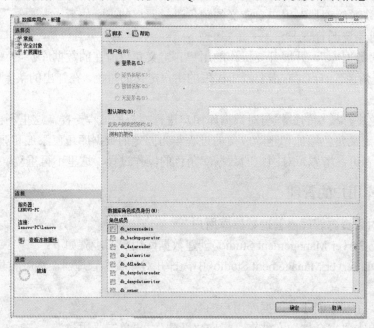

图 9-7 创建数据库账号

9.4 管理权限

9.4.1 权限管理简介

当用户成为数据库中的合法用户之后，除了具有一些系统表的查询权之外，并不对数据库中的用户对象具有任何操作权。因此，下一步就需要为数据库中的用户授予适当的操作权。实际上，将登录账号映射为数据库用户的目的也是为了方便对数据库用户授予数据库对象的操作权。用户对数据库的操作权限主要包括授予、拒绝和撤销等。

1. 对象权限

对象权限是指用户对数据库中的表、视图、存储过程等对象的操作权，相当于数据库操作语言（DML）的语句权限。例如，是否允许查询、增加、删除和修改数据等。具体包括：

1）对于表和视图，可以使用 SELECT、INSERT、UPDATE、DELETE、References 等权限。

2）对于存储过程，可以使用 EXECUTE、CONTROL 和查看等权限。

3）对于标量函数，主要有执行、引用和控制等权限。

4）对于表值型函数，有插入、更新、删除、查询和引用等权限。

2．语句权限

语句权限相当于数据定义语言（DDL）的语句权限，这种权限专指是否允许执行下列语句：CREATETABLE、CREATEPROCEDURE、CREATEVIEW 等与创建数据库对象有关的操作。

3．隐含权限

隐含权限是指由 SQL Server 预定义的服务器角色、数据库角色、数据库拥有者和数据库对象拥有者所具有的权限。隐含权限相当于内置权限，而不再需要明确地授予这些权限。例如，数据库拥有者自动地拥有对数据库进行一切操作的权限。

权限的管理包含如下 3 个内容。

1）授予权限（GRANT）：允许用户或角色具有某种操作权。

2）收回权限（REVOKE）：不允许用户或角色具有某种操作权，或者收回曾经授予的权限。

3）拒绝访问（DENY）：拒绝某用户或角色具有某种操作权，即使用户或角色由于继承而获得了这种操作权，也不允许执行相应的操作。

9.4.2 权限的管理

使用对象资源管理器管理数据库用户权限的过程如下：

1）启动对象资源管理器，展开要设置权限的数据库，找到"安全性"节点并展开。

2）单击"用户"节点，在需要分配权限的数据库用户上单击鼠标右键，在弹出的菜单中选择"属性"命令，打开"数据库用户"对话框，选择"安全对象"页，如图 9-8 所示。

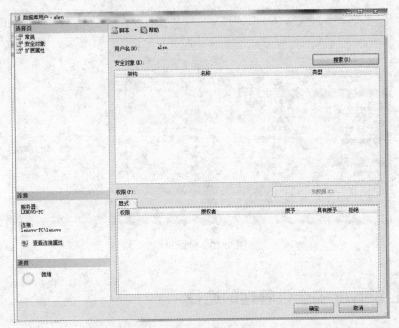

图 9-8　安全对象

3）单击右边的"搜索"按钮，将需要分配给用户的操作权限的对象添加到"安全对象"列表中，如图 9-9 所示。

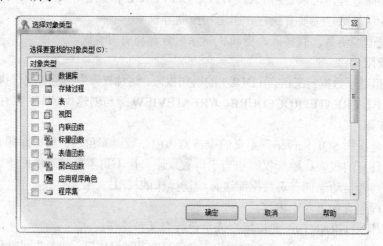

图 9-9　选择安全对象

4）在"安全对象"列表中选中要分配权限的对象，则下面的"权限"列表中将列出该对象的操作权限，根据需要设置相应的权限，如图 9-10 所示。

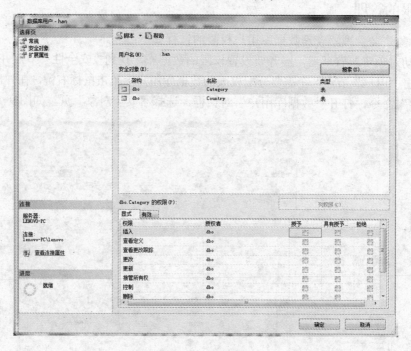

图 9-10　分配权限

9.5　SQL Server 安全性管理的途径

当在服务器上运行 SQL Server 时，要求使 SQL Server 免遭非法用户的侵入，拒绝其访问数据库，保证数据的安全性。SQL Server 提供了强大的、内置的安全性和数据保护，来帮助满足这种要求。从前面的介绍中可以看出，SQL Server 提供了从操作系统，SQL Server 数据库到对象的多级别的安全保护。其中也涉及到角色、数据库用户、权限等多个与安全性有关的概念。在本书前面也暗示过存储过程和触发器在保护数据安全性上不可小视的作用。现在我们面临的问题就是如何在 SQL Server 内把这些不同的与安全性有关的组件结合起来，充分地利用各组件的优点，考虑到其可能存在的缺点来扬长避短，制定可靠的安全策略，使 SQL Server 更健壮，更"不可侵犯"。

下面将介绍几种安全性管理策略。

9.5.1　使用视图作为安全机制

在 8.1 节已经提到，视图可以作为一种安全机制的主要原因在于视图是一张虚表,而且它是由查询语句来定义的，是一个数据结果集。通过视图，用户仅能查询修改他所能看到的数据，其他数据库或表对于该用户既不可见，也无法访问。通过视图的权限设置，用户只具有相应的访问视图的权限，但并不具有访问视图所引用的基本表的相应权限。

通过使用不同的视图并对用户授予不同的权限，不同的用户可以看到不同的结果集，可以实现行级或列级的数据安全性。下面几个例子说明了视图是如何实现数据安全性的。

1．使用行级、列级别安全性的视图

【例 9-3】 在该例中的某一销售点只能查看它自己的销售信息。这里使用 pubs 数据库中的 sales 表。

首先创建视图：

```
USE pubs
CREATE VIEW vwSpecificsale AS
        SELECT ord_num, ord_date, qty, payterms, title_id
        FROM sales
        WHERE stor_id = '7067'
```

当执行 SELECT * FROM vwSpecificsale 时，只显示 stor_id = '7067'的部分数据，把其他的数据屏蔽了，来保证其他数据的安全性。

2．视图与权限结合

如果将访问视图的权限授予给用户，这样即使该用户不具有访问视图所引用的基本表的权限，但其仍可以从中查看相应的数据信息。

视图与权限相结合究竟能带来什么好处呢？下面举例来进行说明。首先假设用户 A 对 sales 表的 payterms 列没有 SELECT 权限，对其他列有且仅有 SELECT 权限，如果要查看其他销售信息不能使用这样的语句：

```
select * from sales
```

而必须指出其余列的列名。这就要求用户了解表的结构。通常，让用户了解表结构是一件很不聪明的事，那么如何解决这一问题呢？

很简单,如果创建一个视图 view1，该视图包含除 payterms 列外的所有列,并且将 SELECT 权限授予用户 A，这样，用户 A 就可以执行语句 select * from view1， 从而查看到销售信息。

9.5.2　使用存储过程作为安全机制

如果用户不具有访问视图和表的权限，那么通过存储过程仍能够让其查询相应的数据信息。实现的方法很简单，只要让该用户具有存储过程的 EXEC 权限就可以了。当然，要确保该存储过程中包含了查询语句。比如，可创建下面的存储过程：

```
create procedure selsales as
select * from sales
```

然后，将存储过程的 EXEC 权限授予用户，当用户执行该存储过程时就可以查看到相应的信息。

使用存储过程的优点在于不必对视图和表的访问权限进行分配。

9.6　本章小结

数据库的安全管理是数据库系统中非常重要的部分。安全管理设置的好坏直接影响到数据库中数据的安全。因此，作为一个数据库系统管理员，一定要仔细研究数据的安全性问题，并进行合适的设置。

本章介绍了 SQL Server 2008 的安全认证过程以及权限的种类。SQL Server 2008 将权限的认证过程分为 3 步：第一步是验证用户是否是合法的服务器的登录账号；第二步是验证用户是否是要访问的数据库的合法用户；第三步是验证用户是否具有适当的操作权。

为了便于对系统和权限进行管理，SQL Server 2008 采用角色的方法来管理权限。角色是具有相同权限的一组用户。同时，又将权限分为固定的权限和不固定的权限，根据管理范围的不同，将管理权限划分为固定的服务器角色所具有的权限和固定的数据库角色所具有的权限。将与用户有关的操作权限由用户自定义的角色来管理。利用 SQL Server 2000 提供的安全管理功能，可以很方便地对数据库服务器系统、用户自己的数据库以及数据进行管理。

作为一名系统管理员或安全管理员，在进行安全属性配置前，首先要确定应使用哪种身份认证模式。要注意恰当地使用 guest 用户和 public 角色，并深刻了解应用程序角色对于实现数据查询和处理的可控性所展示出的优点。

9.7　思考题

下述思考题如无特别说明，均是利用 ToyUniverse 数据库中的数据进行操作的。

1. SQL Server 2008 的安全认证过程是什么？
2. SQL Server 2008 的登录账号有哪两种？
3. SQL Server 2008 的权限有哪几种类型？
4. 用对象资源管理器建立登录账号 user1，user2，user3。
5. 将 user1，user2，user3 映射为 ToyUniverse 数据库中的用户。
6. 在查询分析器中，用 user1 登录能否看到 ToyUniverse 数据库?为什么？
7. 授予 user1，user2，user3 具有对 Orders，OrderDetail，Recipient 三张表的查询权。

8. 在查询分析器中，分别用 user1，user2，user 3 登录，对上述 3 张表执行查询。

9. 授予 user1 具有对 Orders、OrderDetail 表的插入和删除权。

10. 在查询分析器中，用 user2 登录，对 Orders 表插入一行数据，会出现什么情况？

11. 在查询分析器中，用 user1 登录，对 Orders 表插入一行数据，会出现什么情况？

12. 用户自定义的角色的作用是什么？在 ToyUniverse 数据库中建立用户角色 ROLE1，并将 user1，user2 添加到此角色中。

13. Public 角色的作用是什么？

14. 如果希望 user1，user2 具有创建数据库的权限，应将它加到哪个角色中？

15. 如果希望 user3 具有系统管理员的权限，应将它加到哪个角色中？

16. 如果希望 user2 在 ToyUniverse 数据库中具有创建表权，应如何实现？

17. 如果希望 user2 具有 ToyUniverse 数据库中的全部数据的查询权，比较好的实现方法是什么？

9.8 过程考核 5：数据库安全

1．目的
目的是让学生掌握好数据库安全机制。

2．要求
1）创建服务器登录账号和数据库用户账号。

2）创建角色，并加入用户，赋给角色相应的权限。

3）对数据库执行分离、附加、备份和恢复操作。

4）对数据库执行数据导入导出操作。

5）熟练掌握规范开发文档的编制。

3．评分标准
1）账号的创建。（15 分）

2）角色及权限的分配。（20 分）

3）数据库分离和附加、备份恢复。（40 分）

4）数据导入导出。（15 分）

5）文档的格式。（10 分）

第10章 网上玩具商店案例

本章学习目标：

● Visual Studio .NET 2010 与 SQL Server 2008 开发环境集成。

● 程序构架。

本章综合前面各章的内容，结合 Visual Studio .NET 2010 开发环境，给出一个案例（网上玩具商店），重点介绍怎样用 SQL Server 2008 和.NET 的 C# 开发 B/S 结构的应用程序。

10.1 网上玩具商店解决方案

针对用户特征、数据集中管理、异地协同作业的需求，选择 Microsoft Visual Studio.Net 2010 作为系统开发工具，采用 C#作为业务中间层的实现语言，采用 ASP.NET 作为系统表现层的实现语言。

网上玩具商店系统的拓扑结构如图 10-1 所示。

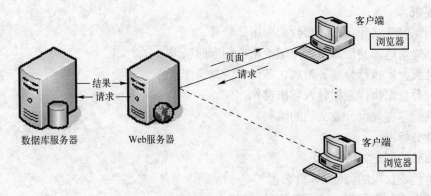

图 10-1　网上玩具商店系统的拓扑结构

网上玩具商店系统的逻辑结构如图 10-2 所示。

网上玩具商店系统是一个采用 VS.Net 体系结构、C#编程语言、XML 技术和 SQL Server 2008 数据库开发，基于 B/S 结构的销售管理系统。该系统实现了玩具销售和管理所需的常用功能。其功能组成如下。

1）用户（购物者）注册/身份验证功能。

2）管理员管理功能。包括负责验证管理员的登录、退出；管理数据库表 Category（玩具种类）；管理数据库表 Country（国家）；浏览已生成的订单信息，可以通过该页面导航到每张订单的详细购买记录；管理数据库表 ShippingMode（运输方式）；管理数据库表 ShippingRate（运费）；管理数据库表 Toys（玩具）；管理数据库表 ToyBrand（玩具商标）；管理数据库表 Wrapper.aspx（包装方式）等。

3）用户购买玩具功能。浏览玩具详细信息；浏览购物车中的玩具；将购物车中的商品生成订单；某个用户查看历史购买记录等。

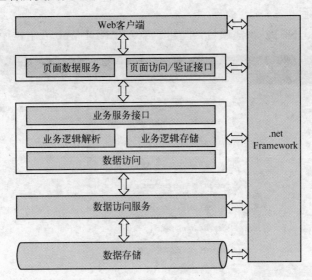

图 10-2　网上玩具商店系统的逻辑结构

采用 SQL Server 2008 和.NET 组合的开发优势如下。

（1）开发成本与实施成本低

使用.NET 开发应用程序时，在开发中可参考微软的大量帮助文档和开发样例，容易上手，解决了技术难题，项目进度得以保障。开发环境集成了项目开发中所要用的所有工具，降低了购买辅助工具的费用。.NET 还集成了对 SQL Server 的访问接口，系统安装部署简单、方便、高效。

（2）开发效率高

使用.NET 没有语言限制，使用熟悉的语言环境，高效可视化编程环境，多种编程工具支持，可视与非可视组件拖放，使开发简单化，大量的 WebForm/WinForm 控件，强壮的.Net Framework 来满足各种应用开发需要，Web 编程使开发 Web 应用如同开发 Windows 应用一样简单、方便；自动部署，生成 ASP.NET 应用，减少重复劳动。

（3）可扩展性好

XML，组件兼容，全面向对象设计，移动设备支持，多种编程语言支持，这些特点使.NET 有很好的扩展空间，开发中可以使用.NET 提供的组件，也可以使用扩展组件更好地开发应用程序。

（4）安全性得到保障

.NET 已经在运行库的核心处理了安全性，开发人员可以将注意力集中在应用的开发方面，也可以随时扩展和使用.NET 安全模型。托管的执行环境可消除内存泄漏、访问冲突和版本控制。

10.2　.NET 与 SQL Server 2008 开发环境集成

Visual Studio .NET 是用于快速生成企业级 ASP.NET Web 应用程序和高性能桌面应用程序的工具。Visual Studio 支持 Microsoft .NET Framework，该框架提供公共语言运行库和统一编程类；ASP.NET 使用这些组件来创建 ASP.NET Web 应用程序。

1. 新建 Web 项目

打开 Visual Studio .NET，新建项目，创建一个 ASP.NET Web 应用程序，如图 10-3 所示。

图 10-3　新建项目

2. 添加数据源

在 Microsoft Visual Studio 2010 集成环境中单击"数据"主菜单，然后选中"添加新数据源…"，按照"数据源配置向导"添加好数据源，如图 10-4 所示。

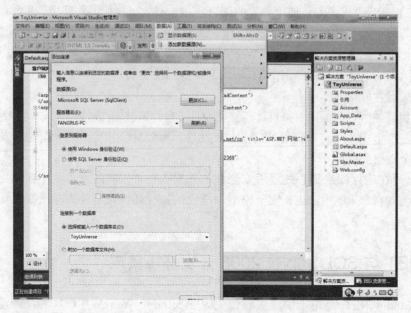

图 10-4　添加数据源向导

3．管理数据库对象和数据

在 Visual Studio 的解决方案资源管理器中多了一个数据项 ToyUniverseDataSet.xsd；双击该项，出现如图 10-5 所示的表及关系。在右键快捷菜单中可以浏览数据。

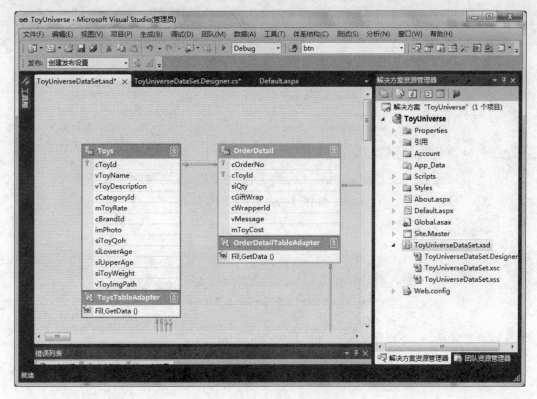

图 10-5　在开发环境中管理数据

10.3　网上玩具商店部分关键源代码分析

10.3.1　创建应用程序首页 Default.aspx

首先，创建应用程序首页 Default.aspx，在上面放置一个自定义导航栏 Navigation.aspx，如图 10-6 所示。

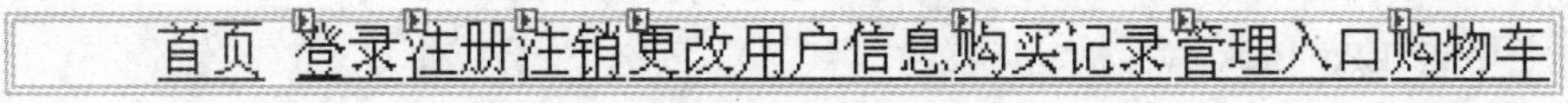

首页 登录 注册 注销 更改用户信息 购买记录 管理入口 购物车

图 10-6　系统的导航栏

在导航栏中的各个链接须链接到相应的页面来实现管理功能。

在首页中，表中用下列代码链接按照玩具类别显示玩具列表。系统一进入，就可以看见玩具列表，如图 10-7 所示。

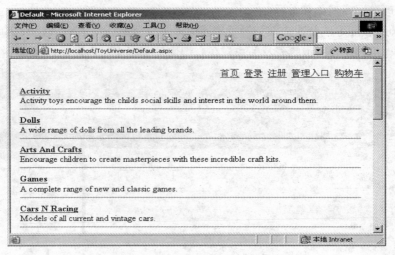

图 10-7 系统运行后的首页

```
<ItemTemplate>
    <tr>
        <td>
            <a href='/ToyUniverse/Business/ToyList.aspx?cCategoryId=
                <%# DataBinder.Eval( Container,"DataItem.cCategoryId" ) %>'>
            <b>
            <%# DataBinder.Eval( Container,"DataItem.vCategory") %>
            </b></a>
            <br>
            <span>
                <%# DataBinder.Eval( Container,"DataItem.vDescription" ) %>
            </span>
            <hr>
        </td>
    </tr>
</ItemTemplate>
```

在 Default.aspx.cs 中添加如下代码，SqlDataReader 提供一种直接从数据库读取数据的方式。不能继承此类。

```
private void Page_Load(object sender, System.EventArgs e)
{
    if( !IsPostBack )
    {
        SqlDataReader reader =SqlHelper.ExecuteReader( Configuration.ConnectionString,CommandType.Text,"SELECT cCategoryId,vCategory,vDescription FROM Category WHERE cCategoryId > '000'" );
        repCategory.DataSource = reader;
        repCategory.DataBind();
        reader.Close();
    }
}
```

10.3.2 .NET 应用的数据访问程序块

数据访问程序块（或称数据访问组件）是一种面向.NET 应用程序开发的组件，它包含了经过优化的代码，可以在 SQL 数据库中调用存储过程和执行 SQL 命令，它返回 SqlDataReader、DataSet 和 XmlReader 对象，可以在.NET 应用程序里像搭积木一样直接使用，可以减少创建、调试和维护自定义代码的麻烦。可以到微软站点下载 C#、Visual Basic .NET 源代码和完整的文档。

在.NET 应用程序开发中，经常会遇到设计和编写数据访问的代码的情况，大家有没有觉得在不同的应用程序中相同的或类似的代码重复写了好多遍，有没有想过把数据访问的代码包装成一个功能函数，在每次调用时只写一行调用代码呢？现在，微软的数据访问应用程序块就解决了这个问题。

数据访问程序块集访问 SQL Server 数据库性能和资源管理于一体，可以很方便地在.NET 应用程序中使用。该组件可以完成以下工作。

1）调用存储过程或执行 SQL 命令。

2）指定详细参数细节。

3）返回 SqlDataReader，DataSet 和 XmlReader 对象。

举例来说，假如在你的应用程序中引用了数据访问程序块，你就可以通过如下代码调用存储过程，并返回 DataSet 对象。

```
[C#代码]
DataSet ds =SqlHelper.ExecuteDataset( connectionString,
    CommandType.StoredProcedure,
    "getProductsByCategory", new SqlParameter("@CategoryID", categoryID));
```

1. 数据访问程序块都包含了哪些东西

数据访问程序块包含了完整的 VB.NET 和 C#的源代码，可以自由使用，或者简单定制满足个性化的需要。快速入门的 VB.NET 和 C#示例应用程序，可以用来测试其功能，帮助理解数据访问程序块是如何工作的；还包括了完整的文档，可以帮助我们进一步研究和学习。

VB.NET 和 C#的 Microsoft.ApplicationBlocks.Data 工程都可以编译成名为 Microsoft.ApplicationBlocks.Data.dll 的装配件，它包括一个执行数据库命令的 SqlHelper 类和一个管理参数和缓存功能的 SqlhelperParameterCache 类。

文档包括以下几个部分。

1）用数据访问程序块开发应用程序。主要包含各种通常应用的快速入门示例，帮助我们轻松而快速地使用该程序块。

2）数据访问程序块的设计和实现。包括设计和显现数据访问程序块的技术背景。

3）配置和使用。包括数据访问程序块的安装、配置、升级以及安全方面的信息。

4）参考引用。包括完整的 API 参考，详细介绍了类和接口。

5）要运行数据访问程序块，需要下列软件的支持：

● Windows 2003 或 Windows XP 专业版。

- .NET Framework SDK 的 RTM 版本。
- VS.NET 的 RTM 版本（推荐使用，但不是必需的）。
- SQL Server 7.0 以上版本。

要下载数据访问程序块，可以到以下地址：http://msdn.microsoft.com/downloads/default.asp?
URL=/downloads/sample.asp?url=/msdn-files/027/001/942/msdncompositedoc.xml。安装后，会在
开始菜单的程序组里建立 Microsoft Application Blocks for .NET 的子菜单，里面有文档与
VB.NET 和 C#的示例，以及 VB.NET 和 C#的源代码。

2. 使用数据访问程序块

SqlHelper 数据库访问块结构如图 10-8 所示。

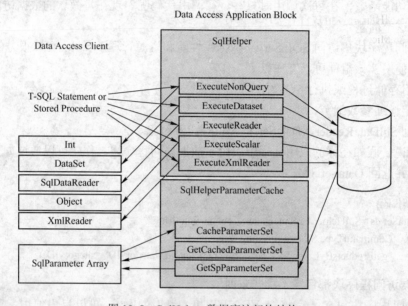

图 10-8　SqlHelper 数据库访问块结构

SqlHelper 类提供了一套静态方法，用来向 SQL Server 数据库执行多种不同类型的命令。

SqlHelperParameterCache 类提供了提高性能的命令参数缓存的功能（只在执行存储过程
时覆盖），也可以直接由客户端为特定的命令缓存特定的参数。

（1）用 SqlHelper 执行命令

SqlHelper 提供了 5 个静态方法：ExecuteNonQuery，ExecuteDataset，ExecuteReader，
ExecuteScalar 和 ExecuteXmlReader，每种方法都实现了相应的重载，可以方便我们详细定义
执行的命令方式，每种重载都提供了不同的参数，开发人员可以知道如何传入连接、事务和
参数信息。该类的所有方法都支持以下重载（C#代码）：

```
Execute* (SqlConnection connection, CommandType commandType, string commandText)
Execute* (SqlConnection connection, CommandType commandType, string commandText, params
SqlParameter[] commandParameters)
Execute* (SqlConnection connection, string spName, params object[] parameterValues)
Execute* (SqlConnection connection, CommandType commandType, string commandText)
params SqlParameter[] commandParameters)
```

```
Execute* (SqlConnection connection,string spName, params object[] parameterValues)
```

注：上文及下文中的 Execute*代表 SqlHelper 提供的 5 个静态方法。

关闭 XmlReader 对象时不能自动关闭连接，因为客户端传递来的连接字符串没有办法关闭连接对象。因此，除了 ExecuteXmlReader 方法外，其他方法还支持以下的重载，即使用连接字符串，而不是使用连接对象。

```
Execute* (string connectionString, CommandType commandType, string commandText)
Execute* (string connectionString, CommandType commandType, string commandText,
params SqlParameter[] commandParameters)
Execute* (string connectionString, string spName, params object[] parameterValues)
```

在使用 SqlHelper 类的任何一个方法前，先引入名称空间：

```
using Microsoft.ApplicationBlocks.Data;
```

之后，就可以调用任何一个方法，例如：

```
DataSet ds = SqlHelper.ExecuteDataset(
"SERVER=DataServer;DATABASE=Northwind;INTEGRATED SECURITY=sspi;", _
CommandType.Text, "SELECT * FROM Products");
```

（2）用 SqlHelperParameterCache 类管理参数

SqlHelperParameterCache 类提供了 3 种管理参数的公用方法。

1）CacheParameterSet：用来在缓存中保存 SqlParameters 数组。

2）GetCachedParameterSet：得到缓存中的参数数组。

3）GetSpParameterSet：这是一个重载方法，得到指定存储过程的相应参数。

（3）缓存和得到缓存中的参数

通过 CacheParameterSet 方法，可以缓存 SqlParameter 对象数组。该方法创建一个键，把连接字符串和命令语句连接在一起，然后把参数数组保存到 Hashtable 中。

使用 GetCachedParameterSet，可以得到缓存中的参数。该方法返回名字、值、方向、数据类型等参数初始化了的 SqlParameter 对象数组，这些参数信息与传入的连接字符串和命令语句相对应。

下列的代码说明了在缓存中得到 Transact-SQL statement 参数。

```
// 初始化连接字符串和命令语句，然后产生一个键，用来保存和得到这些参数
const string CONN_STRING =
"SERVER=(local); DATABASE=Northwind; INTEGRATED SECURITY=True;";
string spName = "SELECT ProductName FROM Products " +
"WHERE Category=@Cat AND SupplierID = @Sup";

//缓存参数
SqlParameter[] paramsToStore = new SqlParameter[2];
paramsToStore[0] = New SqlParameter("@Cat", SqlDbType.Int);
paramsToStore[1] = New SqlParameter("@Sup", SqlDbType.Int);
SqlHelperParameterCache.CacheParameterSet(CONN_STRING, sql, paramsToStore);
```

```
//从缓存中得到参数
SqlParameter storedParams = new SqlParameter[2];
storedParams = SqlHelperParameterCache.GetCachedParameterSet(CONN_STRING, sql);
storedParams(0).Value = 2;
storedParams(1).Value = 3;

//在执行命令中使用参数
DataSet ds;
ds = SqlHelper.ExecuteDataset(CONN_STRING, CommandType.StoredProcedure, sql, storedParams);
```

（4）得到存储过程参数

SqlHelperParameterCache 类提供了一种途径，可以得到特定存储过程的参数数组。重载方法 GetSpParameterSet 有两种方式实现了该功能。该方法先试图从缓存中得到特定存储过程的参数，如果参数不在缓存中，就利用.NET SqlCommandBuilder 类重新生成，并添加到缓存中，以备以后的请求使用。下面的示例说明了如何得到 NorthWind 数据库中的 SalesByCategory 存储过程的参数。

```
//初始化连接字符串和命令语句，然后产生一个键，用来保存和得到这些参数
const string CONN_STRING =
"SERVER=(local); DATABASE=Northwind; INTEGRATED SECURITY=True;";
string spName = "SalesByCategory";

//得到参数
SqlParameter storedParams = new SqlParameter[2];
storedParams = SqlHelperParameterCache.GetSpParameterSet(CONN_STRING, spName);
storedParams[0].Value = "Beverages";
storedParams[1].Value = "1997";

//在命令中使用参数
DataSet ds;
ds = SqlHelper.ExecuteDataset(CONN_STRING, CommandType.StoredProcedure, spName, storedParams);
```

3. 数据访问程序块的内部实现

SqlHelper 类的实现细节：SqlHelper 类通过一套静态方法实现数据访问的功能，在设计上它不允许继承和实例化，因此该类被设计成不可继承和私有的构建器。每种方法都实现了一致的重载，可以让我们用更方便的方式来执行命令，在访问数据上有很大的伸缩性。每种方法的重载都有支持不同类型的参数，可以根据需要选择参数。

- ExecuteNonQuery：该方法用来执行命令，没有返回值，通常用来进行数据库更新，也可以从存储过程里返回输出参数。
- ExecuteReader：该方法返回命令执行后的 SqlDataReader 对象。
- ExecuteDataset：该方法返回命令执行后的 DataSet 对象。
- ExecuteScalar：该方法只返回执行结果后的第一行第一列的单一值。

● ExecuteXmlReader：该方法返回 FOR XML 查询的 XML 结果。

除了上面的公用方法外，SqlHelper 类还包含许多私有方法，用来管理参数和准备执行的命令。除被客户端调用的方法外，所有的命令都是通过 SqlCommand 对象来实现的。在 SqlCommand 对象执行之前，所有的参数都添加到它的 Parameters 集合中。Connect，CommandType，CommandText 和 Transaction 属性必须正确设置。这些私有方法是：

● AttachParameters：把任何必要的 SqlParameter 对象添加到要执行的 SqlCommand 对象。

● AssignParameterValues：为 SqlParameter 对象赋值。

● PrepareCommand：初始化 Command 对象的属性。

● ExecuteReader：用来打开具有相应 CommandBehavior 的 SqlDataReader 对象，以便管理 Connection 对象的生存期。

SqlHelperParameterCache 类的实现细节：参数数组被缓存到私有的 Hashtable 中，在类的内部，从缓存中得到的参数只是一个副本，因此客户端应用程序可以改变参数的值和其他的东西，而不会影响到缓存中的参数数组。完成这个功能的是 CloneParameters 方法。

4．如何利用 ExecuteDataSet 返回含有多个表的 DataSet

可以通过创建存储过程来实现。例如，假定在数据库里有下面两个存储过程：

```
CREATE PROCEDURE GetCategories
AS
SELECT * FROM Categories
GO
CREATE PROCEDURE GetProducts
AS
SELECT * FROM Products
```

再创建一个主存储过程来嵌套调用：

```
CREATE PROCEDURE GetCategoriesAndProducts
AS
BEGIN
EXEC GetCategories
EXEC GetProducts
END
```

通过 ExecuteDataSet 方法执行主存储过程，就可以得到含有两个表的 DataSet。一个是 category 表，另一个是 product 表。需要说明的是，ExecuteDataSet 方法不支持自定义的返回表名字，第一个表永远标号为 0，名字为 Table；第二个表标号为 1，名字为 Table1，依此类推。

10.3.3　ASP.NET 配置文件 Web.config

Web.config 文件是一个 XML 文本文件，用来储存 ASP.NET Web 应用程序的配置信息（如最常用的设置 ASP.NET Web 应用程序的身份验证方式），它可以出现在应用程序的每一个目录中。当通过 VB.NET 新建一个 Web 应用程序后，默认情况下会在根目录自动创建一个默认的 Web.config 文件，包括默认的配置设置。所有的子目录都继承它的配置设置。如果想修改子目录的配置设置，可以在该子目录下新建一个 Web.config 文件，它可以提供除从父目录继承的配置信息外的配置信息，也可以重写或修改父目录中定义的设置。

在运行时对 Web.config 文件的修改不需要重启服务就可以生效(注：<processModel> 节例外＝。当然，Web.config 文件是可以扩展的。可以自定义新配置参数，并编写配置节处理程序对它们进行处理。

1. Web.config 配置文件

Web.config 配置文件（默认的配置设置）中所有的代码都应该位于

```
<configuration>
<system.web>
```

和

```
</system.web>
</configuration>
```

之间。出于学习的目的，下面的示例都省略了这段 XML 标记。

（1）<authentication> 节

作用：配置 ASP.NET 身份验证支持（为 Windows、Forms、PassPort 和 None4 种）。该元素只能在计算机、站点或应用程序级别声明。<authentication>元素必须与<authorization>配合使用。

示例：以下示例为基于窗体（Forms）的身份验证配置站点。当没有登录的用户访问需要身份验证的网页时，网页自动跳转到登录网页。

```
<authentication mode="Forms" >
<forms loginUrl="logon.aspx" name=".FormsAuthCookie"/>
</authentication>
```

其中，loginUrl 表示登录网页的名称；name 表示 Cookie 名称。

（2）<authorization> 节

作用：控制对 URL 资源的客户端访问（如允许匿名用户访问等）。此元素可以在任何级别（如计算机、站点、应用程序、子目录或页等）上声明。<authorization>元素必须与<authentication>配合使用。

示例：以下示例禁止匿名用户的访问。

```
<authorization>
    <deny users="?"/>
</authorization>
```

注意，可以使用 user.identity.name 来获取已经过验证的当前的用户名；可以使用 web.Security.FormsAuthentication.RedirectFromLoginPage 方法将已验证的用户重定向到用户刚才请求的页面。

（3）<compilation>节

作用：配置 ASP.NET 使用的所有编译设置。默认的 debug 属性为"True"。在程序编译完成交付使用之后，应将其设为 True（Web.config 文件中有详细说明，此处省略示例）。

（4）<customErrors>

作用：为 ASP.NET 应用程序提供有关自定义错误信息的信息，它不适用于 XML Web services 中发生的错误。

示例：当发生错误时，将网页跳转到自定义的错误页面。

```
<customErrors defaultRedirect="ErrorPage.aspx" mode="RemoteOnly">
</customErrors>
```

其中，defaultRedirect 表示自定义的错误网页的名称；mode 表示对不在本地 Web 服务器上运行的用户显示的自定义（友好的）信息。

（5）＜httpRuntime＞节

作用：配置 ASP.NET HTTP 运行库设置。该节可以在计算机、站点、应用程序和子目录级别声明。

示例：控制用户上传的文件最大为 4MB，最长时间为 60s，最多请求数为 100。

```
<httpRuntime maxRequestLength="4096" executionTimeout="60" appRequestQueueLimit="100"/>
```

（6）＜pages＞

作用：标示特定于页的配置设置（如是否启用会话状态、视图状态，是否检测用户的输入等）。＜pages＞可以在计算机、站点、应用程序和子目录级别声明。

示例：不检测用户在浏览器输入的内容中是否存在潜在的危险数据（注意，该项默认是检测，如果使用了不检测，一定要对用户的输入进行编码或验证）。在从客户端回发页时，将检查加密的视图状态，以验证视图状态是否已在客户端被篡改。（注意，该项默认不验证。）

```
<pages buffer="true" enableViewStateMac="true" validateRequest="false"/>
```

（7）＜sessionState＞

作用：为当前应用程序配置会话状态设置（如设置是否启用会话状态，会话状态的保存位置等）。

示例：＜sessionState mode="InProc" cookieless="true" timeout="20"/＞＜/sessionState＞

注意，mode="InProc"表示在本地储存会话状态（也可以选择储存在远程服务器或 SAL 服务器中或不启用会话状态）；cookieless="true"表示如果用户浏览器不支持 Cookie 时启用会话状态（默认为 False）；timeout="20"表示会话可以处于空闲状态的分钟数。

（8）＜trace＞

作用：配置 ASP.NET 跟踪服务，主要用来测试，判断程序哪里出错。

示例：以下为 Web.config 中的默认配置。

```
<trace enabled="false" requestLimit="10" pageOutput="false"traceMode="SortByTime" localOnly="true" />
```

注意，enabled="false"表示不启用跟踪；requestLimit="10"表示指定在服务器上存储的跟踪请求的数目；pageOutput="false" 表示只能通过跟踪实用工具访问跟踪输出；traceMode="SortByTime"表示以处理跟踪的顺序来显示跟踪信息；localOnly="true" 表示跟踪查看器（trace.axd）只用于宿主 Web 服务器。

2. 自定义 Web.config 文件配置节

自定义 Web.config 文件配置节的过程分为两步。

一是在配置文件顶部 ＜configSections＞和＜/configSections＞标记之间声明配置节的名称和处理该节中配置数据的 .NET Framework 类的名称。

二是在＜configSections＞ 区域之后为声明的节做实际的配置设置。

示例：创建一个节，存储数据库连接字符串。

```
<configuration>
    <configSections>
    < section   name="appSettings"   type="System.Configuration.NameValueFileSectionHandler,
System, Version=1.0.3300.0, Culture=neutral, PublicKeyToken=b77a5c561934e089"/>
    </configSections>

    <appSettings>
    <add key="scon" value="server=a;database=northwind;uid=sa;pwd=123"/>
    </appSettings>

    <system.web>
        ......
    </system.web>
</configuration>
```

3．访问 Web.config 文件

可以通过使用 ConfigurationSettings.AppSettings 静态字符串集合来访问 Web.config 文件示例：获取上面例子中建立的连接字符串。

```
Dim sconstr As String = ConfigurationSettings.AppSettings("SconStr")
Dim scon = New SqlConnection(sconstr)
```

10.4　其他文件

用户进入主页面后，可以看见玩具列表，如图 10-7 所示。单击某类，可以进入如图 10-9 所示的界面（ToyList.aspx）。单击玩具名称，可以看到玩具细节介绍。也可以直接加入购物车。要查看购物车时，必须先登录，如果没有注册过的用户必须先注册。

10.4.1　项目各文件夹中的内容

其他文件及其作用如下。

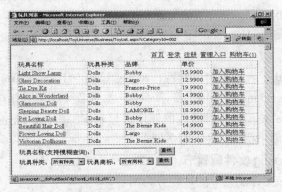

图 10-9　某类玩具列表

1．项目根目录

AddressInfo.cs：用户地址信息类文件。

Configuration.cs：简化读取配置的类。

Default.aspx：网站默认浏览页面。

OrderInfo.cs：管理与订单有关的 Session 变量的类。

ToyTable.cs：玩具信息的 DataTable 和 DataRow 架构类。

2．Admin 文件夹

Admin 文件夹用于放置管理员管理系统的页面，包括如下文件夹和文件。

Controls 子文件夹：

- Navigation.ascx：Admin 文件夹页面的导航栏控件。

- ToyDetail.ascx：玩具信息的控件。

AdminBasePage: Admin 文件夹各个页面的基类，负责验证管理员的登录、退出，以确保每个页面只在管理员登录后才能访问。

Category.aspx：管理数据库表 Category（玩具种类）数据的页面，可以添加、修改和删除数据。

Country.aspx：管理数据库表 Country（国家）数据的页面，可以添加、修改和删除数据。

Default.aspx：Admin 文件夹的默认浏览页面（框架页面）。

ManageTree.aspx 框架的左栏，提供 Admin 文件夹各个页面的导航。

Order.aspx：浏览已生成的订单信息，可以通过该页面导航到每张订单的详细购买记录（ShoppingHistoryDetail.aspx）和订货人（User.aspx）以及接受者（Recipient.aspx）。

ShippingMode.aspx：管理数据库表 ShippingMode（运输方式）数据的页面，可以添加、修改和删除数据。

ShippingRate.aspx：管理数据库表 ShippingRate（运费）数据的页面，可以添加、修改和删除数据。

SignIn.aspx：负责 Admin 文件夹各子页面访问的登录页面（用户名为 Admin，密码为 888888）。

Toy.aspx：管理数据库表 Toys（玩具）数据的页面，可以添加、修改和删除数据。

ToyBrand.aspx：管理数据库表 ToyBrand（玩具商标）数据的页面，可以添加、修改和删除数据。

ToyInfo.aspx：查看玩具的详细信息。

Wrapper.aspx：管理数据库表 Wrapper.aspx（包装方式）数据的页面，可以添加、修改和删除数据。

3．Business 文件夹

Business 文件夹用于放置处理业务的页面，包括如下文件。

BuildOrder.aspx：将添加到购物车中的商品生成订单的页面；填写接受者，选择运输方式。

ShoppingCart.aspx：浏览购物车中玩具的页面，同时也在此设置订购玩具的数量和玩具的包装方式。

ShoppingHistory.aspx：某个用户查看他的历史购买记录。

ShoppingHistoryDetail.aspx：某个用户历史购买记录的详细记录。

ToyInfo.aspx：玩具详细信息。

ToyList.aspx：玩具列表。可以根据玩具种类，玩具商标或玩具名称查找玩具以及将玩具添加到购物车中。

4．Controls 文件夹

Controls 文件夹是 Admin 文件夹页面以外的页面使用的控件。

Account.ascx：账户控件。

Navigation.ascx：导航控件。

5．DataAccess 文件夹

DataAccess 文件夹用于放置数据访问的代码文件。

SQLHelper.cs：Microsoft 提供的用于 SQL Server 数据库数据访问的静态类文件。

6．User 文件夹

User 文件夹用于放置与用户有关的页面，包括如下文件。

Recipient.aspx：查看接受者信息的页面。

SignIn.aspx：用户登录页面。

SignOut.aspx：用户注销页面。

User.aspx：查看用户信息及用户注册页面。

10.4.2 项目各文件之间的导航关系

1．导航栏控件导航到的页面

（/Controls/Navigation.ascx）

首页：/Default.aspx（该链接一直可用）。

登录：/User/SignIn.aspx（当用户没有登录时，该链接可用）。

注册：/User/User.aspx（当用户没有登录时，该链接可用）。

注销：/User/SignOut.aspx（仅当用户登录后，该链接可用）。执行完 SignOut.aspx 页面代码后，再转到/Default.aspx 页面。

更改用户信息：/User/User.aspx?cShopperId=（仅当用户登录后，该链接可用）。

购买记录：/Business/ShoppingHistory.aspx（仅当用户登录后，该链接可用）。

管理入口：/Admin/Default.aspx（该链接一直可用）。

查看购物车：/Business/ShoppingCart.aspx（该链接一直可用）。

2．Admin 目录导航栏控件导航到的页面

（/Admin/Controls /Navigation.ascx）

网站首页：/Default.aspx。

管理首页：/Admin/Default.aspx。

登录：/Admin/SignIn.aspx。

3．页面内链接

Business/ToyList.aspx

玩具名称列：ToyInfo.aspx?cToyId=

Business/ToyInfo.aspx

加入购物车：执行完服务器代码后导航到 ToyList.aspx。

Business/ShoppingCart.aspx

继续购物链接：ToyList.aspx。

生成订单链接：BuildOrder.aspx。

购物车没有玩具链接：ToyList.aspx。

附录 ToyUniverse 物理模型中的表

（1）Category （种类）

列（属性）名	中文名称	类型	宽度	是否允许为空
cCategoryId	种类 ID	char	3	NOT NULL
cCategory	种类	char	20	NOT NULL
vDescription	描述	varchar	100	NULL

（2）Country（国家）

列（属性）名	中文名称	类型	宽度	是否允许为空
cCountryId	国家 ID	char	3	NOT NULL
cCountry	国家	char	25	NOT NULL

（3）OrderDetail（订货细节）

列（属性）名	中文名称	类型	宽度	是否允许为空
cOrderNo	订单编号	char	6	NOT NULL
cToyId	玩具 ID	char	6	NOT NULL
siQty	数量	smallint		NOT NULL
cGiftWrap	礼品包装	char	1	NULL
cWrapperId	包装 ID	char	3	NULL
vMessage	信息	varchar	256	NULL
mToyCost	玩具价值	money		NULL

（4）Orders（订单）

列（属性）名	中文名称	类型	宽度	是否允许为空
cOrderNo	订单编号	char	6	NOT NULL
dOrderDate	订单日期	datetime		NOT NULL
cCartId	购物车 ID	char	6	NOT NULL
cShopperId	购物者 ID	char	6	NOT NULL
cShippingModeId	运货方式 ID	char	2	NULL
mShippingCharges	运货费用	money		NULL
mGiftWrapCharges	礼品包装费用	money		NULL
cOrderProcessed	订单处理	char	1	NULL
mTotalCost	总价	money		NULL
dExpDelDate	运到日期	datetime		NULL

（5）PickOfMonth（月销售量）

列（属性）名	中文名称	类型	宽度	是否允许为空
cToyId	玩具 ID	char	6	NOT NULL
siMonth	月	smallint		NOT NULL
iYear	年	int		NOT NULL
iTotalSold	总销售量	int		NULL

（6）Recipient（接受者）

列（属性）名	中文名称	类型	宽度	是否允许为空
cOrderNo	订单编号	char	6	NOT NULL
vFirstName	姓	varchar	20	NOT NULL
vLastName	名	varchar	20	NOT NULL
vAddress	地址	varchar	20	NOT
cCity	城市	char	15	NOT
cState	省	char	15	NOT
cCountryId	国家 ID	char	3	NULL
cZipCode	邮政编码	char	10	NULL
cPhone	电话	char	15	NULL

（7）Shipment（出货）

列（属性）名	中文名称	类型	宽度	是否允许为空
cOrderNo	订单编号	char	6	NOT NULL
dShipmentDate	出货日期	datetime		NULL
cDeliveryStatus	投递状态	char	1	NULL
dActualDeliveryDate	实际投递日期	datetime		NULL

（8）ShippingMode（运输模式）

列（属性）名	中文名称	类型	宽度	是否允许为空
cModeId	模式 ID	char	2	NOT NULL
cMode	模式	char	25	NOT NULL
iMaxDelDays	最多需要天数	int		NULL

（9）ShippingRate（运输费用）

列（属性）名	中文名称	类型	宽度	是否允许为空
cCountryID	国家 ID	char	3	NOT NULL
cModeId	模式 ID	char	2	NOT NULL
mRatePerPound	每磅的费用	money		NOT NULL

（10）Shopper（购物者）

列（属性）名	中文名称	类型	宽度	是否允许为空
cShopperId	购物者 ID	char	6	NOT NULL
cPassword	密码	char	10	NOT NULL
vFirstName	姓	varchar	20	NOT NULL
vLastName	名	varchar	20	NOT NULL
vEmailId	邮件地址	varchar	40	NOT NULL
vAddress	地址	varchar	40	NOT NULL
cCity	城市	char	15	NOT NULL
cState	省	char	15	NOT NULL
cCountryId	国家 ID	char	3	NULL
cZipCode	邮政编码	char	10	NULL
CPhone	电话	char	15	NOT NULL
cCreditCardNo	信用卡编号	char	16	NOT NULL
vCreditCardType	信用卡类型	varchar	15	NOT NULL
dExpiryDate	截止日期	datetime		NULL

（11）ShoppingCart（购物车）

列（属性）名	中文名称	类型	宽度	是否允许为空
cCartId	购物车 ID	char	6	NOT NULL
cToyId	玩具 ID	char	6	NOT NULL
siQty	数量	smallint		NOT NULL

（12）ToyBrand（商标）

列（属性）名	中文名称	类型	宽度	是否允许为空
cBrandId	商标 ID	char	3	NOT NULL
cBrandName	商标名称	char	20	NOT NULL

（13）Toys（玩具）

列（属性）名	中文名称	类型	宽度	是否允许为空
cToyId	玩具 ID	char	6	NOT NULL
vToyName	玩具名称	varchar	20	NOT NULL
vToyDescription	玩具描述	varchar	250	NULL
cCategoryId	种类 ID	char	3	NULL
mToyRate	玩具价格	money		NOT NULL
cBrandId	商标 ID	char	3	NULL
imPhoto	照片	image		NULL
siToyQoh	数量	smallint		NOT NULL
siLowerAge	最小年龄	smallint		NOT NULL
siUpperAge	最大年龄	smallint		NOT NULL
siToyWeight	玩具重量	smallint		NULL
vToyImgPath	玩具图像路径	varchar	50	NULL

（14）Wrapper（包装）

列（属性）名	中文名称	类型	宽度	是否允许为空
cWrapperId	包装 ID	char	3	NOT NULL
vDescription	描述	varchar	20	NULL
mWrapperRate	包装费用	money		NOT NULL
imPhoto	照片	image		NULL
vWrapperImgPath	包装图像路径	varchar	50	NULL

参 考 文 献

[1] 方睿，等. 网络数据库原理及应用[M]. 成都：四川大学出版社，2005.

[2] 邵超. 数据库实用教程——SQL Server 2008[M]. 北京：清华大学出版社，2009.

[3] Robin Dewson. SQL Server 2008 基础教程[M]. 董明，等译. 北京：人民邮电出版社，2009.

[4] 康会光，等. SQL Server 2008 中文版标准教程[M]. 北京：清华大学出版社，2009.

[5] 王珊，等. 数据库系统原理教程[M]. 北京：清华大学出版社，2000.

[6] Microsoft. SQL Server 2008 联机丛书.

[7] Microsoft SQL Server 开发人员中心. http://msdn.microsoft.com/zh-cn/sqlserver/default.aspx.